冷戰與美國核戰略

探究美國對核不擴散問題的認知．解析冷戰時間美國核戰略的本質

威懾與代價

對中國核設施進行軍事打擊方案的內部爭論 / 臺灣研製核武器與美國的干預 / 日本核轟炸與戰略轟炸的調查團報告 / 潛在的「中國核威脅」與美國對印度核計劃的擔憂 / 美國對朝鮮施壓的加劇

崧燁文化

目　　錄

作者簡介
代序：冷戰國際史研究：世界與中國 [*] / 001

第一編　美國與中國「兩彈一星」計劃 / 033
美國對中國核子武器研製的評估與對策 / 034
美國情報部門對中國核子武器計劃的評估與預測 / 048
美國情報部門對中國導彈計劃的評估與預測 / 067
美國情報部門對中國人造衛星研製與發射的評估與預測 / 088
美國與中國第一次核試驗 / 101
從核威懾到核對話：美國對中國核計劃的對策研究 / 136

第二編　美國核戰略與國家安全 / 197
核轟炸、調查報告與美國國家安全政策 / 198
美國對華核戰略與1969年中蘇邊界衝突 / 218
美國對台灣研製核子武器的對策 / 236
美國、印度與中國第一次核試驗 / 249
美國與北韓核問題的歷史分析 / 264

第三編　杜魯門政府國家安全政策 / 301
杜魯門政府研製氫彈政策的形成及其影響 / 302
保羅·尼采與杜魯門政府國家安全政策 / 312
杜魯門政府國家安全政策研究：起源與演進 / 333
參考文獻 / 371

作者簡介

詹欣　吉林長春人。歷史學博士，現為東北師範大學政法學院副教授。研究方向為冷戰國際史、國際安全與核擴散、中美關係。主持大陸國家社會科學基金項目和教育部人文社會科學研究項目各一項，

代序：冷戰國際史研究：世界與中國

沈志華 [*]

在20世紀的最後10年，人們驚異地發現，國際史學界有一項研究取得了突飛猛進的發展，其學術成果之多、之新，學術活動之廣泛、之頻繁，令其他研究領域望塵莫及，以至人們不得不考慮賦予這一研究以新的概念，這就是關於冷戰歷史的研究。著名的美國威爾遜國際學者中心（The Woodrow Wilson International Center for Scholars）於1991年成立了冷戰國際史項目（The Cold War International History Project），同時創辦了專業刊物《冷戰國際史項目公報》（CWIHP Bulletin）。此後，「冷戰國際史」這一概念便開始流行，並被國際學界廣為接受。所謂「國際史」，其含義在於，無論是學者隊伍和史料來源，還是研究對象和觀察視角，凡在冷戰史的範圍內，都不能再以某一個或幾個國家為中心，而已經構成了一種國際現象。在各國學者的共同努力下，冷戰結束後二十年來，在參與者的人數和國度、研究的角度和方法、題目的種類和範圍以及檔案資料所涉及的語種和國家等方面，冷戰國際史研究的確為歷史學發展打開了一個新局面。因此，中國《歷史研究》雜誌前主編徐思彥提出的看法——冷戰史研究已經成為「一個新的學術增長點」——毫不為過。在筆者看來，可以進一步指出，冷戰國際史研究已經成為一個新的學科增長點。

冷戰國際史研究是國際學術界在1990年代以來發展起來的前衛

性、跨學科研究領域，當前在世界主要國家已成為發揮重要影響的學術潮流，並受到很多國家相關決策部門的重視。本文打算從學術特徵、熱門問題及發展趨勢等方面談談冷戰國際史的研究狀況及其在中國的表現。

一、冷戰國際史研究的學術特徵

把冷戰國際史看作一個新的學科增長點，是因為在學者隊伍、研究方法、活動方式等方面，它確有一些引起人們注意的學術特徵。這些具有全球化時代學術代表性的特徵主要表現在以下幾個方面：

1.以眾多冷戰史研究群構成的國際學者隊伍

與其他學科不同，冷戰史研究者們沒有組建一個世界性、地區性或全國性的研究會，而是建立起一個個的研究中心或研究群。這些機構和群體的建立，或者以各自的學校為依託，或者以不斷設立的研究計劃為基礎，但無論是常設機構，還是臨時組合，他們都異常活躍，並經常按照不同的課題相互結合，交換文獻資料，溝通研究訊息，召開各種研討會、書評會、演講會等。各中心（研究組）幾乎都設立了自己的英文網站，用以發布檔案文獻、研究資訊、學術論文等。網路和會議是世界各地冷戰史研究者溝通和聯繫的主要渠道。

美國威爾遜國際學者中心下設的冷戰國際史項目，是美國也是全世界最主要的冷戰史研究中心。該項目透過出版刊物和組織各種國際會議，大量收集、整理、翻譯並公布前社會主義國家的檔案文獻，還接受各國訪問學者和學生，為他們提供收集資料、開闊視野、參與討論的機會。目前，該項目的工作重心已經從莫斯科轉向北京，並已與中國外交部簽訂幾個有關公布或出版中國檔案的協議。

位於喬治·華盛頓大學的國家安全檔案館（National Security

Archive）是另一個引起世人注意的冷戰史研究中心。檔案館致力解密美國政府涉及安全問題的檔案，同時也收藏了大批俄國、東歐、拉丁美洲及其他地區的檔案，其中很多文件已經電子化，供研究人員免費訂閱下載。此外，檔案館還為世界其他國家的檔案館就資訊自由法（Freedom of Information Act）的程序問題提供諮詢，並成為這些文件的收藏中心。自2001年以來，該檔案館定期在俄國舉辦冷戰史研究暑期培訓班，每年設立不同的專題。

　　倫敦政治經濟學院冷戰研究項目是英國最主要的冷戰史研究中心。該中心重點進行冷戰在歐洲和第三世界的研究，出版的學術刊物（Cold War History）注重刊登各國學者關於冷戰史研究新解釋和新研究的論文，還編輯冷戰研究系列叢書。中心創造跨學科的研究條件，研究人員有機會與國際組織、政府機構以及其他世界範圍的機構就教學和研究問題合作。北京大學國際關係學院與該中心建立了研究生交流項目。

　　以位於蘇黎世的蘇黎世聯邦理工學院安全研究中心為依託的合作安全平行歷史項目（The Parallel History Project on Cooperative Security）是歐洲最著名的冷戰史研究中心，主要從軍事史的角度研究冷戰，其聯繫和活動範圍甚廣。義大利的佛羅倫斯大學冷戰研究中心則重點研究歐洲的冷戰及義大利對外關係。

　　在美國還有許多以大學為依託設立的冷戰史研究中心，這些中心都開設本科生和研究生冷戰史課程，並舉辦公共講座和研討會、接受訪問學者等。俄國歷史學家一開始就十分關注冷戰史研究，1995年在俄羅斯科學院世界通史研究所的基礎上專門成立了冷戰史研究中心，莫斯科國立國際關係學院以及俄羅斯科學院的世界經濟和國際關係研究所、歐洲研究所、斯拉夫研究所，還有一些大學，

都有學者參與其中。中東歐各國幾乎都建立了冷戰史研究機構,其中經常在國際學界露面的是匈牙利冷戰史研究中心和保加利亞冷戰研究組,它們分別設在匈牙利科學院1956年匈牙利革命歷史研究所和保加利亞軍事史協會之下,研究內容集中在冷戰時期有關社會主義陣營內部關係的問題上。在亞洲,日本的冷戰研究群主要是以申請研究項目為基礎建立的,比較活躍的有早稻田大學現代中國研究中心和北海道大學斯拉夫研究中心。這兩個中心透過在日本文部省申請研究項目的方式,重點從事東亞冷戰史研究。南韓目前沒有專門的冷戰史研究機構,參與冷戰史研究的主要是朝鮮戰爭研究會和國防部軍史編纂研究所,他們經常以韓戰研究為題,與各國學者進行討論。慶南大學極東研究所、北韓大學院大學也有一批較為固定的學者參與國際學界有關朝鮮半島統一和危機等問題的研討。新加坡國立大學近年也成立了冷戰研究中心,側重於冷戰在東南亞的歷史研究。香港大學歷史系的美國研究中心經常與各國冷戰中心合作舉辦國際會議,是亞洲冷戰研究的主力之一。在台灣,中研院近代史研究所組建了一個專門研究冷戰時期海峽兩岸關係的研究群,召開會議,並出版了論文集。國立政治大學歷史系也在碩士生和博士生中成立了冷戰史研究小組,經常舉辦讀書會。此外,印度學者最近也開始加入了冷戰史的研究隊伍。

　　中國的冷戰史研究在國際學界占有非常重要的地位,這不僅是因為中國本身在冷戰格局演變中所造成的特殊作用——毛澤東的外交戰略決策兩次改變了世界政治格局,而且在於中國學界的不懈努力。早在1980年代後期,中國學者就參與了國際舞台上有關中美關係史的討論。1990年代以來,隨著中國檔案文獻的不斷披露,各級檔案館的陸續開放,中國學者的研究越來越受到國際學界的重視。其中,重要的突破就在1996年1月美國CWIHP在香港召開「冷戰在

亞洲」大型國際學術會議。中國學者不僅提交了多篇引人注目的論文，而且就國際學界當時爭論的一個重要問題，即1950年10月2日毛澤東關於出兵北韓的電報的真偽問題，回答了俄國學者的質疑，得到與會者的普遍贊同和好評。以後不久，凡是涉及亞洲和第三世界的冷戰史國際會議，都會有許多中國學者受到邀請。中國學者的研究成果開始被大量譯成英文在國外發表，他們的看法也越來越受到重視。2004年美國國家情報委員會在評估中央情報局（1948—1976年）對華情報工作時，專門聘請了4位中國冷戰史學者出席會議，與中情局官員展開了頗具特色的對話。

客觀地講，中國的冷戰史研究隊伍一開始是學者自身在民間自發組織起來的。筆者那時剛剛從商界返回學術界，感到有兩個新事物值得重視：一是俄國檔案大規模的解密，為歷史研究提供了無限機會；一是冷戰史的研究，開闢了一種新的領域、思路和方式。於是，筆者和一些志同道合者，一方面積極組織收集、整理俄國檔案，一方面開始有意識地集合對冷戰史研究感興趣的學者。我們差不多每年自費組織一次國內學者的討論會，不分地區，不論單位，不要會務費，只要論文水準高，使用了新的檔案文獻，誰都可以參加。每次會議還有一些國外學者參加。幾年下來，這支研究隊伍便自然形成了。當時的客觀條件是，第一，國家對學術研究的投入較少，能夠用於基礎學科學研究究的資金更是短缺；第二，從傳統的觀點看，冷戰史是否可以作為一門學問還受到質疑，甚至「冷戰」一詞的出現都令人敏感。所以，沒有民間自發的渠道，中國的冷戰史研究很難起步。

進入21世紀後，隨著改革開放的深入，情況大大改觀。華東師範大學在陳兼教授的倡議下，在國內首先成立了冷戰國際史研究中

心。幾年後，學校領導投入大量資金，中心不斷引進人才，連續開發項目，招收研究生，開設專業課，還辦起了專業雜誌和網站，從國外購買了大量檔案文獻，並加強了國內學者之間以及同國外學者的交流。這時，「游擊隊」變成了「正規軍」。2009年夏，各校冷戰史研究者在張家界會議上提出：共建中國的冷戰國際史研究論壇，共同加強雜誌和網站的建設。相信這支隊伍將繼續活躍在冷戰史國際學界的尖端。

2.檔案開放、收集的國際化與多國檔案的綜合利用

冷戰國際史研究的基本要求就是必須以第一手的檔案文獻構成學術論著的敘述主體，不僅如此，這項研究還強調綜合利用雙邊檔案或多國檔案從事學術考察。以往的冷戰史研究，依靠的主要是美國檔案，故形成「美國中心論」——冷戰史實際上是美國外交史——在所難免。目前，各國檔案的開放、收集、整理、翻譯及綜合利用，已經成為冷戰史研究領域首先關注的事情。正是這種檔案收集和利用的國際化趨勢，從根本上突破了「美國中心論」，使冷戰史研究成為真正意義上的冷戰國際史研究。

要說檔案開放最有度、檔案收集最便利、檔案利用最有效的，還是美國。目前，位於馬里蘭州的美國國家第二檔案館已經相繼解密了冷戰時期從杜魯門到福特各位總統的檔案。維吉尼亞大學米勒中心的總統錄音項目則收集了從羅斯福到尼克森六位總統大約5000小時的會議錄音和電話錄音，其中很多已用文字公布，可以從網站下載。國會圖書館、哈佛大學、普林斯頓大學、耶魯大學、喬治城大學、史丹佛大學胡佛研究所還收藏有美國政府前官員的個人檔案和訪談記錄。特別是喬治城大學設有一個外交口述史項目，收藏有美國許多外交官的訪談錄和口述史的錄音和文字記錄。此外，聯合

國、世界銀行、國際貨幣基金組織以及國際發展署的檔案館也有很多有價值的檔案材料。值得關注的是，美國國會訊息服務公司和美國大學出版公司將大批檔案製成縮微膠卷，其中包括國務院、中情局和國家安全委員會的檔案，由律商聯訊（LexisNexis）負責全球統一銷售。此外，上述各冷戰研究機構的網站，以及一些專業網站——如聖塔克拉拉大學的冷戰電子資訊資源網，也大都發布各種檔案文獻。特別是國家安全檔案館為督促政府解密檔案所做出的努力，深得各國學者的好評，有關中美緩和的季辛吉文件、尼克森文件，就是在他們的催促下得以及時解密的。頗受中國學者關注的蔣介石日記，也收藏在美國（胡佛研究所檔案館）。至於學者最常使用的《美國外交文件》（FRUS）系列文獻以及最近解密的中央情報局解密文件，目前已經陸續上網，研究者可以自由下載。

  英國有關冷戰歷史的檔案到1970年代中期開始解密，外交部編輯出版了《英國海外政策文件集》（DBPO：Documents on British Policy Overseas），現已出版第一系列8卷（1945—1950）；第二系列4卷（1950—1960）；第三系列5卷（1960—）。在義大利，備受關注的是保存在葛蘭西學院的義大利共產黨的檔案。

  俄國在冷戰結束初期曾大規模地解密和開放以往鮮為人知的歷史檔案，這已經成為歷史學界和檔案學界的一件具有歷史意義和轟動效應的大事，並令各國學者歡欣鼓舞、興奮不已。不過，到1990年代中期以後，許多已經開放的檔案對於外國學者再度封存，不僅國防部和KGB檔案館門禁森嚴，就是以前開放的外交部和蘇共中央檔案館，也令國外研究者望而卻步。當然，政府的控制已經無法改變俄國檔案開放並得到廣泛利用的大趨勢，目前涉及冷戰時期俄國檔案的收集和使用主要依靠三個來源。

第一，俄國學者利用近水樓台和內外有別的便利條件，在各種刊物上陸續披露了一些解密文件。這些文件數量有限，未成系統，且常帶有披露者的主觀色彩，未必能夠全面和客觀地反映歷史的本來面目。不過，這種缺陷並不否定這些檔案文獻本身的重要性和真實性，況且其中有許多文件迄今為止尚屬唯一的版本。

第二，在俄國檔案館採取收縮政策以後，俄國學者及研究機構陸續編輯和出版了大量專題性檔案集，其中引起冷戰史研究者注意的內容有：1945—1954年蘇聯的核計劃，共產黨情報局歷次會議記錄，蘇共二十大與去史達林化，導致赫魯雪夫下台的「宮廷政變」，至1960年前KGB的工作，蘇共中央意識形態委員會的活動，中央與地方黨組織的關係，書刊和新聞檢查制度，1956年匈牙利危機，中近東的衝突，還有蘇聯與美國、德國、奧地利、芬蘭、以色列及東歐、非洲的關係等等。作為蘇共高層決策的檔案，出版了1945—1953年聯共（布）中央政治局和蘇聯部長會議的部分歷史文件，1954—1964年蘇共中央主席團的部分會議記錄和決議。至於中蘇關係，已經出版的三部文件集則公布了1945—1950年中蘇關係檔案共815件之多，此外還有作為附錄的幾十個文件。這些文件集對於冷戰史專題研究十分重要，需要注意的是編者的選擇未必全面，有些關鍵性檔案還要研究者透過其他渠道獲取。

第三，俄國檔案館開放初期，許多國外學者或研究機構紛紛趕赴莫斯科收集檔案，尤其是美國的一些機構捷足先登，花重金複製了大量俄國檔案，其中專門收集冷戰時期檔案文獻的主要有威爾遜國際學者中心冷戰國際史項目、國家安全檔案館。此外，國會圖書館、哈佛大學圖書館、耶魯大學圖書館和胡佛研究所檔案館也收藏了大量俄國檔案。以這種方式收集的檔案文獻雖然顯得分散零亂，

查找起來也頗費工夫，但其最大的好處是研究者自己有選擇權，而不會受制於人。

在俄國檔案館收縮的同時，東歐前社會主義國家的檔案館開始陸續對外開放。筆者最近去東歐和中歐七國訪問，參觀了二十多個檔案館。那裡的國家檔案館和外交部檔案館在幾年前已全面開放，特別是前共產黨的檔案，沒有解密期限制。這種狀況，對於研究者瞭解冷戰時期鐵幕另一邊的情況，尤其是涉及華沙條約組織、經濟互助委員會，以及東歐各國與蘇聯關係的內容，在很大程度上彌補了俄國和中國檔案管理政策緊縮的不足。目前在冷戰國際史研究較多利用的有捷克、匈牙利、波蘭、保加利亞和羅馬尼亞的檔案，以及德國檔案館收藏的東德檔案。一些國家的冷戰史研究機構也收藏和整理了大量專題檔案，如匈牙利中歐大學社會檔案館收藏的自由歐洲電台檔案，匈牙利冷戰研究中心所從事的項目：1945—1991年蘇聯集團活動年表、1988—1991年共產主義瓦解與冷戰結束、匈牙利與東西方關係等。還有很多研究機構與冷戰國際史項目或平行歷史項目（PHP）合作，在這兩個中心的網站或雜誌上經過公布他們整理的各國檔案，其內容涉及共產黨情報局、華沙條約組織、蘇南關係、阿南關係、中韓關係，以及羅馬尼亞與華約關係、羅馬尼亞與中美關係正常化、南斯拉夫與冷戰、南斯拉夫與匈牙利事件的專題。在很大程度上可以認為，東歐各國檔案的開放將推動冷戰國際史研究邁上一個新台階，其意義不亞於90年代俄國檔案的解密。這一點，非常值得引起注意。華東師大冷戰國際史研究中心正在策劃收集、整理和翻譯東歐檔案的項目。

在亞洲，經過若干年的整頓，目前台灣的檔案開放最為有度，使用也十分便利。應廣大學者要求，內容豐富的「國民政府外交

部」檔案幾年前已從台北郊區的北投外交部檔案館移至中研院近代史研究所檔案館，目前已經基本完成數位化整理，至1975年以前的所有檔案均製成可供下載的PDF格式，使用者也可以上網查詢目錄。此外，「國史館」所藏「蔣中正總統文物」、「國民政府」目錄中也有大量涉及冷戰歷史的檔案，為了方便使用者，「國史館」今年已在台北市內開設閱覽室。香港大學的主圖書館則是亞洲地區收藏美國、英國檔案（縮微膠卷和縮微膠片）最多的地方。

根據《國家公文書公開法》，自1976年以來，日本政府分21批陸續解密了外務省所藏戰後的檔案。目前檔案的解密時間已到1972年，從解密的卷宗主題看，首先是有關美國對日占領政策和日美關係的文件，其次如日本對東南亞各國政策、對中國海峽兩岸政策、對朝鮮半島政策，以及日本與阿拉伯世界各國、拉丁美洲各國和歐洲各國關係的檔案，都已基本解密。此外，日本學者還注重整理和出版美國政府最新解密的對日政策檔案。

南韓的國家檔案館也是對外開放的，但很少看到南韓學者直接引用南韓檔案，據說是因為卷宗管理混亂，不易查找，外交通商部也沒有專門的檔案館。不過，南韓學者也做出了很大努力。有關韓戰及此前的檔案，南韓本身的文件大部分毀於戰火，但學者們注意收集和編輯了主要參戰國的檔案。如美國文件：原主文化社1993年編輯、出版的《1945—1948年駐韓美軍軍政廳官報》、翰林大學亞洲文化研究所1995年編輯、出版的《美軍政期情報資料集（1945—1949年）》等。中國文件：將戰爭中繳獲的中國人民志願軍基層部隊的文件、命令、戰士家書等編輯、影印成冊，成為一套很有價值的文獻集。俄國檔案：把在北韓的蘇聯軍事顧問團的900餘件檔案影印出版，其中主要是顧問團關於北韓領導人的背景、北韓政治經

濟狀況、北韓人民軍的情況以及戰爭各階段進程給莫斯科的報告。此外，國防部軍史編纂研究所還在整理有關戰俘問題的歷史文獻。

以威爾遜中心的冷戰國際史項目為主要牽線人，透過到當事國舉辦或邀請當事國學者參與國際學術會議，各國學者正在一致努力，敦促越南、蒙古、古巴、印度和北韓政府打開他們那裡檔案館的大門。特別是2009年5月在新加坡召集的亞太地區各國檔案館負責人的會議，新加坡、馬來西亞、柬埔寨、菲律賓、印尼和澳大利亞等國家檔案館均表示了積極態度。顯而易見，這些國家檔案的解密，對於推動冷戰國際史研究向縱深發展具有十分重大的意義。

中國在改革開放之際也公布了檔案法，解密年限為30年。但是迄今為止，檔案制度及其管理方式幾乎還停留在原地，沒有出現本質性的改變。且不說西方發達國家，就是與近年來的俄國相比，中國大陸的檔案管理、開放和利用，也存在著一些令人遺憾的缺陷。

其一，開放程度極其有限，特別是中央一級和各國務院主管部門的檔案，根本就沒有對社會開放。據說在1998年檔案法修訂和公布以後，有關機構還下達了「十不准看」的內部規定，照此排列下來，可以對公眾開放的有研究價值的檔案就所剩無幾了。甚至南京的第二檔案館，儘管都是民國時期的文件，一般學者也很難看到。省級檔案雖然好一些，但也有類似現象，而且很具中國特色——人際關係超於法律規定。中共中央、國務院及所屬各主管部委都是決策機構，那裡的檔案不開放，對冷戰時期中國的決策過程當然是無從瞭解的。不過，也有例外，外交部的檔案已於2004年對社會公開，到目前為止已經分三批解密了1949—1965年的檔案。不僅一般中國公民，甚至國外學者亦可前往查閱。

其二，中國的高層檔案文獻主要是經專門機關挑選和編輯後出

版的，其優缺點如上所述，是十分明顯的。此外，在中國，只有極少數機構的研究者得以利用職務和工作之便，直接使用中央一級的檔案文獻進行研究，一般學者只能從他們的研究著作中間接引用一些重要史料。且不說這種狀況對廣大學者來講是十分不公平的，而且也是很危險的，因為一旦直接引用者由於疏忽或受其觀點和水準的限制，片面以至錯誤地使用了檔案文獻，就會以訛傳訛，影響其他學者的研究思路。

其三，中國沒有專門的檔案解密機構，也沒有制度化和科學的解密程序，某一文件是否可以開放和利用，往往是主管人說了算，於是便出現了種種奇怪的現象：同樣一件檔案，在這個檔案館可以看，在另一個檔案館就不能看；甚至在同一個檔案館，這個館長批准查閱，另一個館長卻予以拒絕。更為可憐的是，中國許多檔案是否可以利用——這在一定程度上影響了研究的進度和深度——竟取決於一個檔案保管者的知識和政策水準。

中國限制檔案開放的做法，最終受害的是中國自己。同一個事件，你不解密，人家解密，結果是研究者只能利用國外檔案進行研究，不僅話語權旁落，也往往難以全面掌握歷史真相。問題的關鍵，一方面在於中國有關檔案管理和利用的法律制度不健全、不嚴謹，一方面在於檔案管理者的觀念需要根本轉變：檔案文獻屬於國家還是屬於社會？查閱和使用歷史檔案是不是一個公民的基本權力？檔案管理者對檔案文獻的責任，是重在保管收藏，還是重在為社會提供和利用？雖然這兩方面的改進，在中國均非普通學者力所能及，但是作為檔案的使用者，中國的冷戰歷史研究者也不能只是被動地、消極地等待。在期待中國檔案文獻進一步開放，期待中國檔案制度提高其公正性、公平性和法律化水準的同時，學者也必須

而且應該努力有所作為。充分利用地方檔案進行個案研究，就是一個突破口。面對21世紀學術研究發展的國際化和公開性前景，中國學者只有在收集和利用檔案文獻方面開拓出一個新局面，才能進一步推動中國的冷戰國際史研究。在目前的條件下，應該說，研究者在這方面的工作還是可以有所作為的，而且也是有很大的拓展空間的。華東師範大學、北京大學、首都師範大學、東北師範大學、上海交通大學、南開大學等學校都已經收集了相當數量的檔案文獻，如果這些單位聯合起來，對於中國學者利用檔案將是一件很有意義的事情。

各國檔案的解密和利用推動著冷戰史研究的深入，反過來，冷戰史研究的發展也推動著各國檔案的解密，這是一個相輔相成的運動。綜合利用各國檔案文獻研究一個專題，的確是冷戰國際史研究的一個特點。自不待言，研究雙邊關係要利用雙邊檔案，而各國檔案的解密則為學者提供了更為廣闊的視野和資料來源。如研究中蘇關係時人們發現，由於蘇聯與東歐各國的特殊關係，在後者的檔案館裡收藏著許多涉及中蘇分裂時期蘇共與東歐各黨的往來函電，而這些材料無疑是判斷蘇聯立場和態度轉變的重要依據。同樣，俄國外交部檔案館中保存的蘇聯駐朝使館的大量電報和報告，也是研究中朝關係不可或缺的史料。至於研究冷戰時期發生的一系列重大事件和危機，就更離不開對多邊檔案的利用了。以韓戰為例，在目前冷戰歷史的所有重大事件中，關於這個專題所發表和披露的各國檔案數量最多，範圍最廣。唯其如此，韓戰研究才在前幾年形成了高潮，成為冷戰史研究中最深入的一個課題。其他像研究馬歇爾計劃、柏林危機、印度支那戰爭、匈牙利事件、台海危機、柏林圍牆、古巴導彈危機、核武問題等等，亦無不如此。總之，對於讀冷戰國際史碩士和博士學位的研究生來說，沒有檔案文獻的題目是不

會去做的,做了也不會通過。

3.研究者學術關懷的重點集中在重建歷史事實

冷戰國際史之所以被稱為「新冷戰史」或「冷戰史新研究」,並不是因為研究者持有相同的、統一的觀點,更不是因為他們形成了一個學術流派,恰恰相反,學者之間在很多觀念、概念、定義以及對史料的解讀方面,往往存在不同的釋義和看法。就學術關懷而言,研究者的共同努力首先和重點在於重新描述歷史過程,重新構建歷史事實。

在過去的冷戰史研究中存在不同學派(如傳統派、修正派、後修正派等),其區別主要是觀點不同,而對基本史實的認定則沒有根本的分歧。冷戰結束後的情況就完全不同了,即在基本史實的認定方面出現了顛覆性的變化。由於意識形態的對立和檔案文獻的缺失,過去冷戰雙方的研究者無法看到或不想看到鐵幕另一邊究竟發生了什麼,學者眼中的歷史往往是片面的、虛假的、錯誤的,甚至是被歪曲的。現在,雙邊的檔案文獻可以看到了,在學術研究中的意識形態對立也淡漠了,人們才發現,原來冷戰的歷史過程並不是以往理解的那樣。例如,過去研究者以為史達林、毛澤東和金日成1950年1—2月曾在莫斯科祕密會面,從而產生了關於韓戰起源的「共謀論」解釋。現在我們知道了,金日成4月10日到達莫斯科,而毛澤東在2月17日已經離開了那裡。沒有這種對史實的重新認定,研究者就無法瞭解韓戰爆發的複雜過程和真正原因。還有,過去人們都認為,在波蘭十月危機初期,是毛澤東的反對立場迫使赫魯雪夫做出了從華沙周圍撤兵的決定。現在我們知道了,在10月19日和20日蘇共中央決定放棄在波蘭的軍事行動時,毛澤東還不知道在華沙究竟發生了什麼。儘管新的史實認定並不否定中國後來在促

成蘇波關係緩和方面所起的作用，但如果看不到這一點，卻很可能導致對中、蘇、波三角關係的簡單化理解。類似的案例在新冷戰史研究中比比皆是，整個冷戰歷史的過程正在重建，而在一個相當長的時間裡，各國學者首要的和主要的任務就是恢復歷史的本來面目。

當然，在史實認定的過程中，也會出現對同一事實的不同解釋，也不排除會發生分歧，甚至激烈的爭論，但其總體目標是澄清史實，研究者首先要做的也是對歷史過程做出正確的和準確的判斷，只有在這一基礎上，才有可能進行觀點方面的辯論，並逐漸形成不同的學派。由於新的檔案文獻大量地、成系統地湧現，冷戰史研究不得不著力於重構歷史，但也正是由於這些檔案正在不斷地、陸續地被披露或挖掘出來，根據言必有據、有一分史料說一分話的學術準則，在一段時間內，歷史學家不可能講述一個完整的故事。因此，只有經過歷史研究者細緻地對他們所得到的檔案文獻進行考證和分析，並耐心等待和努力發掘尚未被發現的檔案資料，人們才會把斷裂的歷史鏈條連接起來，才有可能獲得一幅越來越接近於真實的歷史畫面。同時，也只有在這個基礎上，研究者才有可能逐步實現理論的昇華。

4.在檔案交流和專題研究中盛行的國際合作

冷戰國際史研究國際化的另一個突出特點就是在檔案交流和專題研究方面所進行的廣泛的國際合作。冷戰史研究走向國際化的趨勢，是冷戰結束以來各國檔案大規模開放的現實促成的，也是其研究領域本身內涵決定的。

冷戰史學者的國際合作首先表現在檔案文獻的收集、利用和交流方面。凡是參加冷戰國際史的學術會議，各國學者關心的第一件

事情就是誰帶來了什麼新的檔案，會議組織者也經常要求各國學者帶來相關的檔案或訊息。休會和中場時，會場內外見到的都是學者們在交流檔案資料。這種景象在冷戰史的一系列國際會議上均可見到。有些會議的主旨就在於介紹和推薦最新解密的檔案，如2006年2月在華盛頓召開的國際會議「1954年日內瓦會議與亞洲冷戰」，其主要目的之一就是讓剛剛解密的中國外交部檔案在國際學界亮相。還有的會議則是專門為了促進某一國家的檔案開放，如2000年1月在河內、2003年在烏蘭巴托舉辦的專題討論會，以及2009年6月在威爾遜中心召開的國際會議「印度與冷戰」，都體現了這樣的功能。中國學者積極參與了上述活動，並廣泛邀請國外學者參加在中國舉辦的學術討論。一般說來，冷戰史的學術討論會只要稍具規模，就一定是國際會議。

　　冷戰國際史可以納入國際關係史的範疇，但它又不僅僅是研究國際間雙邊或多邊關係，而是在這一研究的基礎上，向外擴展，探討某一地區乃至全球的政治、外交、軍事格局的形成和走向；向內延伸，分析在已經形成的世界格局中各國國內政策的變化和發展，以及由此而產生的對國際關係的影響。例如中蘇同盟破裂引起的社會主義陣營大改組及中國國內政策的變化，中美關係緩和造成的國際政治格局變動及其對多重雙邊關係的影響，還有馬歇爾計劃、韓戰、越南戰爭、匈牙利1956年革命等等，無不如此。因此，在冷戰史研究領域的重大專題研討會，幾乎都無法單獨由一個國家召開，這是導致冷戰史雙邊會議和國際會議頻頻召開、冷戰史學者在國際舞台異常活躍的主要原因。此外，冷戰史研究中檔案利用的多國性和綜合性，也要求相關專題的各國學者必須坐在一起討論問題。從形式上看，這種國際合作除了經常或定期召開雙邊會議和國際會議外，還有檔案利用培訓班、雙邊博士論壇、跨國口述訪談等，如威

爾遜中心與喬治·華盛頓大學每年夏季組織的檔案培訓班，華東師大和喬治·華盛頓大學連續舉辦的兩次冷戰史中美博士論壇，都極受各國學生歡迎。在某些專題研究方面，甚至出現了不同國家學者共同參與的國際項目，如威爾遜中心組織的北朝鮮國際文獻開發項目（North Korea International Documentation Project）。華東師大最近設計的關於社會主義同盟理論及社會主義發展道路比較研究的項目，都邀請了多國學者參與，組織了國際團隊。此外，華東師大冷戰國際史研究中心正在與威爾遜中心商談，準備明年在華盛頓設立駐美國的常設聯絡機構。

　　如果用一句話來概括冷戰國際史研究的學術特徵，那就是從史料收集、研究方法到成果形式等各方面都體現出來的國際化現象。

二、冷戰國際史研究的熱門問題

　　冷戰國際史的研究成果，因其對當代人記憶中的歷史所進行的顛覆性描述和闡釋而備受世人關注，甚至學術著作也能成為暢銷書。不僅如此，隨著檔案文獻的解密，研究中的熱門問題也是層出不窮，簡直令人目不暇給。這裡重點介紹一些中國學者比較關注和參與較多的學術成果。

　　1.關於冷戰起源和結束的討論持續不斷

　　冷戰結束的最初幾年，美國學術專著、報刊雜誌甚至國家領導人經常討論的話題就是冷戰的起源，人們似乎又回到了傳統派的觀點，認為蘇聯應對冷戰的出現承擔責任。至於冷戰的結束，則是美國和西方所取得的勝利。最具代表性，也最有影響的，當屬美國最著名的冷戰史專家蓋迪斯在1997年出版的專著《我們現在知道了：對冷戰歷史的再思考》。作者是以勝利者的心態和姿態重新審視冷戰歷史的，認為冷戰的形成都是共產主義的錯誤，而冷戰的結束則是西方領導人——特別是像雷根、柴契爾這樣強硬派和保守派領導人正確決策的結果。蓋迪斯的著作受到美國主流媒體的高度評價，在中國也頗有影響。不過，冷戰史研究學者中還是有不同的看法。不少學者對他提出批評，如把冷戰的責任完全推給史達林有失偏頗；把冷戰的結束看成是正義戰勝邪惡則忽視了美國外交政策中不道德和違背法律的現象；認為1970年代美蘇緩和只是維持戰後的均勢就低估了西歐國家的重要性；對中國和第三世界如何影響冷戰的進程缺乏關注和認識等。特別是進入21世紀後，「911」事件的發生使西方的價值觀再次受到威脅，因冷戰結束而產生的西方優越感

頓時消失,「歷史終結論」也很快被人遺忘,人們需要再次重新審視冷戰。在這方面的代表性著作是2007年出版的維吉尼亞大學教授雷夫勒的專著《為了人類的靈魂:美國、蘇聯與冷戰》。作者強調:導致冷戰爆發和延續的主要因素在於美蘇的國內體制及國際機制,對美國政策提出了更多的批評;至於冷戰的結束,則是蘇聯和戈巴契夫個人起了主要作用。中國學者對於冷戰的起源也提出了自己的看法,有的從戰後國際秩序建立的角度提出了新看法,有的認為蘇聯是被動地捲入冷戰的,史達林的冷戰戰略是「內線進攻,外線防禦」。

2.關於蘇聯與冷戰關係的研究引人注意

俄國檔案館開放的直接後果之一,就是對蘇聯與冷戰關係的研究在國際學界掀起了引人注意的熱潮。在英語世界比較有影響的著作有:馬斯特尼的《冷戰與蘇聯的不安全感》,他的觀點與蓋迪斯比較接近,認為史達林由於從不相信別人而總有一種不安全感,他不斷尋求建立新的緩衝地帶,以控制蘇聯的周邊地區。旅美俄裔學者祖博克和普列沙科夫合著的《克里姆林宮的冷戰:從史達林到赫魯曉夫》,充分利用了大量公布的俄國檔案,重點在於描述戰後蘇聯領導人的思想傾向,強調領袖個性、馬列主義意識形態、俄羅斯歷史文化以及地緣政治在冷戰初期的重要性。祖博克的新著《失敗的帝國:從斯大林到戈爾巴喬夫的蘇聯冷戰》,則全面地考察了整個冷戰時期蘇聯對外政策的變化及社會走向。在這方面,俄國學者自然做出了極大努力,他們對蘇聯參與冷戰的研究涉及更為廣闊的領域。冷戰結束初期,俄國學者依靠集體的力量,側重於利用新檔案比較全面地描述冷戰時期蘇聯的對外政策。研究很快就擴展開了,有的討論冷戰起源,有的研究緩和年代,有的專門考察蘇聯的

軍事工業綜合體，還有的集中探尋蘇聯的核計劃和核政策。俄國學者研究最深、成果最多的主要體現在戰後蘇聯與東歐國家關係的領域。中國學者在這方面研究成果不是很多，主要原因是俄語人才短缺。現有比較重要的成果主要是張盛發的一部專著和筆者的幾篇論文。最近幾年年輕學者開始進入這一領域，從已經完成的博士論文即可看出，其中涉及蘇捷關係、蘇以關係、特殊移民、猶委會案件、阿富汗戰爭等等。

3.對於中美關係的考察經久不衰

中美關係是冷戰國際史最早吸引研究者的領域之一，並且隨著時間推移，到期解密的檔案逐漸增多，人們的關注點和研究範圍不斷擴大。冷戰結束後不久，在中美關係研究中，學者們最初比較感興趣的還是新中國建立之初中美關係是否有可能實現正常化的問題，即以往美國冷戰史各學派有關「失去的機會」的爭論。研究者根據新的史料再次進行了討論，比較一致的看法是實際上不存在所謂的「失去機會」。他們強調中共與莫斯科之間已經建立的良好關係使毛澤東在1949年不願意去發展與美國的關係，有限的外交及貿易聯繫不足以構成中美和解的契機。隨後，人們較多研究的是1950年代的中美衝突問題。學者們對中美衝突的起源、韓戰期間的中美關係、台海危機等都有較為深入的研究，出版了很多有份量的專著。在詹森和尼克森政府檔案解密後，學者們討論的焦點開始轉向中美和解的進程。吳翠玲的專著討論從1961年到1974年美國關於中美和解政策的實施過程，認為美國官場在1960年代就開始提出並討論與中國緩和關係的想法。蘭伯斯的新著則考察詹森政府為改善對華關係所採取的一些新舉措，並指出尼克森和季辛吉打開中美關係的思想是建立在詹森政府對華新嘗試的基礎上的。伯爾、詹姆斯·

曼恩、南希·塔克、夏亞峰以及麥克米倫等學者的著作,利用最新解密的美國檔案,對1970年代初中美關係緩和進程從不同角度做了深入的研究和探討。中國學者最早參與國際討論的課題就在這一領域,領銜者是資中筠、陶文釗等,跟進的有章百家、時殷弘、牛軍等,復旦大學美國研究中心也有一批優秀成果問世。那時中國中美關係研究完全可以同美國學者媲美。隨著時間的推移,關於中美緩和時期的美國檔案繼續開放,而中國檔案很少見到,所以中國的研究人數雖然很多,但基本上是跟在美國學者的後邊走。即使有一些比較重要的成果發表,其作者也是在美國接受學術訓練的。無疑,中美關係研究的進一步發展,有待於中國檔案文獻的開放。

4.對於中蘇關係的研究邁上新台階

由於以往難以見到的中國和俄國檔案的大量披露,冷戰國際史學者對中蘇關係的研究取得了比較大的突破。在西方出版的論著中,德國學者海因茲希對中蘇同盟建立的過程進行了詳盡討論,旅美華人學者張曙光、在加拿大教書的瑞士籍學者呂德良和在中國工作的俄國學者拉琴科從不同的角度和時段,集中研究了中蘇同盟破裂的過程;美國學者陳兼講述毛澤東的對外政策,伊莉莎白·維什尼克分析布里茲涅夫的對華政策,但主要落腳點都是中蘇關係。此外,筆者還看到一部英文的博士論文,作者利用了大量俄國檔案及中國人民大學的校史材料,討論蘇聯如何幫助中國建立、發展教育事業,其內容和觀點都十分吸引人。在俄國,綜合性專著的作者大體上都是負責對華事務的職業外交官或黨內幹部,他們的論述還帶有較多的意識形態色彩,在很大程度上都是為蘇聯特別是史達林的政策進行辯護。不過,其史料價值還是不容忽視的。在專題性著作中,比較集中討論的是關於中蘇邊界問題。涉及的其他領域還有新

疆問題、在華蘇聯專家問題及中蘇科學技術合作等。這些專題性研究著作的學術性較強，很有參考價值。中國學者在這方面的成就目前已經走到世界前端，其中特別是楊奎松、李丹慧、牛軍和筆者本人的研究，引起國際學界的重視，很多論文和專著已經或正在譯成英文。中國學者的突出特點有兩個方面，一是大量使用中國和俄國的雙邊檔案，這就比西方學者占了先機；二是中國學者看問題的角度和對史料的解讀要勝過西方學者，畢竟中國人對蘇聯的理解更為深刻。例如關於中蘇同盟破裂的過程及其原因的討論，中國學者的看法對現在通行的國家關係理論的某些觀點提出了挑戰。

5.韓戰仍然是研究者最感興趣的課題

韓戰不僅在東亞各國膾炙人口，在美國也是經久不衰的研究課題。各有關國家的檔案大量解密，為新的研究注入了活力。除了比較全面地講述戰爭過程的專著，學者們還充分利用新檔案、新史料考察了美國以外的國家參與這場戰爭的情況。關於蘇聯與韓戰的關係，學者們不僅討論了史達林對朝鮮半島政策的演變及蘇聯在戰爭起源和停戰談判中的作用，還描述了蘇聯空軍參戰的情景。至於中國與韓戰，討論比較集中在中國出兵及其在戰爭中的形象等問題上。還有一些學者研究了美國的盟國與戰爭的關係，如日本、英國、土耳其等。即使在韓戰研究中最為敏感和有爭議的問題，比如戰俘、細菌戰等問題，也有不少學者涉獵。在這一研究領域，中國學者也處於領先地位，特別是關於鐵幕另一邊的故事，西方人如霧裡看花，很難說清。在原來的東方陣營中，北韓學者閉目塞聽，基本看不到他們的成果，俄國學者大多囿於傳統，很少有所創建。而中國學者的研究早在1980年代末就開始突破了以往的傳統看法。隨著檔案文獻的不斷披露，對於中、蘇、北韓一方參與戰爭的過程的

研究越來越具體，越來越深入。在戰爭起源、中國出兵、中北韓關係、停戰談判等一系列問題上，中國學者都提出了自己的獨特見解。

　　冷戰國際史研究的熱門問題還有很多，如核子武器的研製與核政策問題、馬歇爾計劃、蘇南衝突、共產黨情報局、柏林危機、東柏林騷動、匈牙利1956年革命、華約與北約的對抗、台灣海峽危機、柏林圍牆的建立、古巴導彈危機、蘇聯入侵捷克斯洛伐克、美蘇限制戰略武器談判、阿富汗戰爭、波蘭團結工會等等，無論是老題目，還是新領域，由於這些研究主要依據的是冷戰結束後各國解密的檔案文件，都給人耳目一新的感覺。中國學者對於其中某些問題的研究還是比較深入的，這裡就不再一一列舉了。

三、冷戰國際史研究發展的新趨勢

進入21世紀以來，特別是最近幾年，冷戰國際史在其研究領域、研究對象和研究方法等方面，表現出某些新的發展趨勢。

1.走出大國關係史研究的光環，考察中心地帶與邊緣地區的互動關係

過去半個世紀的國際關係屬於兩極結構，所謂冷戰就是以美蘇各自為首兩大意識形態陣營（集團）的對抗，所以冷戰國際史研究始終籠罩在大國關係的光環下，學者們很自然地也把主要目標鎖定在考察美蘇兩國關係或兩大陣營在危機中的決策及其結果。「911」事件以後，由於伊斯蘭基本教義派對基督教文明的挑戰，西方的價值觀受到威脅，人們突然發現西方的意識形態並沒有被全世界廣泛接受。於是，學者們開始關注大國以外的世界，特別是第三世界。對於西方集團中弱小或處於邊緣地位的國家——加拿大、西班牙、丹麥、芬蘭、冰島等——的研究成果已經出現，對於第三世界眾多處於冷戰邊緣的國家和地區的研究也開始不斷升溫。目前，這些研究多數是從大國對邊緣地區和國家的政策的角度從事考察，希望透過追溯冷戰時期大國對第三世界的干涉和介入，來找到當前這些地區動盪的根源。或者說，是研究冷戰在第三世界的作用和結果。不久前文安立出版的專著《全球冷戰：第三世界的干涉和我們時代的形成》可以說具有代表性。作者研究了冷戰時期美蘇兩個超級大國對越南、南非、衣索匹亞、伊朗、阿富汗以及其他地區的干涉，並探討了這種干涉對當今世界的影響。文安立認為，在歐洲由於兩個軍事集團的存在和對峙，冷戰對抗陷入僵局，取得新突

破的空間和機會很少。而美蘇在第三世界的爭奪則代表了冷戰中最主要、最核心問題，第三世界是美蘇兩家推廣和驗證各自遵循的一套政治理論和經濟發展模式的場所。他們在這裡的爭奪，不僅是為了獲取軍事優勢（盟友、基地等），更主要是希望透過干涉第三世界的內部事務、影響第三世界的政治和經濟發展，來顯示各自代表的政治和經濟模式的優越性和合法性，來證明自己所信仰的價值觀所具有的全球適用性。

對於第三世界或冷戰邊緣地區和國家的研究還有一種「本末倒置」的趨向，即從研究這些地區或國家本身的歷史出發，考察其自身發展的歷史慣性、特徵和趨勢對美蘇關係的影響，對地區和國際格局的影響。如果說前者傾向於討論邊緣地區和國家是如何在兩極世界格局的影響下被動地捲入冷戰的，那麼後者的出發點則在於考察邊緣地區和國家是如何向兩極世界挑戰，從而影響了美蘇兩國的政策。美國愛荷華州立大學教授劉曉原在其新著《解放的制約——蒙古獨立、中國領土屬性和大國霸權的歷史糾葛》的導言中表述了這樣的觀點，即認為小國、邊緣地區和第三世界國家並不完全是被動地捲入冷戰的，在很多情況下，他們的選擇和驅動力迫使美蘇不得不修正自己的政策。唯其如此，才會出現在美蘇爭奪的中心始終保持「冷戰」的狀態，而在邊緣地區則「熱戰」連綿不斷。另一部受到關注的著作是美國哥倫比亞大學康納利教授的《外交革命：阿爾及利亞的獨立鬥爭和後冷戰時代的起源》。作者將阿爾及利亞的民族解放鬥爭置於東西方和南北方的雙重矛盾中考察，指出阿爾及利亞爭取獨立的鬥爭既包含東西方（美蘇）之間對抗的因素，又包含南北方（殖民地人民與殖民主義國家、伊斯蘭教與基督教）之間矛盾的因素，僅用傳統的冷戰眼光來看待1945年後的歷史是不夠的和不全面的。中國學者對第三世界的研究主要是由年輕一代完成

的，他們很多人一進入冷戰史研究的大門便選擇了這一新的領域，目前已經發表的成果雖然還不是很多、很成熟，但從這幾年博士論文的選題看，中國在冷戰與第三世界這個領域的研究必將迅速發展起來。

其實，正是這種對中心地帶與邊緣地區互動關係的研究，才會使人們更加深刻而全面地瞭解冷戰年代世界格局的內涵以及在這一總體格局中各國歷史的發展道路。

2.突破傳統國際關係史研究的範疇，把經濟、文化、社會納入觀察視野

冷戰國際史研究的另一個發展趨向就是突破傳統國際關係史的研究範疇，把觀察的視野轉向經濟、文化以及一系列社會問題，從事跨學科的研究。

英國劍橋大學教授雷諾茲在其所著《一個被分割的世界：1945年以來的全球史》一書中提出，戰後發生的許多事情是「無法全部裝在冷戰這個盒子裡的」，美蘇冷戰「分割」了世界，但冷戰只是這個時代的一部分，此外還有經濟、民族、文化、宗教、南北差別、性別差異等問題，冷戰的出現無疑對這些社會問題的發展產生了影響，但同時又反過來深受這些社會問題的影響。他在書中系統地描述了一些與冷戰根本不相關的事情，如非殖民化進程、科技發展、文化趨向、社會變革以及所有這一切對政治產生的影響，最後強調：「冷戰只是這個時代的中心，而非時代本身。」作者是要提醒人們，對於冷戰時代的研究，不能僅僅研究冷戰本身，不能把研究的對象限制在傳統的國際關係史範疇，還必須全面考察在這一時代發生的其他事件和問題。

當然，冷戰國際史研究無法取代經濟史、文化史、宗教史、社

會史等各類專門史研究，但重要的是，關於戰後以來這些問題的考察無論如何也不能擺脫冷戰這個核心問題，因為它們都在「一個被分割的世界」的框架下發生和發展的；同樣重要的是，研究冷戰史，研究國際格局產生和變化的過程，也必須考察經濟、文化、科技、宗教等等問題，因為這些問題與國際關係問題融合在一起，才構成了這個時代本身。在這方面，目前已有的冷戰國際史研究成果中比較多的是關於「經濟冷戰」、「文化冷戰」以及「宣傳戰——心理戰」的研究。馬里蘭大學教授張曙光較早使用了「經濟冷戰」的概念，並以此為書名，講述了美國對中國的經濟封鎖政策及其對中蘇同盟造成的經濟壓力。俄羅斯科學院俄國歷史研究所西蒙諾夫的研究對像是蘇聯的軍工綜合體組織，論證了蘇聯制度下的這一特殊經濟部門如何擔負著國家經濟有機組成部分的職能，決定著社會產品和國民收入分配的比例，同時又成為國家安全系統最重要的環節，決定著武裝力量軍事技術組織的性質。「文化冷戰」的研究涉及美國文化的對外傳播，美蘇之間的文化交流及其結果，以及冷戰中的文化政治等方面的內容。關於「宣傳戰——心理戰」的研究出現得比較早，其中既有對蘇聯在國內宣傳鼓動和對外開展「舌戰」的介紹，也有對西方冷戰廣播及內部輿論導向的描述。在所有這些領域的研究及其拓展，不僅豐富了冷戰史研究的內容，更重要的是將加深人們對於冷戰時代的認識。

中國學者對經濟冷戰的研究主要表現在美日、美韓、中蘇關係方面，成果比較顯著。于群集中研究心理冷戰，取得不少成果。對於文化冷戰的研究相對比較落後，成果還很少見到。

3.在實證研究的基礎上，重新建構冷戰國際史的分析框架和理論模式

如果說冷戰的結束為國際關係史學者提供了更多的機會和更廣闊的開拓空間，那麼這一結果的突然來臨對於國際關係理論專家而言，遇到的則是嚴峻的挑戰。人們還發現，在舊冷戰史研究中曾廣泛應用過的某些國際關係理論，不僅因其對冷戰的結束缺乏預見而受到學者的質疑，而且面對大量的和不斷出現的新史料、新史實似乎也正在失去其闡釋價值。正像文安立所言，冷戰國際史（新冷戰史）「是一個讓現實主義和結構主義迎頭衝撞的領域」，現實主義固然因為國際體系的變化而正在失去其原有的解釋能力，結構主義也由於受到某些固有模式的束縛而很難對冷戰過程中複雜的現象做出更好的說明。

其實，在冷戰後的冷戰史研究中，歷史學家同樣面臨著某種困境，當他們面對興高采烈地找到的大量渴望已久的檔案時，當他們在新的歷史文獻的基礎上開始兢兢業業地重建歷史時，才突然發現原有的概念、分析框架或理論模式似乎還不足以讓他們理解、解釋和闡述新顯露的歷史現象。例如在中蘇關係史的研究中，情況就是如此。目前已經披露的檔案文獻和口述史料，其數量多的驚人，不僅大量有關中蘇兩黨高層內部的討論、兩國領導人之間的談話已經為人所知，甚至像1957年11月莫斯科會議期間蘇聯在克里姆林宮為毛澤東的臥室專門改建廁所、1959年9月30日赫魯雪夫在北京機場發表講演時擴音器突然中斷這樣的細節，都可以得到確實的考證。面對越來越清楚的史實，人們無論如何也無法再使用以往國際關係理論中的同盟利益說來解釋中蘇同盟破裂的原因了。正是依據同盟是共同利益的體現這一框架，美國的情報分析官員在1950年代初認為既然中蘇已經結盟，那麼就是鐵板一塊了——殊不知恰恰此時，史達林因在中蘇條約談判中被迫向毛澤東讓步而對中國產生了極大的不滿和懷疑；在1960年代初他們又認為中蘇的根本利益是一致

的，所以他們的同盟是不會破裂的——殊不知時隔不久，中蘇兩國便分道揚鑣了，而導致他們分裂的並非國家利益之間的衝突。顯然，維繫中蘇關係的不僅僅是利益，甚至主要不是利益，那麼應該如何來解釋中蘇同盟破裂的根本原因呢？於是，冷戰史研究者開始嘗試建立新的概念和分析框架。有學者提出了國內政治需要說，如陳兼就認為，中國革命的國內使命決定了其國際使命，外交政策是「國內動員的源泉」，為此，「毛澤東在國際關係方面故意製造敵人」。還有學者提出了意識形態分歧說，如呂德良認為，莫斯科和北京在關於如何「正確」解釋和實踐共產主義方面產生嚴重分歧，中蘇雙方由此相互指責對方為共產主義的「叛徒」；沒有意識形態之爭，中蘇也不可能分裂。甚至有學者從性格和心理狀態的角度分析毛澤東的對蘇立場，如盛慕真就用精神分析法來描述毛澤東的個性及其對政治決策的影響，認為領袖的個性缺陷和心理障礙是導致中蘇分裂的主要因素。這些理論是否能夠解釋中蘇關係的興衰姑且不論，但有一點毋庸置疑，歷史學家正在嘗試在合理的新歷史證據的基礎上建立自己的概念、分析框架和理論模式。而這種做法本來就是冷戰國際史研究者所關注的重構歷史活動之中的應有之意。筆者和李丹慧即將出版的《冷戰與中蘇同盟的命運》一書，會提出一個對中蘇分裂過程和原因的新的分析框架，也許有益於推動這一討論。華東師大冷戰國際史研究中心正在策劃的研究課題——社會主義國家關係及同盟理論研究，也將從事這方面的嘗試。

最後，特別值得一提的是正在出版的由雷夫勒和文安立共同主編的三卷本《劍橋冷戰史》。該書的目的是闡明冷戰的根源、動力和結局；力圖說明冷戰是如何從第一次和第二次世界大戰以及兩次大戰之間的地緣政治、意識形態、經濟和政治環境中演化而來的；冷戰遺產是如何影響當今國際體系的。這是一部名副其實的國際

史，除用一些章節討論大國之間的雙邊或多邊關係，有更多篇幅討論的是地區性和全球性問題，特別是廣泛涉及社會史、科技史和經濟史的內容，討論了人口、消費、婦女和青年、科學和技術、種族和民族等一系列問題。其意義遠遠超出了狹義的外交史，在國際關係和國際格局之外，還要說明的是冷戰時期對絕大多數人來說最重要的是什麼；為什麼只有瞭解經濟、思想和文化互動是如何影響政治話語、外交事件、戰略決策的，才能理解冷戰的起源和結束。這部巨著的大部分作者是歷史學家，但也有政治學家、經濟學家和社會學家。在方法論方面，該書力圖做到綜合性、比較性和多元性的結合。可以說，這部著作代表了目前冷戰國際史研究最尖端、最權威的學術成果，也反映了這一研究的發展趨勢。

　　近來「新冷戰」（New Cold War）問題開始引起國際社會的關注，大國之間圍繞著利益和權力的對抗，國際政治中出現的對峙和遏制，使人們不得不想起冷戰年代。世界是否會進入新冷戰時代？目前國際緊張狀態中有哪些因素來自於冷戰年代？今後又將如何發展和演變？回答這些問題，無疑都需要思考過去的經驗和教訓。因為當代世界的結構性因素和重大國際問題的淵源都與冷戰時期密切相關，所以，冷戰研究可以為理解和把握後冷戰時期歷史運動規律、應對現實國際問題提供必要的戰略性思考和歷史借鑑。這也是進一步全面、深入地加強冷戰國際史研究，並在學科建設方面把這一研究提高到應有地位的現實意義所在。

第一編 美國與中國「兩彈一星」計劃

美國對中國核子武器研製的評估與對策

　　1964年10月16日15時，中國在羅布泊地區成功進行了第一次核試驗。同時聲明：中國政府一貫主張全面禁止和徹底銷毀核子武器，中國進行核試驗，發展核子武器，是被迫而為的。中國掌握核子武器，完全是為了防禦，為了保衛中國人民免受美國的核威脅。在任何時候、任何情況下，中國都不首先使用核子武器。 [1]

　　對於中國進行的核試驗，美國政府立即做出了反應。1964年10月18日，美國總統詹森在電視演講中說，「中國這次核試驗對於美國政府來說並不感到驚訝」，但「沒有美國人會對此等閒視之」。他認為「這次爆炸是不幸的和嚴重的事實」，「對此，我們不能、沒有、也決不會忽視」（We must not，we have not，and we will not ignore it.）。連續使用三個否定詞「Not」，足以可見此消息引起了美國政府的極大重視。 [2] 美國對中國核子武器研製的關注由來已久。早在1955年初，美國政府便密切注意中蘇在核技術上的合作，認為如果中國向蘇聯要求提供核技術上的援助，蘇聯在未來的幾年中是很難拒絕的。 [3] 不久，蘇聯政府果然發表了一個公開聲明，準備向中國、波蘭、捷克、羅馬尼亞和東德等五個社會主義國家提供幫助，包括設計、供給設備及建設具有達5000千瓦熱能的實驗性原子反應爐和原子微粒加速器，還向這些國家提供必要數量的原子堆和科學研究用的分裂物質。 [4]

　　對於中國核技術的進展，儘管美國比較關心，但是仍然顯得不屑一顧。1950年代末，美國國務卿杜勒斯認為，除非蘇聯向中國提

供核彈頭和設備，否則中國還需要許多年才能具有運載核能力。就算中國在未來三至五年的時間裡掌握某些核技術，但也不能發展到製造運載核子武器。　[5]　但進入1960年代，隨著中國核技術的突破，第一次核試驗迫在眉睫，美國政府、軍界及其情報部門加強了對中國核能力的評估。

1.時間和地點

1950年代末1960年代初，美國政府已經認為中國進行核試驗是不可避免，因此中國何時、何地進行核試驗就成為美國政府極其關注的一個問題了。1959年9月，美國國家安全委員會在NSC5913/1文件中明確表述共產黨中國將在1963年以前擁有核子武器。　[6]　1964年4月16日至17日，國務卿魯斯克訪問台北，在與蔣介石的會談中，他提及共產黨中國很可能在1964年末或1965年初進行核試驗。對此，蔣介石並不在意，他說根據國民黨所掌握的情報，共產黨中國在未來的3—5年內根本不會進行核試驗。　[7]　對於台灣情報系統的不可靠性，美國再清楚不過了，魯斯克把美國的預測透露給台灣，只不過是給台灣打了一個預防針，讓他們有一個心理準備，不至於措手不及。

長久以來，美國U-2偵察飛機密切關注中國核基地的建設進展情況並拍攝了大量的照片。根據這些照片，美國國務院政策設計委員會認為：中國第一次核試驗可能發生在任何時間，但是最有可能發生在1964年末或更晚的一些時候。　[8]　不過中央情報局的官員卻認為：「在未來的幾個月中，中國沒有足夠的分裂材料進行核試驗，所以中國核試驗可能將發生在1964年末以後的某個時間。」[9]　對此，美國國務院中國問題專家艾倫·惠廷對此持不同意見。他認為，中國已在羅布泊建立了一個325米高的鐵塔，如果中國的核

試驗不是迫在眉睫的話，他們不會費力建造如此的建築物。他預測，中國核試驗可能在1964年10月1日進行。 [10] 儘管中央情報局的官員對惠廷的看法頗為懷疑，但還是認真對待此事，他們對中國的核基地進行了大量的偵查與分析。1964年10月15日，也就是中國進行第一次核試驗的前一天，負責科技情報的中央情報局局長助理張伯倫在給中央情報局局長卡特的備忘錄中全面推翻了他們以前的預測，認為大量情報表明羅布泊正處於建設的活躍期，中國核試驗將可能發生在未來的6至8個月內的某一時間。 [11]

　　美國對中國第一次核試驗時間的預測經歷了一個複雜的認識過程。透過美國U-2飛機偵察的情況所預測的時間往往與透過對中國擁有核材料狀況的分析所預測的時間並不一致。1964年8月26日，中央情報局透過偵查照片認為，一方面，「中國西部羅布泊地區令人懷疑的設施是準備在兩個月內使用的核試驗基地」，另一方面，又有足夠跡象表明「在未來的幾個月中，中國沒有足夠的分裂材料進行核試驗，顯然，今年年底以前進行核試驗的可能性不大」。[12] 10月15日，中央情報局估計：「中國可能在10月左右進行核試驗。」但是，中國「僅有所知的鈽原料生產基地，在1964年初反應爐才可能開始運轉，這表明擁有足夠鈽原料進行第一次核試驗大約會在1965年中期，而在蘭州的鈾原料工廠僅部分完工，不可能在將來為核試驗提供足夠的分裂材料」。 [13] 雖然美國從兩個不同的來源預測中國核試驗的時間出現了差異，但是並不影響他們對中國核試驗時間的整體預測。從上述材料我們可以看出，他們大致認為中國第一次核試驗應在1964年末至1965年初的某個時間。

　　美國對中國核試驗基地的瞭解也是透過U-2飛機的偵查照片得來的。美國最初一直不能確定羅布泊是否就是中國的核試驗基地。

1964年4月，他們透過偵查照片發現了中國在羅布泊基地建造了一個鐵塔。8月，圍繞著鐵塔的核試驗基地的各種工事已經完成了60%，而且在鐵塔附近建造了許多地下工事。這時，美國政府斷定羅布泊肯定是核試驗基地。 [14] 1964年10月，他們再次透過偵查照片發現羅布泊核試驗基地的準備工作基本全部完成，這包括一個高達340公尺的鐵塔， [15] 以鐵塔為圓心在9800公尺、16000公尺、23000公尺和33000公尺的圓弧處分別設置的實驗儀器，在9800公尺圓弧處還建立了兩個小塔，它們之間相距905公尺，這些證據足以證明將在近期進行核試驗。 [16] 美國U-2飛機偵查照片的總數究竟有多少，我們雖然還不能確定，但是就美國政府已經解密的部分而論，中國核試驗基地的絕大多數建築物都被美國偵察得清清楚楚。

2.核原料和運載能力

美國對中國核原料的特性和來源一直比較關注，他們透過各種手段對中國的核原料進行分析，認為中國核原料具有以下幾個特點：

首先，美國認為中國核原料的來源決不僅僅限於一地，也不僅僅限於中國境內。他們認為在北京的原子能研究所擁有一個小規模的重水反應爐，很明顯是蘇聯的一個仿製品；在包頭擁有一個每年能生產10公斤鈽的小型冷氣反應爐，這是中國最為重要的一個反應爐；在蘭州可能有一個氣體擴散廠，這將是一個大型冷水反應爐；在甘肅玉門附近還有一個令人懷疑的石墨—冷水反應爐。當然美國還懷疑在中國的其他地方有一些沒有被偵察到的反應爐，特別是四川的一些地方。除此之外，美國還認為：中國有可能從國外獲得核原料，不過蘇聯不可能把適合製造核子武器的核原料給中國，與中國保持關係的一些國家幾乎肯定不可能向中國提供完備的核原料。

[17]

其次，美國政府認為中國的核試驗處於初級階段，水準低下。由於中國與美國在核能力上的差距非常明顯，美國對中國的核力量是瞧不起的。他們認為，包頭的鈽反應爐最多每年只能製造一個或兩個比較初級的核子武器，而且還是一個小規模的冷氣反應爐，其他幾個反應爐大多數都沒有完工。如果中國要進行核試驗，只依靠包頭反應爐是不夠的。包頭和玉門兩個反應爐加在一起，每年即使能夠生產40—45公斤的鈽，也才足夠6—7個初級的核裝備使用。[18] 美國政府一直認為中國的第一次核試驗將使用「炮筒」引爆技術和鈽-239分裂材料，然而中國第一次核試驗就使用了更加先進的內裂引爆技術和濃縮鈾。 [19] 從已解密的材料來看，美國情報機構的主要注意力都集中在中國的鈽反應爐上，對於中國使用鈾-235分裂材料的可能性估計不足。美國只是在蘭州發現了一個鈾-235工廠，但認為這個工廠還沒有全部完工，在2-3年內運轉的可能性不大。美國在沒有得到對中國第一次核試驗所使用的分裂材料進行分析之前，只是認為中國核子武器的成分「可能是」、但「不能確定」就是「鈽」。中國使用鈽-239的機率要遠遠大於使用鈾-235。[20]

中國核子武器威力的大小，不僅與使用的核原料有關，而且還與運載能力密切聯繫相關。美國情報部門分析在戰略轟炸機方面，當時中國大約擁有290架能夠航行600海里，載重能力約6000磅的伊留申-28飛機（IL-28）、兩架圖-16中程噴氣式轟炸機（TU-16）和約12架圖-4轟炸機（TU-4）。在陸基導彈方面，中國正在研製中程彈道導彈（MRBM）。這種系統基本上是蘇聯模式的，可能就是改裝的SS-4導彈。到1967年或1968年，中國將擁有幾枚裝有核彈頭的

中程彈道導彈。至於海基導彈，中國有一艘在外表與蘇聯「基輔」級極為相似的，能發射350海里彈道導彈的潛水艇。但美國不能確定這艘潛水艇是中國人自己製造的還是由蘇聯提供的，也還沒有足夠的證據表明中國正在建造更多的這種類型的潛水艇。 [21] 因此，美國分析認為，與戰略轟炸機相比，中國顯然對中程彈道導彈更加感興趣。戰略轟炸機雖具有靈活性強、精度高、再選擇及重複使用等優點，但它的缺點——易受攻擊、複雜的警戒過程、受持續警戒能力的限制以及很難通過對方的防空系統——似乎顯得更突出，而彈道導彈卻具有突出的優點。 [22] 雖然美國政府注意到了中國在運載能力上更加關心彈道導彈的發展，但認為中國擁有足夠成熟的運載能力還需要許多年，更不用說洲際導彈技術了。 [23]

3.中國核試驗的影響

美國政府認為：中國擁有核子武器將給美國國家安全帶來巨大的威脅。1961年初，甘迺迪總統就公開表示過對中國核子武器的擔心。古巴導彈危機一結束，他就對國會領導人說：「我們獲得了偉大的勝利，俄國那裡不再有什麼威脅，未來幾年的威脅來自中國。」 [24] 1963年1月10日，總統國家安全事務特別助理麥克喬治·邦迪和中央情報局局長麥肯在討論有關中國核子武器問題時重申甘迺迪總統的立場。邦迪說：「總統感到中國擁有核子武器可能是當今世界最糟糕的事情，且暗示中共在核領域的進展對於我們來說是不能接受的。」 [25] 當時的美國國務院政策設計委員會主席羅斯托認為：「六十年代最大的事情可能就是中國進行核試驗。」

美國對中國擁有核子武器抱有強烈的恐懼感，在中國第一次核試驗前，美國政府就做出了許多危言聳聽的預測。例如：美國國務院國際安全事務辦公室曾寫了一份報告，認為中國的核子武器研製

已經開發大約有10年了，現在他們準備進行第一次核試驗，當完成全部設施建設以後，他們每年能製造30—50枚原子彈，但並不適用於導彈的運載。可是第一次核試驗後能夠進行不斷的核試驗，以提高其核子武器的設計能力。　[26]　美國國務院國際安全事務辦公室描繪了一幅對於美國人民來說極為可怕的藍圖，儘管他們同時認為以上所預測的時間可能有些變化，但如果中國按照以上步驟進行的話，或早或晚一定會實現。

與此同時，美國政府還認為：中國擁有核子武器也將給周邊地區帶來巨大的壓力，首當其衝的顯然是台灣。如果中國進行第一次核試驗的話，海峽兩岸之間軍事實力將失去平衡。　[27]　如果中國向周邊的友好國家（越南和北韓）輸出核技術，必然造成核擴散，從而其他非共產黨國家發展自己的核子武器來抵抗中國，尤其是日本和印度。當然，中國第一次核試驗的政治心理影響要遠遠大於其直接的軍事影響。就算中國的中短程核運載能力得到飛速的發展，也很難透過襲擊駐亞洲的美軍基地來削弱美國。中美之間在核能力和易受攻擊性方面存在著巨大的差異，中國不會首先使用核子武器。中國只是希望其核能力將削弱那些試圖反抗其意願的國家，阻止這些國家尋求美國的援助，對美國在亞洲的軍事基地施加壓力，試圖尋求對其大國地位的支持。　[28]　從上述分析中可以看到美國政府的這種自信是建立在對自身瞭解的基礎之上的。

二

面對中國研製核子武器的現實，美國應該採取怎樣的對策確實是一件非常重要的問題，態度強硬毋庸置疑，但是又不能過分刺激中國，把中國逼上一條絕路，與美國及其盟國進行公開的核抗衡，這個「度」的掌握的好壞，決定著未來的美國對華關係，甚至整個

東西方關係。當時在美國政府內部有如下幾種意見：

1.直接軍事打擊

美國軍方最初對中國研製核子武器雖然態度強硬，但仍然採取謹慎的對策。1961年6月26日，參謀長聯席會議在給國防部長麥納馬拉的備忘錄中指出：中共獲得核能力將會給美國和自由世界，特別是亞洲的安全地位帶來巨大的影響，但美國可以透過政治、心理、經濟以及軍事手段來抵制這種影響。參謀長聯席會議建議制定一個由國務院、國防部、中央情報局和美國新聞總署的聯合行動計劃，以確保採取準確、及時的行動應付將來所遇到的問題。 [29] 隨著中國核能力的日益加強，美國軍方的態度也開始變得日益強硬。1963年7月31日，負責國際安全事務的助理國防部長威廉·邦迪給參謀長聯席會議主席的備忘錄中，要求制定一個對中國核子武器基地進行常規的軍事打擊以推遲中國核試驗的計劃。12月14日，參謀長聯席會議在給國防部部長麥納馬拉的備忘錄中指出：採取常規的軍事打擊是可行的，但是建議考慮使用核子武器進行軍事打擊。[30] 幾份備忘錄對中國採取軍事行動的調門越來越高，表明美國軍方對中國擁有核子武器的憂慮。

2.與蘇聯合作限制中國研製核子武器

由於軍方對採取軍事打擊的呼聲很高，甚至叫囂要採取核打擊，國務院對此採取了不同的意見，他們更傾向於採取外交手段最大限度地限制中國核能力的發展，與蘇聯合作就是其中的一個重要的外交手段。在1963年1月的一次白宮會議上，甘迺迪對核禁試談判以及他與赫魯雪夫的通信作了一番回顧。其中提到中國可能擁有核子武器的問題。甘迺迪指出，如果簽訂一項核禁試條約有助於防止這種情況發生，那麼應與蘇聯合作。如果一項核禁試條約只涉及

美蘇兩家，意義並不大；如果能夠影響中國，價值就大了。美國政府在以後幾次討論與蘇聯談判核禁試條約問題時，都傾向於利用中蘇分歧、與蘇聯合作、共同制止中國擁有核子武器。然而這個條約能否限制中國研製核子武器，頗令人懷疑。如果中國拒絕簽署，美國也沒有辦法，即使蘇聯採取合作態度，美國也知道由於中蘇矛盾，蘇聯對中國的影響力已不如從前。6月7日，甘迺迪指派助理國務卿哈里曼作為特使參加在莫斯科召開的美英蘇三邊會談，重點探討中國研製核子武器的問題。7月中旬甘迺迪電告美國特使哈里曼：「我贊成只有美蘇兩國才能擁有大量的核子武器，但是像中共這樣的國家即使擁有少量的核子武器，對於我們來說也是非常危險的。你應試圖瞭解赫魯雪夫對限制或防止中國發展核子武器的看法，向他強調中國核子武器對我們大家都是非常危險的，試探他願不願意採取行動或接受美國為這一目標而採取的行動。」[31] 然而哈里曼並沒有從赫魯雪夫那裡得到任何積極的回應。7月15日，美國、蘇聯、英國三國在莫斯科準備草簽有關在大氣層、外太空和水下的核禁試條約。

美蘇在共同努力限制中國研製核子武器問題上雖然絞盡腦汁，但收效甚微。正如後來人們評論的那樣：「如果要使這個條約完全有效，就必須把現有的和潛在的所有核國家都包括進來。這就給赫魯雪夫提出了促使中國簽字的問題，同時也向甘迺迪提出了促使法國簽字的問題。這都不是輕而易舉的任務。無論北京或巴黎，都不同意華盛頓、倫敦、莫斯科的看法，把這個條約的簽訂看成是一種代表人類利益的高尚的無私行為。不管怎麼說，美國，英國和蘇聯都已擁有自己所需要的核子武器。現在他們實質上是建議關閉這座武庫。在毛澤東和戴高樂看來，這個條約更像是核壟斷者搞的一套偽善的陰謀，以便永遠保持他們的核優勢，不讓新的國家進入核俱

樂部和對他們操縱世界事務的地位提出挑戰。」 [32] 中國政府態度一直非常堅決。周恩來總理早在1960年4月就發表聲明，中國不受它未簽字的條約束縛。1963年8月10日，《人民日報》又發表社論，對部分核禁試條約痛加駁斥。

面對以上幾種不同的意見，美國國務院加緊研究對策，試圖尋找最佳的解決方案。1964年4月14日，國務院政策設計委員會提出了一份研究報告。開宗明義，該報告就指出：根據現在中國的核能力，美國為此捲入巨大的政治投資和軍事冒險是不合適的；對中國的核設施進行直接軍事打擊，最多能使其癱瘓幾年（也許是四、五年）；如果中國採取首先核攻擊，那麼對其採取威脅性的手段是合適的；襲擊中國核設施的行動與另外一些襲擊中國的軍事行動一起進行，比直接單獨襲擊中國核設施更為可取；同樣，阻止中國行動的威脅，也不要單獨指向核設施。即使不透過武器控制領域的談判，我們也能夠發展足夠的政治資本來抵抗中國核設施。蘇聯也未必會真的同意美國襲擊中國的核設施，或與美國合作為這些行動鋪設政治基礎。但是，武器控制談判能夠更加孤立中國，能為透過其他手段和其他領域反對中共核設施準備政治基礎。祕密行動能夠提供政治上最可靠的行動。如果對於中國入侵採取部分反應的話，祕密行動成功的可能性最大。 [33]

美國國務院政策設計委員會認為，如果對中國核設施進行軍事打擊的話，無非是以下幾種方法：（1）由美國直接發起公開的、常規的空中打擊。雖然這種相對比較強烈的軍事打擊能夠摧毀中國的核設施，但問題是中央情報局情報的準確性質令人懷疑。一旦中國仍保留核能力並採取報復的話，那麼美國應該採取什麼樣的對策？（2）由國民黨軍隊進行轟炸。這種辦法的好處在於可以假借

中國內戰的形式,避免國際社會對美國政府的指責。問題在於國民黨戰略空軍能力不夠,因而也是不切實際的。(3)與中國大陸的特務合作、進行祕密的破壞。但由於缺乏資金,這種方法也是不可行的。(4)空投國民黨部隊。在中國核設施附近,空投國民黨部隊一百人,擊潰核基地的保安部隊和摧毀核設施。毫無疑問,這種設想等於是白日做夢。總而言之,這四種方法每一種都有難以踰越的障礙。美國政策設計委員會對使用武力慎之又慎,特別值得注意的是,該委員會並沒有對使用導彈、轟炸機或顛覆組織運載核子武器進行軍事打擊去討論。由此可見,美國政策設計委員會並不主張使用軍事打擊來對付中國研製核子武器,更不主張對中國使用核子武器。

雖然國務院政策設計委員會反對對中國核設施進行軍事打擊,但這並不意味著對中國研製核子武器無動於衷,它提出的結論也留下了許多伏筆。例如,如果中國首先大規模使用核子武器的話,美國可以採取常規軍事行動。另外委員會還對採取祕密行動比較欣賞,因為這可以避免過分的刺激中國。 [34] 國務院政策設計委員會認為:這樣既可以採取外交手段最大限度的限制中國研製核子武器,又不作繭自縛。這實際上造成一舉兩得的效果:既可以對中國造成威懾作用,又可以不過分得罪鷹派。

國務院政策設計委員會的研究報告頒布以後,美國國務院進一步廣泛徵求其他有關部門的意見。1964年9月15日,國務卿魯斯克、國防部長麥納馬拉、中央情報局局長麥肯、國家安全事務特別助理邦迪與詹森總統一起討論中國核子武器問題。一致認為:「(1)我們不贊成現在就無緣無故地、單方面地對中國核設施採取軍事打擊,如果為了其他原因,發現我們自己和中國在許多方面

保持軍事敵對的話，我們應該對有可能採取的、更合適的軍事襲擊中國核設施行動給予進一步的關注。（2）我們相信：如果蘇聯政府感興趣的話，採取聯合行動是有相當可能性的。包括對於中國的核試驗提出警告；放棄地下核試驗；鼓勵中國在核問題上承擔責任；在預防軍事行動方面，制定一個採取聯合行動的條約。（3）我們認為，對中國核試驗基地進行高空偵察是比較合適的」。 [35] 應該指出，上述結論大量沿襲了國務院政策設計委員會的思路，別無新意。其重要性主要表現在它定下了今後美國政府對中國研製核子武器問題政策的基調。

1964年10月16日，中國進行了第一次核試驗。面對意料之中的核試驗，美國國家安全委員會的高級官員再一次對中國的核能力進行商討，但並沒有對其政策進行調整。10月19日，總統詹森約見國會兩黨領袖，並且請中央情報局局長麥肯和國防部長麥納馬拉分別介紹了中國的核試驗情況。麥肯主要介紹了中國核試驗的一些細節；麥納馬拉側重論述了在中國核試驗以後美國的戰略地位問題。他認為，美國現在擁有約2700枚原子彈，其中800枚對付蘇聯，其餘對付中國是足夠的。美國有能力抵抗中國的核威脅，從而給國會官員吃了一顆定心丸。 [36]

中國進行第一次核試驗以後，美國密切注意中國的動向，五角大樓立即宣布他們已經事先在關島美軍基地部署了大量的B-52轟炸機。美國第七艦隊在台灣海峽游弋，一個能夠發射導彈擊中中國重要軍事目標的北極星級潛水艇也抵達了太平洋。 [37] 1965年1月16日，參謀長聯席會議在給國防部長麥納馬拉的備忘錄中認為，中國現在的核子武器還不會影響中美兩國的軍事平衡。當然，現在在前線繼續保持和使用常規部隊和核戰術部隊，對盟軍和對中國而言，

都是非常重要的，美國的防禦是牢固的。顯然，美國這些行動的威懾意義要大於進攻意義。 [38]

總之，美國對中國研製核子武器的對策實際上分為兩類：軍事打擊和外交施壓。前者弊多利少，所以後來被放棄。美國國務院一直對美蘇共同限制中國研製核子武器比較欣賞。蘇聯在拒絕向中國核計劃提供援助和接受核武禁擴原則這一點上，迎合了美國的戰略要求。除此之外，蘇聯對美國的建議反應冷淡。軍事打擊風險太大而與蘇聯合作效果又不明顯，在以後的歲月裡，美國政府採取的是一個折衷的辦法，在不放棄軍事威懾的前提下，最大限度的採取外交手段來遏制中國研製核子武器。

三

從整體來看，美國對中國核子武器研製的評估與對策是建立在過分誇大中國核威脅的基礎之上的。當中國開始研製核子武器時，甘迺迪政府就極為恐慌，認為中國擁有核子武器是當今世界最為糟糕的事情，美國和西方是難以容忍的。甚至國務卿魯斯克也說：「美國目前的對外政策主要問題是如何對付中國⋯⋯手中有了核子武器的問題。」 [39] 美國高層官員的誇張之辭雖然各有特色，但都認為中國擁有核子武器是對美國及自由世界的最大威脅。

事實證明，危言聳聽者大錯特錯了。1964年10月，中國爆炸的低當量核子武器產生的政治影響比華盛頓預料的要小得多。它沒有預示中國將要大規模生產核子武器，更不表明中國可能使用或威脅使用核子武器。 [40] 就連美國國家安全事務特別助理麥克喬治·邦迪後來也承認：中國發表的聲明與以後的行為是一致的，除了準備應付核攻擊以外，中國從沒有進行過核威脅，中國的核部署也是有節制的。他還認為：中國時常說要利用自己的核力量為其他愛好和

平的人民提供保護，實際上中國的真正興趣在於使自己不受核威脅。[41]

應該承認，中國在1964年的核試驗還只是「萬里長征的第一步」。中國在擁有原子彈後不久就成功地進行了第一顆氫彈試驗。隨著中國核技術的不斷突飛猛進，中國與美國在核軍備控制領域的矛盾也越來越激化。本來在蘇聯擁有核子武器以前，美國政府始終奉行核壟斷政策。1949年蘇聯爆炸了原子彈，打破了美國的核壟斷地位。美國政府開始轉向謀求「核武禁擴」。進入後冷戰時期以來，美國政府在「核武禁擴」的基礎上，開始構想「反擴散」戰略。1993年12月7日美國國防部長阿斯平闡述了防止大規模殺傷性武器擴散政策的意義，同時美國防部公布了擬訂的「反擴散計劃」。實際上「反擴散」並不是對「核武禁擴」的否定，「反擴散」是建立在「核武禁擴」的基礎上，透過反擴散的行動支持不擴散的努力。[42]

展望二十一世紀，核問題仍然是擺在世人面前的一個難題，它不可能輕易解決。回歸無核世界遙遙無期，有核國家如何更好地利用核資源，減少核戰爭的可能性，堅持不威脅、不恐嚇使用、不擴散核子武器，仍然是一項任重而道遠的使命。

（原載《當代中國史研究》，2001年第3期）

美國情報部門對中國核子武器計劃的
評估與預測

  冷戰時期，有關中國的軍事實力一直是美國政府決策者極為關注的議題。包括中央情報局在內的美國情報部門在這一時期做了大量的評估報告，其中最重要的當屬國家情報評估（NIE）和特別國家情報評估（SNIE）。隨著中國軍事實力的發展，從1960年始，美國情報部門每年都對中國的戰略武器計劃，特別是作為戰略武器計劃的重要組成部分的中國核子武器 [43] 計劃進行評估，這些文件構成了情報分析人員對中國戰略武器計劃的基本認識、評判和預測，也為總統制定決策提供了最重要的參考性文件。 [44]

一、中國核子武器計劃的緣起與蘇聯的援助

中華人民共和國建國肇始，國際形勢極為嚴峻，美國利用自己的優勢曾多次對中國進行核威脅與核訛詐。韓戰和第一次台海危機後，中國開始重視核子武器的發展，並將發展核子武器界定為中國重大的國家利益。1955年1月15日，毛澤東主持召開中共中央書記處擴大會議，會議聽取了地質部長李四光、副部長劉杰和中科院近代物理研究所所長錢三強的彙報，研究了發展原子能事業問題。毛澤東說到「過去幾年其他事情很多，還來不及抓這件事。這件事總是要抓的。現在到時候了，該抓了。只要排上日程，認真抓一下，一定可以搞起來」。毛澤東還強調「現在蘇聯對我們援助，我們一定要搞好！我們自己幹，也一定能幹好！我們只要有人，又有資源，什麼奇蹟都可以創造出來的」。會後通過了代號為02的核子武器研製計劃。[45]

美國情報部門對中國核子武器計劃的關注始於蘇聯決定對中國進行核技術上的援助。1955年1月17日，蘇聯政府發表聲明，將援助中國和其他東歐國家發展和平利用原子能的研究。4月27日中蘇簽訂《關於為國民經濟發展需要利用原子能的協定》，協議規定由蘇聯幫助中國建在一座功率為7000千瓦的研究性重水反應爐和一台2兆電子伏特的迴旋加速器。[46] 尤其是後者，開始對中國的核技術予以實質上的援助，已使得美國情報部門有所察覺。許多情報都提到了蘇聯承諾提供給中國一座核反應爐和迴旋加速器，並預測到1960年中國會進行一個小規模的核研究計劃。他們當時判斷反應爐和迴旋加速器的選址，猜測可能會選擇在北京附近，原因有二：一是中國渴望把首都北京作為共產黨的櫥窗；二是北京也是主要科學

研究機構、中科院的總部，可能也是蘇聯顧問在大陸居住最集中的地區。　[47]　根據中蘇協定，中國確實把反應爐和迴旋加速器的工程建在北京市西南郊房山縣坨裡地區，工程於1956年5月動工，1958年春反應爐和加速器先後建成，6月30日反應爐達到了臨界。[48]

從1955年至1958年，中蘇共簽訂了六項與發展中國核科學、核工業、核子武器計劃有關的協定。其中關於核子武器計劃的就是1957年10月15日中蘇兩國簽訂的《國防新技術協定》，該協議要求為援助中國研製原子彈，蘇聯將向中國提供原子彈的教學模型和圖紙資料，這標誌著蘇聯的援助從核物理科學研究過渡到向中國提供原子彈研製技術上來。　[49]

這一時期美國情報部門主要認為：首先，中國的核能力是初級的。1956年的一份國家情報評估中認為「沒有證據表明中國擁有核子武器，它僅有最初的核研究能力」。　[50]　「中國缺少資金、工業與實驗設備以及工藝技術來獨立地開發原子能計劃，甚至在核科學領域進行重大的研究」。　[51] 1957年的評估報告也認為「中國沒有足夠數量合格的原子能科學家支持一個意義重大的原子能計劃。」「即使透過蘇聯原子能援助計劃和聯合核研究所提供的幫助，中國得以在基礎核物理、醫藥、農業以及工業研究原子能應用方面培訓自己的科學家，但是就算有這些幫助，在本評估期間中國仍舊不具備獨自開發核子武器的能力」。　[52]　「由於中國缺少技術人員，以及其他軍事和經濟計劃對其有限資源的需求，到1962年幾乎可以肯定中國沒有獨立發展導彈或核子武器的能力」。　[53]　對於中國核能力的不屑一顧是這一時期美國情報部門的主要觀點。

其次，蘇聯的援助在中國核子武器計劃中扮演著重要的角色。

1956年的國家評估報告指出「如果蘇聯提供必要的設備和技術人員，中國可能在很短的時間內獲得擁有核子武器的能力。」 [54] 在國務院情報研究辦公室對中國的核子武器計劃做的分析中，也指出隨著蘇聯的援助，中國可能會進行適當的核研究計劃。 [55] 在隨後兩年的國家情報評估中仍然大量充斥著這些觀點，甚至預測蘇聯在未來會提供給中國某種類型的導彈和其他可適於攜帶除核彈頭以外的武器。關於蘇聯在核子武器研製方面對中國的援助，在當時是極為敏感的事情，沒有一份評估報告能夠估計到蘇聯到底給予中國哪些實際上的援助，但是考慮到中蘇同盟的關係，他們大都認為蘇聯的援助對中國核子武器研製極為重要。當然情報部門也清楚地看到，蘇聯的援助從一開始就是有限度的，認為蘇聯在提供援助時採取了非常謹慎的步驟，以儘量阻止中國掌握製造核子武器的能力。因此在預測中國爆炸第一個核裝置的時間時，情報部門認為這取決於蘇聯實際援助的程度。如果蘇聯提供放射性材料，並幫助設計和組裝核裝置，那麼中國可以在最近的任何時間製造出一個核裝置；如果蘇聯在核領域的援助由於中蘇分歧而減少，那麼進展將大大減緩 [56]。

不過中國早在與蘇聯簽訂六項協定的時候就提出了「自力更生為主、爭取外援為輔」的方針，強調要根據本國的實際情況進行建設，把學習與獨創很好地結合起來，在建設實踐中學習蘇聯提供的技術和經驗。 [57] 在核工業建設規模上，中蘇原協定提出的初步規劃方案比較大，投資比較多，可能給國民經濟帶來比較重的負擔。後經過反覆研究，從儘量縮小規模，減少投資，而又能保持最低限度的一套完整工業的基本要求出發，提出了一個新的規模小而門類全的建設方案，這個方案比原來方案減少了40%。 [58]

应该来说，中国以毛泽东为主的领导人在这一点上很有远见。在中国日益依靠莫斯科的时候，他就决定建立中国自己的核力量。在此后的三年里，中国同时采取了两条途径。他们认为两条途径应该互相支持、互相补充，这样才能尽快结束对莫斯科的依赖。无论苏联给予什么样的援助，从长远来看，中国都必须要建立起本国的核力量，对苏联提供的人员培训和物资进行管理和使用。 [59] 其实美国情报部门也看到了这一点，他们发现中国在透过谈判、签订有关正式协议，争取苏联援助的同时，明显地保持了相当的自主权。 [60]

从1958年建立长波电台、联合舰队到炮击金门事件，中苏关系出现了破裂的征兆，而苏联对毛泽东的「大跃进」运动和人民公社制度的冷淡甚至不同看法，进一步加深了中苏关系的破裂。1959年6月20日，苏联以赫鲁雪夫访美准备就禁止核试验问题进行谈判为由，怕「西方国家获悉苏联将核子武器的样品和设计的技术资料交给中国」，「有可能严重地破坏社会主义国家为争取和平和缓和国际紧张局势所作的努力」，提出目前先不把苏联原子弹的样品和设计的技术资料交给中国，待两年以后，「彻底澄清西方国家对于禁止试验核子武器问题以及缓和国际紧张局势的态度」后再决定。[61] 这实际上意味着苏联单方面废除了苏中1957年签订的国防新技术协定。

就在苏联拒绝向中国提供原子弹样品和技术资料的一个月后，美国情报部门公布了一份评估，该评估敏锐地注意到中苏之间在核子武器援助上的矛盾，认为苏联不愿意看到中国得到他们自己控制的核子武器，而从中国的角度来说，他们肯定想拥有核子武器，并承认一旦达成禁止核试验条约，其开发核子武器的机会将大大减

少。情報部門對當時中國是否擁有核子武器尚不能確定，但是他們估計蘇聯可能提供給中國一些可攜帶核子武器且射程足以達到台灣的地對地導彈，但這些導彈一定在蘇聯的控制之下。評估報告還對美蘇達成禁止核試驗條約對中國核子武器計劃的影響頗為自信，認為除非達成一項有效的國際條約，否則中國在評估時段將擁有核子武器。美國情報部門對中蘇之間在核子武器問題上的矛盾估計的頗為準確，但是認為一項國際條約就限制住中國的手腳，就有些一廂情願了。[62]

不過隨著中蘇關係的惡化，1960年7月16日，蘇聯政府照會中國政府，將於7月28日到9月1日，撤走全部在華蘇聯專家。美國情報部門判定蘇聯對中國核能計劃援助的縮減將極大地阻礙中國成為核大國的進程。[63] 而事實上確實由於蘇聯單方面撕毀協定與合約，撤走全部專家，並停止供應設備材料，給中國留下了一批未完成工程，中國的核工業面臨極大的困難。

這一時期美國對中國核子武器計劃的評估。從形式上來講向更加專業化方向發展，1956年國家情報評估談到中國核子武器計劃只是寥寥幾句，隨後幾年的評估也沒有擺脫這個框架。但是隨著中國核計劃的發展，1960年12月美國情報部門第一次以中國核計劃為題進行了專項評估，看得出他們對中國核計劃的重視已大幅度的提升。從內容來講，由於缺少真正有價值的情報，特別是在分析蘇聯援助中國核子武器計劃的種類和數量上，大多評估模棱兩可、含混不清。例如在NIE13-60中美國情報部門分析到「最近的證據有力地證明蘇聯在過去一直在有關核子武器研製方面給予中國的技術援助，要比我們原先想像得要多。雖然這一證據還不足以推斷出究竟給予多少援助，但是我們認為這種援助相當的多而且在這幾年一直

在增加」。　　[64]　中蘇分裂後，他們大多透過中蘇之間的互相指責，尋找出蛛絲馬跡。因此他們只能猜測蘇聯在核技術援助方面要比其他類型的軍事援助更加謹慎，到1960年代中期這種援助將會實質上地減少甚至會中止，但是具體情況則很難說清楚，不得不大量依賴於其他計劃的情報和從兩國之間的政治關係進行推斷。　[65]

二、中國核技術的開發與第一次核試驗

　　鈾是實現核分裂反應的主要物質，有沒有鈾資源是能不能自力更生發展核工業的一個重要前提。因此美國情報部門在判斷中國核技術開發時，首先關注的是其鈾礦的開採，他們在1960年代初的幾份國家情報評估中都用一定的篇幅分析中國的鈾礦。1960年在其中的一份評估中認為中國當時有10個以上的開採點處於工作中，並預測每年能夠開採、儲存幾百噸含有金屬鈾的礦石。　[66]　1963年8月中央情報局下屬的國家衛星照片分析中心還專門對新疆阿克蘇地區的鈾礦進行了偵察，並發現了兩處令人懷疑的地點，估計從1959年到1961年共開採3萬至4萬公噸的鈾礦。　[67]　而事實上在1955年，中國地質工作者就發現了一大批放射性異常點，其中可進行勘探的11處，到1960年先後提供開採基地8個，基本滿足第一批鈾礦山建設的需要。　[68]

　　不過情報部門對中國原子彈的核裝料一直迷惑不解。一般說來，製造原子彈可用兩種核裝料進行核爆炸，一種方法是透過濃縮鈾，提高鈾同位素鈾-235對鈾-238的比重；另一種方法是用二氧化鈾作為鈽生產反應爐的燃料生產鈽。從技術上講，製取鈽要比製取高濃縮鈾-235容易些，美國和蘇聯的第一顆原子彈都使用的是鈽。因此他們在評估中國的核裝料時，首先認為中國會選擇鈽作為核裝料，即使看到大量鈾-235的證據，仍堅持認為鈾-235是為生產鈽而進行準備的。1960年的情報評估認為中國在鈾資源開發、可能進行的礦石濃縮和金屬鈾提煉廠的建設等方面取得了進展，判斷他們可能在生產鈽時使用鈾。他們估計在1961年末第一座中國製造的反應爐將會達到臨界狀態，第一個鈽反應爐有可能在1962年末建成；而

正在建設的鈾-235工廠由於開發工作龐大以及需要建設一個氣體擴散廠，因此判定中國在1962年末之前不可能製造出高濃縮的鈾-235。 [69]

隨著中蘇關係的破裂，美國情報部門對中國核計劃進行重新評估，但是仍舊認為鈽是核子武器的首選材料。他們認為在蘇聯撤走技術人員以前，中國已建造了一座天然鈾金屬回收工廠，如果該工廠進展順利的話，到1960年可能已經全部建成，鈾金屬可能在1961年開始生產。情報部門特別強調鈾金屬生產是為中國生產鈽提供原料，儘管還沒有發現中國建造鈽生產設施的證據，但是他們懷疑這樣的反應爐是可能存在的。他們還認為如果中國每月能夠生產30噸鈾金屬的話，那麼到1961年9月將擁有200噸的反應爐，1962年反應爐則全部運行，一年後可為武器試驗準備充足的鈽。其實美國情報部門已透過衛星照片看到了在蘭州有一座與蘇聯氣體擴散廠極為相似的建築物，並認為它就是為生產鈾-235準備的，不過他們預測即使中國還另外建造一組氣體擴散廠的話，在1965年以前中國也不可能生產出武器級鈾-235。 [70] 到年底在另一份評估報告中，中蘇關係的破裂對中國核計劃的影響是其重點考慮的因素，認為蘇聯專家的撤走使鈾金屬工廠面臨困難，而隨後的鈽生產則更加困難。 [71]

實際上蘇聯撤走專家給中國核計劃帶來巨大的影響。早在1958年底，由於中國還不具備生產分裂材料的技術基礎，因此他們不知道應該設計哪種原子彈，不得不以很高的附加條件為代價，從蘇聯購買設備，同時建設兩條生產線，一條是鈾-235生產線，即透過生產鈾濃縮獲得高濃鈾作為裝料；另一條是鈽生產線，即透過生產堆獲得鈽-239作為裝料。蘇聯停止援建時，鈾-235生產線的主要環節——蘭州鈾濃縮廠已基本建成，設備也比較齊全配套；而鈽生產線

中的主要環節——生產反應爐工程，則只完成了反應爐本體的地基開挖和混凝土底板的澆注，後處理廠的工藝線路還有待確定。因此中國為了爭取時間，及早獲得製造核子武器的核裝料，1960年4月決定把鈾-235生產線作為「一線」工程，作為重點工程全力突擊搶建，並加快蘭州鈾濃縮廠的建設，促其早日投入生產。而鈽生產線則被列為「二線」，暫停建設，加緊科學研究突破而不上工程，以便集中人力、物力建設「一線」工程。[72]

直到中國核試驗的前一年，美國情報部門對中國的核裝料的選擇上仍然十分頭疼，根本沒有發現中國在核裝料的選擇上這一重大的變化。關於鈾-235，情報部門認為蘭州氣體擴散廠的主體建築已接近完成，其附屬設施正在建造中。但是當前的建築只能生產低濃縮鈾-235，如果要生產武器級的鈾-235，其建築主體必須還得增大兩倍。他們預測即使這種擴建已經開始，到1966年才能獲得武器級的鈾-235，如果要考慮到中國所面臨的技術困難和所需要的擴建工程，最可能是在1968年—1969年；關於鈽-239，情報部門則認為包頭的鈽生產反應爐是一個約30兆瓦的小型空氣冷卻鈽生產反應爐，在設計和建造上具有簡易性的巨大優勢，對石墨減速劑和鈾燃料的純淨要求並不太嚴格。但是鈽反應爐的最大缺點是低生產力，即使包頭反應爐全部生產，最多也僅能為一至兩個低當量的核子武器生產鈽。綜合上述分析，情報部門認為中國的核子武器計劃包括鈾-235和鈽-239，但是包頭生產鈽-239的數量要少於蘭州生產鈾-235的數量，因此認為中國至少可能還要計劃建造其他鈽生產設施，儘管當前尚未發現這種設施存在的跡象，但是並不能排除這種可能性。[73] 可見情報部門仍然認為鈽-239是中國核子武器計劃的首選裝料。

1964年8月美國情報部門認為中國核試驗迫在眉睫，但仍把重點放在偵察中國的鈽-239生產設施上，認為包頭反應爐是唯一被確認的生產反應爐，其主體工程已基本完成，可能在1963年或1964年投入使用。 [74] 其實美國情報部門所認定的包頭鈽反應爐，確切的來說是核燃料元件廠，該廠始建於1958年，直到1965年才開始投料試生產。當然他們也懷疑其他鈽生產反應爐的存在，認為如果存在一定是水冷式生產用反應爐，估計在四川附近。而中國在當時確實還存在著一個反應爐，它就是建於1959年的甘肅酒泉的石墨輕水反應爐，由於蘇聯撕毀合作協定，撤走全部專家，導致反應爐的建設遇到嚴重的困難，直到1966年才正式建成。 [75]

總的來說，美國情報部門在中國核裝料上發生了明顯的誤判，從而對中國第一次核試驗的進程產生了一定的偏差。經過1961年和1962年的艱苦工作，到1962年下半年，中國的鈾-235生產線各個環節的技術難關，大多被突破和掌握；整個鈾-235生產線的建築安裝工程已經完成了80%以上，原子彈的理論設計、結構設計、工藝設計都已陸續展開。雖然取得了很大的進展，但是離實際製成原子彈仍有一段距離。為盡快進行核試驗，經過審慎分析與研討，1962年9月二機部正式向中共中央提請報告，提出爭取在1964年，最遲在1965年上半年進行第一次核試驗的「兩年規劃」。 [76]

對於美國情報分析人員來說，中國進行核試驗是遲早的事情，雖說報告中有許多對中國第一次核試驗時間的預測，但是其時間的意義顯然更具有象徵性。美國情報部門在第一份對中國核能力的評估報告中，認為中國爆炸第一個核裝置的時間，最大可能是在1963年，當然也可能晚到1964年或提前到1962年，不過這取決於蘇聯實際援助的程度。 [77] 一年後情報部門根據中國生產鈽的情況，認

為第一次核試驗將可能推遲到1963年以後，也許會更久。[78] 隨著中國經濟的困難和蘇聯專家的撤走，情報部門普遍認為時間會推遲，可能是1964年末或1965年初，如果中國的鈽反應爐晚於1962年達到臨界的話，那麼時間還會推遲。[79] 1964年夏越來越多的跡象表明中國即將進行核試驗，情報部門雖然不能排除1964年底進行核試驗的可能性，但是根據其判斷認為中國在未來幾個月內無法獲得充足的分裂物質，因此他們預測在1964年底以前不可能進行核試驗。[80]

美國情報部門判斷中國核試驗的時間是依據其所收集到的所有情報進行綜合判斷的。然而1964年8月情報部門在對中國進行核試驗前做的最後一份評估，卻前後矛盾，漏洞百出，這與他們對核裝料發生明顯的誤判不無關係。一方面從羅布泊核試驗場來看，顯然中國已經準備就緒，另一方面從核裝料來看，他們所認定的鈽對於中國立即進行核試驗又是不充足的。因此在最後在提出報告時不得不把兩種情況都羅列了進去，並綜合上述因素，判定核試驗在1964年底以前不可能進行，而中國在1964年10月16日進行了第一次核試驗。[81]

與預測中國進行第一次核試驗的時間相比較，美國情報部門更注意分析核試驗對世界的影響。美國情報部門普遍認為核子武器能力的獲得不可能導致北京國內政策或外交政策發生重大的改變，他們可能會利用這件事情（1）強迫按照自己方式參加裁軍會談和其他國際會議；（2）威懾其鄰國並使他們對北京主導下的共產黨顛覆態度軟化；（3）吹捧中國模式的共產主義，把其作為不發達國家實現工業和科學現代化的最佳途徑。然而情報部門特別強調中國獲得有限的核能力不會顯著地改變其政策，甚至進行公開的軍事入

侵。 [82] 確切來說，情報部門在展望未來前景時出言謹慎，而確實核試驗並沒有預示中國將要大規模生產核子武器，更不表明中國可能使用或威脅使用核子武器。 [83] 就連詹森政府的國家安全事務特別助理麥克喬治·邦迪後來也承認：中國發表的聲明與以後的行為是一致的，除了準備應付核攻擊以外，中國從沒有進行過核威脅，中國的核部署也是有節制的。他還認為：中國時常說要利用自己的核力量為其他愛好和平的人民提供保護，實際上中國的真正興趣在於使自己不受核威脅。 [84]

三、原子彈的武器化與氫彈的試驗

　　中國成功進行第一次核試驗後，便開始著手制定下一步的發展方向。1965年2月3日，二機部向中央呈報《關於加快發展核武器問題的報告》，提出了兩個目標：一是要加速原子彈武器化，裝備部隊，形成戰鬥力；另一個是要盡快突破氫彈技術，向戰略武器的高級階段發展。周恩來主持專委會審議了這個報告，原則同意二機部的規劃安排，要求透過1965年至1967年的核試驗，完成原子彈武器化工作，並力爭於1968年進行氫彈裝置試驗。 [85]

　　從已有情報評估來看，美國情報分析人員很早就注意到中國在上述兩個目標上的進展情況。一般來說，原子彈武器化主要透過運載工具來實現，運載工具可分為轟炸機和導彈。核航彈是由飛機攜帶投擲的核子武器，它是由核裝置、引爆控制系統核包容它們的航彈殼體組成的，與攜帶它的飛機構成完整的武器系統。情報部門在1962年的一份評估報告中認為相對於核導彈，中國獲得轟炸機較為容易。他們估計中國當時擁有325架伊留申-28噴氣式輕型轟炸機和2架圖-16中型噴氣式轟炸機。不過輕型轟炸機不可能執行運載龐大的核子武器的任務，中型轟炸機又很少，因此他們判定中國的運載能力有限。 [86] 隨著中國成功地進行核試驗，他們逐漸改變對中國運載能力的看法，預測在未來兩年中國將擁有足夠的分裂材料進行試驗計劃，並能夠儲備至少幾枚原子彈，也能夠製造出可由2架圖-16中型噴氣式轟炸機或約12架圖-4轟炸機運載的核航彈。 [87]

　　實際上中國從1960年就開始對核航彈的氣動外形、彈體結構和引爆控制系統進行研究，到中國第一個核裝置試驗成功時，航彈結

構和總體布局以及引爆控制系統設計都已確定，運載航彈的飛機改裝也已完成，在經過一系列從部件到全彈的各種模擬和實物試驗後，於1965年5月14日成功地進行核航彈試投，這也標誌著中國擁有可用於實戰的核子武器。[88] 1966年5月9日，中國又進行了一次核航彈試驗，空投了含有鋰-6的20—30萬噸TNT爆炸當量的鈾裝置，要遠比1965年那次2—4萬噸TNT爆炸當量多得多。[89]

　　1966年7月，美國情報部門在對中國尖端武器計劃進行評估時，也承認中國「第二枚和第三枚裝置肯定是空投的」，「這表明中國現在能夠製造出透過較少的中型轟炸機運載的核子武器。[90] 從情報評估來看，他們對中國核航彈的評估大體是準確的，從第一次核試驗的成功到研製成核航彈並空投試驗成功，只用了7個月的時間。不過情報部門無法瞭解中國核航彈的詳細情況，對其氣動外形、彈體結構和引爆控制系統知之甚少，所有情報評估幾乎看不到對這些內容的評估，大多停留在對運載核航彈的轟炸機的分析上。

　　核導彈是由導彈運載的比核航彈更為先進的核子武器。美國情報部門關注核彈頭與導彈結合也是由來已久，從1962年開始的每一份對中國尖端武器計劃的國家情報評估中，都著重分析中國的核計劃和導彈計劃。1962年4月他們認為中國首先將部署不攜帶有核彈頭的短程地對地導彈，但是1960年代後半期將在中程導彈上部署核彈頭。[91] 幾個月後在另一份評估中，他們又認為如果中國在1963—1964年進行第一次核試驗的話，那麼在1960年代末以前不能把核彈頭配置在導彈系統上，如果核試驗在1960年代後半期才進行的話，那麼這個目標將在1970年代初實現。[92] 隨著情報部門對中國核導彈的日益關注，他們在分析中國導彈的型號上也越來越具體化，認為中國可能集中在蘇聯設計的中程彈道導彈系統上，或者是

630海里的SS-3導彈或者是1020海里的SS-4導彈。但是他們並不認為這些導彈在1967年以前將準備部署，考慮到生產與導彈相匹配的彈頭所涉及的時間與困難，他們也不認為中國在第一次爆炸後的3、4年中能夠開發出這種彈頭。 [93] 1964年中國成功進行核試驗後，美國情報部門仍然認為中國將在1967年或1968年擁有幾枚可以運載核彈頭的中程彈道導彈。 [94]

　　從上述情報評估中可以看到美國低估了中國的核導彈能力。實際上中國早在第一顆原子彈研製突破期間，就著手考慮在導彈上配置原子彈頭的研究工作。從1964年4月開始，在第一顆原子彈設計的基礎上，結合導彈的具體要求，進行了核彈頭設計。同時為此做了大量工藝試驗、爆轟試驗和環境條件試驗。最後為了鑒定研製出來的核彈頭在飛行狀態下的性能，還進行原子彈和導彈結合的全當量、全射程的飛行核試驗。1966年10月27日，也就是中國核試驗的兩年後，成功進行了導彈核子武器試驗，這是中國迄今為止所進行的風險最大的第一次也是最後一次試驗。因而促使毛澤東宣告：「誰說我們中國人搞不成導彈核武器，現在不是搞出來了嗎！」 [95]

　　對於這次核試驗，美國情報部門立即做出了反應，在11月3日的國家情報評估中，他們確認了這次核爆炸。至於其意義他們尚不能斷定，認為中國也許是處於政治宣傳的目的，使用了尚不能完全適用於武器系統的裝備；也許使用一枚加裝了核彈頭的導彈。他們雖然認為其水準與美蘇相比尚有相當距離，但也不得不承認中國已經具備了實戰能力。 [96]

　　氫彈的研製，在理論上和製造技術上比原子彈更為複雜。美國情報部門最初由於集中關注中國的原子彈研製，因此並不太重視對

其核融合核武的分析，他們普遍認為中國在1960年代不太可能開發出核融合核武。 [97] 實際上早在1960年12月，二機部部長劉杰就提出考慮到當時核武器研究所正忙於原子彈突破，氫彈的理論探索工作可由原子能所先行一步。1964年10月，在完成原子彈研製工作後，核武器研究所決定抽出1/3的理論研究人員，全面開展氫彈的理論研究。1965年8月，二機部向中央呈報了《關於突破氫彈技術的工作安排》：一方面進行理論上的探索，另一方面要進行若干次核試驗，以求透過試驗，檢驗理論是否正確，提高理論認識。一般來說，核融合核武分為兩大類型：融合加強型分裂武器和多級核融合核武，從理論上來講多級核融合核武要比融合加強型分裂武器水準更高，更適於配置在導彈上。1965年12月在討論1966年至1967年氫彈科學研究、生產兩年規劃時，西北核武器研製基地同意了「突破氫彈，兩手準備，以新的理論方案為主」的方針，即一方面按照新的理論方案，以研製由導彈運載的氫彈頭作為主攻方向，為此需要相應增加一次新的「融合」試驗；另一方面繼續進行原定的氫航彈方案。 [98]

1966年5月9日，中國進行了一次含有核融合材料的原子彈試驗，其目的主要是解決核融合材料的性能問題。美國情報部門則理解為中國的第三次核試驗，效率低，氫彈龐大而笨重，認為中國在核融合技術方面還有許多東西要學，不過他們也承認這是中國向核融合能力邁出的第一步，因此不排除中國在1970年代初開發出核融合彈頭的可能性。 [99] 1966年12月28日，中國再次進行了一次核試驗，檢驗了核融合爆炸的基本原理，使用了30—50萬噸當量的鈾-鋰裝置，結果表明按照新的理論方案切實可行，先進簡便。情報部門也發現了這次核試驗所體現的兩級設計概念，體現了技術的進步。 [100] 兩次核試驗的成功，促使中國決定中止氫航彈的研究試

製，集中力量，按照新理論方案進行設計，直接進行全當量的氫彈試驗。1967年6月17日，中國第一顆氫彈爆炸試驗成功。從第一顆原子彈爆炸試驗到第一顆氫彈試驗成功，中國僅用了兩年零八個月，同世界其他國家相比，速度是最快的。美國情報部門對中國取得的成就頗為震驚，從時間上來說，他們沒有料到中國會這麼快就進行了氫彈試驗；從技術上來講，他們對中國的核能力估計不足。

中國在實現原子彈武器化和突破氫彈技術後，決定加速核融合彈頭的武器化工作。美國情報部門從中國原子彈武器化的經驗來看，認為中國遲早要進行核融合核武的武器化。然而由於「文化大革命」的影響，中國的核計劃受到了嚴重的干擾和破壞。美國情報部門在一份情報評估中指出，革命鬥爭已經發生在負責核子武器和導彈開發的政府部門，聶榮臻也受到了零星的攻擊。另一個政治干預跡象是他們發現北京對待第六次核試驗帶有一種明顯「大躍進」式的宣傳。因此他們認為只要這種狂熱和無序繼續影響中國，那麼對於尖端武器計劃的負面影響將始終會存在。 [101] 直到1973年，中國的核子武器計劃才開始慢慢恢復，此後幾次核試驗，在提高武器性能、研製供裝備部隊用的核彈頭和其他方面的工作，都取得了一定的進展。 [102]

其實美國情報部門對中國氫彈計劃的細節瞭解得不多，只是透過對中國每次核試驗的分析來評估中國的核能力。中國在前6次核試驗中，有3次與氫彈試驗有關，彰顯當時中國對氫彈開發的緊迫性。情報部門似乎看到了這一點，但是對中國氫彈計劃的分析只是隻言片語。

四、結論

回顧美國情報部門對中國研製核子武器的評估，我們可以得出以下幾點結論：

首先，在這些評估報告中存在著大量的誤判與偏差，不過僅僅透過一些照片和其他不充分的線索對一個國家的核能力進行評估從一開始就不是一門精確的科學，更何況當時中美處於敵對時期，美國獲取中國核能力的情報又極為匱乏。所以在評估報告的字裡行間充斥著大量的模糊字眼，甚至前後矛盾，但是它們從另一個側面還是基本勾勒了中國核子武器計劃的全貌。其次，從1964年10月16日進行首次核試驗，到1966年10月27日進行的導彈核子武器試驗，再到1967年6月17日進行的氫彈試驗，中國核計劃的發展速度始終是出乎意料的事情，這些驚人的成就是在中國經濟相當薄弱和政治制度因文化大革命日趨混亂的情況下取得的，整個社會的動亂似乎未殃及中國的核子武器計劃。情報部門對這些成就大部分時間免受國內政治動盪的影響頗為迷惑不解，所以在評估時往往是低估了中國的能力。最後，作為最權威的、涉及到國家安全的情報評估，在決策者制定對外政策中扮演著重要的角色。尤其像中國試圖進行核試驗這樣的危機事件，更是決策者仔細閱讀並主要依據的文件，而那些非常專業化的關於中國尖端武器計劃的文件，則會被納入到長期的規劃過程中，成為美國對華決策的重要組成部分。

（原載《華東師大學報》，2007年第3期）

美國情報部門對中國導彈計劃的評估與預測

　　如何準確掌握中國的真實軍事實力，長久以來一直困擾著美國政府決策者們。從20世紀50年代初開始，包括中央情報局在內的美國情報部門對中國進行了大量的評估報告，其中最重要的當屬國家情報評估（NIE）和特別國家情報評估（SNIE）。而在這些評估報告中，關於中國軍事方面，特別是中國導彈計劃 [103] 的報告又占有較大的比重，它們構成了美國情報分析人員對中國軍事實力的基本認識、評判和預測，也為總統制定決策提供了最重要的參考性文件。

一、中國導彈計劃的緣起與蘇聯的援助

中國的導彈計劃始於1950年代中期。1955年12月，彭德懷、黃克誠指示總參謀部裝備計劃部部長萬毅與錢學森一起探討研製導彈的有利條件與需要解決的問題。1956年1月初萬毅提出《關於研究與製造火箭武器的報告》，2月27日，錢學森從專家的角度，提出了《建立中國國防航空工業意見書》，對中國發展航空及火箭技術，從領導、科學研究、設計、生產等方面提出了建議。[104] 3月14日，周恩來召開專門會議，決定組建導彈航空科學研究方面的領導機構——航空工業委員會，負責導彈研究機構的組建，組織導彈研究與試製工作，通盤協調導彈與航空工業的研製、生產的方針、方向等問題，聶榮臻任主任。在航空工業委員會首次會議，他提出航空工業的發展方向，「應首先集中僅有的技術力量用於火箭、導彈的研究和製造。首先要研製製造短、中程的火箭、導彈。」[105]

以這次會議為基礎，聶榮臻很快向國務院、中央軍委提出《建立中國導彈研究工作的初步意見》的報告。報告認為「自第二次世界大戰結束後，蘇聯及資本主義國家都在德國飛彈技術的基礎上廣泛開展了各種用途的導彈的研究工作，特別是近5—6年中，發展頗為迅速。由於噴氣技術、流體力學、無線電定位、電子計算技術等科學技術的成就與發展，可以看出導彈武器具有很大的發展前途。考慮到各資本主義國家在這方面工作規模巨大，以及中國國防上的急需，必須立即開始導彈技術的研究、試造與幹部培養工作」。[106] 5月26日，周恩來主持中央軍委會議，討論《建立中國導彈研究工作的初步意見》，做出了發展導彈的決定。他認為「導彈研究

工作發展的方針應當是：採用突破一點的辦法，不能等待一切條件都具備了才開始研究生產」。7月以鐘夫翔為局長的導彈管理局（國防部五局）正式成立。10月8日，導彈研究院（國防部第五研究院）成立，錢學森任院長。 [107] 至此中國的導彈計劃正式開展起來。

美國情報部門是從1958年才開始注意到中國導彈計劃的。以中國當時的實力，他們認為「由於缺少技術人員，以及其他軍事和經濟計劃對其有限資源的需求，到1962年中國肯定不具備自行開發導彈與核子武器的能力」。考慮到當時中蘇之間的同盟關係，他們判斷中國「肯定會向蘇聯尋求導彈技術，在未來五年，蘇聯可能提供給中國某些種類的導彈和適合核子武器使用，但並不攜帶核彈頭的武器」。 [108] 這是美國國家情報評估關於中國導彈計劃的最早記錄，雖然關於中國導彈計劃的細節一概不清楚，但是它一定與蘇聯的援助相關。

實際上早在1956年初，中國就考慮在導彈技術方面獲取蘇聯援助的問題。1月12日彭德懷與陳賡在會見蘇聯軍事總顧問時，就提出過請蘇聯向中國提供火箭製造方面的圖紙資料。1月20日，彭德懷在主持軍委第57次例行辦公會議上曾說「我們要解決火箭防空、海上發射火箭等問題，目前即使蘇聯不幫助，我們也要自己研究，蘇聯幫助，我們就去學習」。同年8月，李富春副總理致信蘇聯部長會議主席布爾加寧，提出：為鞏固國防，中國決心要製造自己的導彈武器，請蘇聯政府提供必要援助，並打算派一專門代表團，同蘇聯政府有關機構進行商談。不過蘇聯對此並不熱心，只是在9月才答覆中國，同意供應兩枚R-1型教學用導彈樣品，接收50名中國留學生到蘇聯學習火箭專業，並派5名蘇聯教授來華教學。 [109] 聶

聶榮臻對此「大失所望」。 [110] 為加速中國導彈計劃，1956年10月聶榮臻召集航空工業委員會會議，提出了「自力更生、力爭外援和利用資本主義國家已有的科學成果」的發展中國導彈計劃的方針。[111]

不過1957年3月蘇聯態度開始發生轉變。3月30日，中蘇代表在莫斯科簽訂了《關於在特種技術方面給予中華人民共和國援助的議定書》。議定書規定，蘇聯將派遣5名專家到中國，幫助進行教學組織工作，並在有關學校講授有關（火箭）噴氣技術的課程；按照噴氣技術課程制定和提交教育計劃和大綱；蘇聯有關高等學校在1957—1958年教學年度，接收50名中國大學生；提交兩枚供教學用的R-1導彈樣品及技術說明書。中國政府將償付蘇方給予技術援助的有關費用，並保證承擔保密義務。 [112] 10月15日，中蘇又正式簽署了《關於生產新式武器和軍事技術裝備以及在中國建立綜合性原子能工業的協定》（簡稱《國防新技術協定》），共5章22條。關於導彈方面，規定在1959年4月前向中國交付兩個連的岸對艦導彈裝備，幫助海軍建立一支導彈部隊；幫助中國進行導彈研製和發射基地的工程設計，在1961年底前提供導彈樣品和有關技術資料，並派遣技術專家幫助仿製導彈等等。 [113] 此後蘇聯在導彈研製和訓練導彈部隊方面，都給予中國大量的援助，中國導彈計劃開始慢慢發展起來。 [114]

1950年代末、1960年代初的幾份國家情報評估基本延續了1958年那份評估的觀點。首先，他們認為中國並不具備自主研發導彈的能力。NIE 13-59認為「中國在本評估時段內可能不會研發出本國的導彈項目」。 [115] 1960年12月中國已經成功發射三枚「R-2」近程地對地導彈，在當年的國家情報評估中仍然認為「共產黨中國仍然

不具備自己的導彈或核子武器能力」,「中國的導彈計劃還處於早期研發階段」。 [116] 直到1962年中國已經開始試制中近程地對地導彈時,情報分析人員仍然堅持原有觀點,認為中國在「進行導彈研究所利用資源是極為有限的」,儘管擁有「世界上頂尖空氣動力學家——錢學森」,但是「由於缺少能夠勝任的年輕人、行政職責的壓力、意識形態培訓上的要求和缺少第一流的科學設備」,因此「這些因素綜合起來阻礙了中國在導彈領域上重大研究上的成就」。 [117] 其次,他們相信中國會尋求蘇聯的援助。在1959年的評估中他們再次肯定上一年所做出的判斷,認為「蘇聯可能提供或幫助中國共產黨人生產不夠精密的導彈。在本評估時期,中國共產黨可能有以下一種或多種導彈是蘇聯設計的,它們是地對空、空對空、空對地、短程地對地導彈」。 [118] 由於中蘇在導彈問題上的高度保密,美國情報部門根本無法瞭解蘇聯對中國援助的細節,他們只能大體上判斷蘇聯會援助給中國一些初級的導彈,至於型號、種類,沒有一份國家情報評估能夠預測到。

  1950年代末,中蘇關係開始惡化。面對緊迫形勢,中國加快導彈技術的自主研發。1959年10月,中央軍委在向中共中央的報告中提出,國防工業應以尖端技術為主,目前主要是導彈問題,同時也要注意核彈頭問題。1960年初,在中央軍委召開的擴大會議上,又進一步明確了發展國防尖端技術的方針是「兩彈為主,導彈第一」,並要求軍隊裝備建設的各項工作都要根據這個方針,突出重點,合理安排,集中人力、物力、財力,保證「兩彈」研製的需要,以最大的努力在最短的時間內突破國防尖端技術。 [119]

  1960年7月28日至9月1日,蘇聯撤走全部在華專家,停止提供建設急需的設備、關鍵部件和重要物資。蘇聯對中國導彈計劃援助

的限度,美國情報部門很早就察覺到了。他們認為「蘇聯在尖端技術領域的援助要比其他類型的軍事援助更加謹慎」。並判斷「到1960年代中期蘇聯的技術援助將會實質上地減少也許還會中止」。不過他們認為「到那時中國核計劃與導彈計劃可能已經相當的完備,即使蘇聯援助全面停止也不可能迫使他們放棄」。與此同時,美國情報分析人員也注意到中國在自主研發導彈的努力。他們發現「即使在蘇聯幫助的時候,中國仍舊為飛機、潛艇和電子設備的生產尋求發展本國的能力」。因此他們判斷「中國在尋求儘可能多的蘇聯援助的同時,在導彈和核子武器領域企圖發展獨立的能力」。[120] 不過「中國全部依靠自己的資源獲得彈道導彈生產能力的未來進步可能是非常緩慢的」。[121]

二、從仿製到自行研製

中國導彈 [122] 的研製是從仿製液體近程地對地戰略導彈開始的，經歷了從初級向高級、由液體轉向固體 [123] 的發展過程。[124]

1.仿製液體近程地對地導彈（代號1059）。1956年10月8日，中國成立導彈研究院（國防部五院）。根據中共中央關於發展導彈的決策，貫徹「自力更生為主，力爭外援和利用資本主義國家已有的科學成果」的方針，導彈研究院首先開展了對蘇制「R-2」近程地對地導彈的仿製工作。

關於仿製蘇聯導彈，美國情報部門認為由於中國並不具備自主研發導彈的能力，因此「在導彈領域的努力可能侷限在對蘇聯導彈的大量仿製上」。他們發現「蘇聯可能同意幫助中國獲取一套射程約1100海里的地對地導彈和其他種類導彈的作戰能力」。考慮到過去蘇聯軍事援助的模式，他們認為「在1960年代中期以前中國可能獲得的一些援助促使他們開發獨立的導彈生產能力。中共可能首先試圖生產近程SS-2（350海里）地對地彈道導彈」。 [125] 因為這種導彈「生產相對容易，涵蓋範圍也是中國周邊目標」。但是他們也認為「中國生產蘇制近程導彈至少最初在建立生產設施和提供某些精密組件，特別是推進器和電子組件方面將嚴重依賴於蘇聯的援助」。關於蘇聯援助的程度，情報分析人員並不能確定，但是估計「中國在1960年代中期以前達到獨立生產的能力是不夠的」。[126]

確實中國在仿製蘇聯導彈上遇到了許多的困難，除了在技術、

人才、設備和原料上，更重要的是1960年蘇聯中斷對中國導彈計劃的援助。1960年8月13日，蘇聯撤走全部在導彈研究院工作的蘇聯專家。聶榮臻對此做了一番估計，他認為「估計蘇聯根據『十月十五日協定』應該供應的試驗設備、專用設備和導彈樣品及技術資料，除已運到的部分外，尚未到的（特別是關鍵性的東西）再給的可能性不大，會給我們造成相當的困難」。因此他要求科技人員一定要爭口氣，「下決心把我們自己的導彈和設備研究設計出來，用中國的材料製造出來。哪怕時間稍長一些，錢多花一些，也要堅決走這條路」。 [127]

但是當中蘇關係惡化時，美國情報部門對這種變化將給中國的導彈計劃帶來多大影響，認識不足。直到1960年12月，國家情報評估仍然著重分析蘇聯對中國核子武器計劃的援助問題，對導彈計劃的分析只是隻言片語，沒有關於中蘇惡化對導彈計劃影響的內容。[128] 當中蘇關係惡化已經公開化時，情報分析人員才認識到「由於蘇聯技術援助的撤走和一些重要部件的中止供應，使得正在顯現出來的中國生產能力受到嚴重的阻礙」。不過他們認為「如果給予充分的優先權，這些挫折是能夠被克服的。那麼中共能夠在下一年內部署近程地對地導彈」。 [129] 事實上中國是在1960年11月和12月，對仿製的近程地對地導彈進行了3次發射試驗，都獲得了成功。 [130]

2.液體中近程地對地導彈（東風二號）。1960年春，中國在仿製蘇聯R-2型地對地近程彈道導彈取得一定進展的時候，開始考慮未來的發展方向。當時擺在中國面前有兩種途徑：或者直接研製中程地對地導彈，或者在仿製近程地對地導彈的基礎上先研製中近程地對地導彈。考慮到中國還缺乏導彈設計、研製的經驗，一些關鍵

技術還未開展預先研究。聶榮臻認為，戰略導彈的發展，應先從仿製起步，吃透技術，摸清規律，再進行自行研製，然後逐步提高；贊同戰略導彈自行研製的步子邁得小些，先對近程地對地導彈進行改進設計，研製成中近程地對地導彈，摸索獨立設計的經驗，同時抓緊進行中程、中遠程導彈的預先研究，為邁大步奠定技術基礎，逐步建立中國自己的導彈技術發展體系。[131] 1960年6月30日，聶榮臻就「對R-2進行改進，搞出一個射程1000—1200公里的型號問題」報送中央軍委，中央軍委批准了這個報告。[132]

　　從已解密的國家情報評估來看，美國情報部門注意到中國在成功進行近程地對地導彈之後，一定會把「在彈道導彈上的努力集中在1020海里的SS-4型或630海里的SS-3型中程彈道導彈系統上」，但是他們對中國到底是先研製中近程地對地導彈作為一個過渡，還是直接研製中程地對地導彈弄不清楚。只是猜測，無論是研製哪種系統，「這些導彈在1967年以前不可能進行部署，到那時也不太可能研製出可匹配的核彈頭」。[133] 1962年他們發現中國已經開始進行導彈試驗，但是「零星的和有限的」，不過不能判斷導彈的類型，乾脆認為「中共可能使用蘇聯設計的射程從150海里到1100海里的導彈」。[134] 而事實上，中國是在1962年3月21日進行了第一發中近程地對地導彈試驗，但是導彈起飛數秒鐘後即出現較大的擺動和滾動，接著引擎起火，導彈墜毀在發射台附近。關於這次導彈失敗，美國情報分析人員1962年6月透過衛星照片偵察到了，他們發現「照片顯示在離一座發射台約1500公尺有一個大彈坑」，這「表明是一次巨大的失敗」。[135] 關於這次失敗的原因，中國後來總結為兩個方面：1.在總體方案設計中未充分考慮彈體是彈性體，在飛行中彈體作彈性振動，與姿態控制系統發生耦合，導致導彈飛行失控。2.火箭引擎在改進設計時提高了推力，但結構強度不

夠，導致局部破壞而起火。針對試驗中暴露出來的問題，技術人員對總體方案重新進行論證，並做了相應的改進。1964年6月至7月中國進行了3次飛行試驗以及爾後接連進行的8次飛行試驗，均獲成功。 [136]

鑒於中國進行的幾次導彈飛行試驗，美國情報分析人員判斷「中國正在開發中程彈道導彈，該系統實質上是蘇式的，可能是SS-4，也許經過中國的一些修改。中國可能在1967或1968年擁有幾枚可運載分裂彈頭的中程彈道導彈。」 [137] 這種判斷實際上是不準確的，雖然按照美國的標準，中國正在開發中程彈道導彈是不爭的事實，其實質確實也是蘇式的，但是它並不是SS-4，而是以（R-2）SS-2為基礎進行的改進，加入了許多中國自主研發的因素，中國稱之為「東風二號」。後來在1971年，美國情報部門對中國的導彈計劃進行階段性總結時，認為「它最接近於蘇聯的SS-3。」[138]

1965年2月中央專委決定對中近程地對地導彈進行改進，以增大射程。從1965年11月開始，改型的中近程地對地導彈在西北綜合導彈試驗基地連續多次進行飛行試驗，均獲得成功。1966年10月27日，中國用改進型的中近程地對地導彈，運載真實的核彈頭，成功地進行了發射試驗。至此，中國不僅掌握了導彈核子武器，而且走完了中近程地對地導彈研製的全過程。

美國情報部門對中國的「兩彈結合」試驗，頗為震驚，極其罕見地在中國核試驗僅僅一週後就公布了一份特別國家情報評估。該評估並不長，但著重分析了中國的導彈能力。關於剛剛進行的這次核試驗，他們判定「該裝置是由一枚彈道導彈所運載的。這種導彈屬於或接近中程彈道導彈，可能是從雙城子導彈試驗靶場發射升空

的，跨越約400海里的距離」。雖然他們認為「其水準與美蘇相比尚有相當距離，但可以用於近程或者中程的武器。如果這種情況屬實，則中國人將於1967年或1968年擁有幾枚準備部署的這種武器」。[139]

　　此後他們在分析中程彈道導彈時，順理成章地認為中國肯定會盡快地進行部署。在1967年的評估中，他們預測中國「可攜帶核彈頭的中程彈道導彈的有限部署可能將在未來約6個月內開始。1968年後當核彈頭的數量不斷增加時，這種部署可能會以更快的速度進行。這些部署將可能威脅美國基地、從日本到菲律賓、南亞和印度北部的重要城市」。[140] 但是1969年2月美國情報分析人員在觀察中國的導彈發射場時卻發現部署中程彈道導彈明顯地推遲了，他們並不清楚真正的原因，只是猜測也許是技術上的問題，也許是受到文革因素的影響。不過他們仍然相信中國正在準備部署中程彈道導彈，現在可能在準備永久性發射場，如果不久將開始的話，中國將在1970年擁有中程彈道導彈作戰能力。[141] 同年10月，他們在國家情報評估中仍然對中國尚未進行部署中程彈道導彈迷惑不解。至於原因，他們認為「中國可能等待核融合彈頭或者使用固體推進劑的已改進的導彈」。但是「如果不想進行部署的話，對於中國人來說投入那麼多的時間與精力似乎又不太合理」。因此猜測「中國正在朝著部署方向發展」。[142] 直到1969年他們才開始發現有關中國中程彈道導彈的新跡象，因此不得不承認「中國會盡快部署中程彈道導彈」的觀點是錯誤的。「從1966年秋到1969年初在中程彈道導彈計劃上顯然有一個明確的間斷期」，「特別是可以提供臨時戰略力量的圖-16轟炸機能夠攜帶核融合核武以後」，顯然「中國根本就沒有部署中程彈道導彈」。至於為什麼間隔三年，中國才開始部署中程彈道導彈，情報分析人員認為可能原因有二：一是中國確

實想放棄中程彈道導彈的部署，但是由於中蘇關係的持續惡化和蘇聯入侵捷克斯洛伐克導致他們對中程彈道導彈的重新定位。二是到1966年末導彈還沒有真正的準備部署或中國決定等待相匹配的核融合彈頭。[143]

其實，中近程地對地導彈是考慮到對蘇聯援助導彈的繼承，也結合自身的實際情況，在設計中程地對地導彈之前，為獲得必要的數據，研製的一種導彈。雖然它特性上高於近程地對地導彈，後來又經過不斷地改進，甚至用它進行「兩彈結合」試驗，但是其設計核心仍是仿製蘇聯的「R-2」，有著「推進劑燃料不好儲存，臨時加注很費時間」的缺點。實際上中國在對中近程地對地導彈進行改進的同時，開始準備著手研製中程地對地導彈，因此聶榮臻在1966年12月30日曾指示「東風二號地對地導彈的生產數量要少些，將來東風三號地對地導彈可多生產些」，[144] 很能說明當時中國領導人對導彈計劃的想法。除了受到「文革」的影響以外，型號的更新換代也許是最重要的因素。

3.液體中程地對地導彈（東風三號、CSS-2）。1963年中國廢棄了東風三號的前身東風一號。經過一年多的反覆論證，於1965年3月中央專委批准並下達了研製液體中程地對地導彈的任務。[145] 中程地對地導彈是中國獨立進行研製的液體導彈，採用了與中近程地對地導彈全然不同的設計方案，集中地應用了中國1960年代前期進行預先研究取得的最新技術成果。它採用更大的推力和更大功率的可儲存燃料，射程2800公里，彈頭為尚待完善的核融合彈頭。[146] 1966年12月中國進行了液體中程彈道導彈的首次試驗，不過發現引擎出現推力下降的問題。1967年1月的第二次試驗仍出現同樣的問題。5月，經液體火箭發動機研究所改進設計，提高引擎可

靠性後，第三次飛行試驗獲得圓滿成功。[147]

　　與前兩種型號的導彈相比，情報部門基本上沒有察覺到中國的中遠程彈道導彈，按照他們的理解，中國似乎在完成中程彈道導彈的研製後，下一種型號應該是洲際彈道導彈，因為中國可以「利用一組中程彈道導彈引擎來達到洲際導彈引擎所需推力」，所以他們把大部分精力都放在中國的中程彈道導彈和洲際彈道導彈上。[148]　　直到1970年，他們透過衛星照片突然「發現在山西省靠近五寨地區有一個導彈發射基地」，這才重新對該地區過去的照片進行分析，判定該發射基地「始建.於1966年末，發射台在1968年中期完成，導彈演習正在進行之中」。由於五寨發射基地與彈著區和田相距「1300海里到1400海里」，因此他們認定這是中國的一處中遠程彈道導彈基地，並已進行了7次發射。對於1966年末至1967年中在雙城子導彈試驗基地進行的發射，他們重新判斷認為這些導彈可能「從來沒有達到過1000海里」，也就「約600至700英里」。他們對地面輔助設施進行重新評估也表明「這種導彈使用低溫氧化劑而不是先前估計的可儲存燃料」。因此認為「中程彈道導彈的一些活動可能就是五寨系統的導彈試驗和研究與開發工作」。至於中遠程彈道導彈的部署，他們認為「越來越多的跡象表明中國正在充分地進行戰略導彈的部署」。「如果重大的導彈部署計劃被確定的話，由於其較遠的射程和較大的有效荷載，我們認為中國將會把五寨系統置於最優先的位置。但是如果它接近完成的話，永久性的、易受攻擊的地區的初始作戰能力似乎很可能將在約一年內實現。如果中國選擇在發射井上部署系統的話，初始作戰能力的實現至少還需要一年的時間」。[149]

　　1971年10月，美國情報部門對中遠程彈道導彈的評估要比過去

詳盡得多，除了對其特性進行分析以外，重點預測了部署情況。他們認為這種導彈「使用可儲存推進劑和使用全慣性導航系統，最遠射程可能超過1500海里」。雖然他們並不支持中遠程彈道導彈於1969年開始訓練發射的觀點，但是認為「到1971年中期中國可能已經準備開始進行中遠程彈道導彈的訓練發射。如果部隊訓練確實在那時開始的話，那麼現在正在進行初始部署是合理的」。儘管他們並「沒有部署的顯著證據」，但是他們認為「在計劃的早期階段，當導彈部署的數量很少時，中國可能隱藏部署計劃」。從威懾性的角度來說，他們認為這種導彈「能夠影響到約40個蘇聯人口10萬以上的城市，這包括所有從海參崴向西到斯維爾德洛夫斯克的西伯利亞大鐵路沿線的所有城市」。至於美國，「當前中國還不具備打擊美國大陸的顯著能力，」但是可以威懾「美國在遠東的軍事基地和美國在該地區盟國的重要城市，特別是日本。依照選擇的標準，這將增加40到50個額外的目標。」如果再加上印度，「還有16個人口超過10萬的城市」。在這約100個目標中，他們不能判斷中國到底會選擇哪些目標，但是認為中國至少需要幾百枚1400海里的導彈。此外，美國情報部門還認為，與易受攻擊的發射場相比，中國可能選擇在發射井上部署中遠程彈道導彈。他們認為中國每年在發射井上部署10至20枚中遠程彈道導彈應該不成問題，如果發射井部署在1973年或1974年開始的話，那麼中國可能到1976年中期能夠建立一個擁有20至30個中遠程彈道導彈發射井的部隊。 [150]

直到1974年，美國情報部門認為「中國的中遠程彈道導彈系統的部署將繼續以穩健、謹慎的速度進行，據估計當前有30-35座發射裝置可投入使用」。但是他們發現部署的速度緩慢，他們判定「中國並不打算顯著地增加中遠程彈道導彈部隊的規模」。他們認為中國可能會把更多的精力放在洲際彈道導彈的研發上。 [151]

4.液體中遠程地對地導彈（東風四號、CSS-3）。早在1964年夏，為適應新的需要，中國決定盡快研製中遠程地對地導彈。當時國防部五院在主持進行研製中遠程地對地導彈的技術途徑的論證時，提出要透過這個型號的研製，突破多級火箭技術。後經反覆論證，決定中遠程地對地導彈採用兩級火箭方案：第一級以中程地對地導彈（東風三號）為基礎，稍加修改；第二級為新設計的火箭。這樣，可充分利用中程地對地導彈的技術成果和研製條件，縮短研製週期，節省研製經費。1965年5月，中央專委批准了中遠程地對地導彈的研製任務。1969年11月，中國在西北導彈試驗基地首次進行中遠程地對地導彈飛行試驗，由於指令系統發生故障，致使第二級未能點火，兩級未分離，導彈在空中自毀。經過改進，1970年1月再次進行飛行試驗，獲得成功。[152]

美國情報部門最初並未注意到中國的液體中遠程地對地導彈，而是把更多的精力放在了中國的洲際彈道導彈上。1970年8月，美國偵察衛星在對中國大陸進行例行監視時，發現在山西靠近五寨地區有一處導彈發射基地，美國情報部門立即對自1967年以來所有大陸地區衛星圖片進行重新分析，發現在「一個距離北韓邊境以北約30英里處，靠近臨江有一個導彈發射場，該設施已進入建設的後期階段」。與此同時，還發現「一處導彈發射井」，「導彈的運輸安裝設備與先前在五寨和靠近北京的南苑導彈生產廠看到的極為相似」。不過他們對中國為什麼選擇這個地區作為導彈發射場感到極為困惑，因為該設施離北韓邊境很近且地形險峻不易施工。但是從射程角度來看，從臨江到命中區和田約2200海里，他們判斷這是一種新型彈道導彈。[153]

1971年10月，美國情報部門開始著重分析這種新型彈道導彈，

他們把它歸屬為「洲際彈道導彈，但是認為它不具備影響到美國大陸的顯著能力」。此外，他們發現該導彈發射場更靠近於靖宇，因此在國家情報評估中把它稱為「靖宇導彈」。由於他們發現「靖宇發射場在1970年秋處於活躍期」，因此判斷「到1971年中期在靖宇會進行一次發射」。關於「靖宇導彈」，他們傾向於認為是「一枚經改裝的兩級中遠程彈道導彈」，其最大射程約「3000海里至4000海里」。從威懾性的角度來看，它只能影響到美國大陸的一部分，而如果它部署在中國北部靠近蘇聯邊境，那麼具有一定的威懾性，因此情報分析人員認為這種導彈並不是針對美國的。由於他們發現中國只進行過一次試驗，因此「無法評估其初始作戰能力或部署的速度和廣度」。然而他們預測「如果沒有遇到嚴重困難的情況下開始進行試驗計劃，初始作戰能力將可能在1973年末或1974年初達到。在發射井進行部署，假如在1974年達到初始作戰能力的話，到1976年中期可能達到25到40枚導彈的力量」。[154]

　　實際上，美國情報分析人員對中國液體中遠程地對地導彈的分析部分是準確的。這種導彈確實是兩級系統，不過第一級是以中程地對地導彈為基礎，第二級是新設計的。1969年中蘇邊界衝突爆發後，蘇聯的一些城市立即成為指定目標，1971年中國組建第一個東風四號導彈部隊轉移到青海（小柴達木和大柴達木）和中國西北的其他基地，更靠近蘇聯的要害目標。[155] 此外，由於當時東北試驗場（靖宇）尚未完工，中國對液體中遠程地對地導彈的前兩次試驗是在西北綜合導彈試驗基地進行的，是短射程試驗。1970年8月東北試驗場建成之後，11月首次進行了長射程飛行試驗，但由於出現了與首次短射程試驗相似的故障，致使一級火箭預令信號未能發出，二級火箭未能點火，導彈飛行至一級推進劑耗盡關機後，因姿態失穩在空中自毀。在總結經驗後，1971年11月15日，中遠程地對

地導彈長射程試驗獲得成功。 [156]

　　自1971年末試驗以後，中國在很長時間內沒有再進行中遠程地對地導彈長射程試驗，這一點使得美國情報部門頗為迷惑，他們不知道發生了什麼，但是認為「中國並沒有放棄這項計劃，他們以象徵性的數量部署該系統」。至於未來，他們預測：如果在1974年末或者1975年上半年達到初始作戰能力的話，中國將具備涵蓋可能包括莫斯科在內的蘇聯歐洲目標的象徵性能力。 [157] 而事實上，由於「文革」的影響，中遠程地對地導彈的進一步研製工作幾乎陷入停頓狀態，直到1975年經過調整、整頓，才出現轉機。

　　5.液體洲際地對地導彈（東風五號、CSS-4）。1965年3月，中央專委決定研製洲際彈道導彈。不久中國組織兩個小組就液體燃料的優缺點進行討論，大多數人認為不可儲存燃料在嚴重的國際緊張時期是無能為力的。這種導彈在迅速升級的最後較量中因準備時間太長而發射不成，並且不可能長時間保持戒備狀態。因此中國設計的洲際地對地導彈採用可儲存液體燃料，與東風三號和東風四號的類似，但不完全相同。 [158] 液體洲際彈道導彈是兩級導彈，最大射程為13000公里。

　　美國情報部門對中國洲際彈道導彈的關注由來已久。早在中國尚未具備研製洲際彈道導彈的能力時，美國情報分析人員就在其國家情報評估中，談到中國在1960年代不太可能具備獨立地研製洲際彈道導彈的能力。 [159] 這種論調一直持續到1966年末，他們發現中國正在「開發一種更大、更複雜的導彈系統」，因此判斷是「一種洲際彈道導彈」。他們認為該導彈「在1967年初將能夠完成發射裝置」，雖然尚未發現其主要部件，「但是有證據表明到1967年下半年中國可能開始進行飛行試驗。如果是這樣的話，如果他們能夠

製造出導彈以及其他能夠進行積極和成功地試驗計劃所必要的設備，則到1970年代初就會有幾枚攜帶分裂核彈頭的洲際彈道導彈投入使用」。由於當時尚未建有東北試驗場，因此情報分析人員「還不能確定中國人將如何進行洲際彈道導彈的全程試驗」。　[160] 1967年6月17日隨著中國成功進行了第一次氫彈試驗，美國情報機構進一步認為「中國可能將在1970年初研製出百萬噸級當量的洲際彈道導彈彈頭」。　[161]　不過他們也認為「在20世紀70年代初準備部署洲際彈道導彈系統」是「一個嚴格的時間表，應該允許出現較小的困難和推遲」，「如果中國遇到重大的問題，那麼洲際彈道導彈的初始作戰能力將會推遲」。　[162]

但是到1968年夏，他們發現「中國在現代武器的開發和生產上所用的時間要遠遠超過幾年前我們根據他們明顯的進步而做出的判斷」，究其原因，他們認為肯定與「『文化大革命』的破壞和混亂」相關，「有充分的證據表明不僅僅貫穿於經濟的生產和運輸出現推遲，而且在涉及指揮和管理尖端武器計劃的重要機構內部出現了政治上的混亂」。除此之外，他們認為「中國缺少廣泛的科學工業機構」是另外一個因素。儘管有這樣那樣的原因，但是美國情報分析人員並不認為「中國的尖端武器計劃注定陷入停滯，或者持續性的推遲」，只是把時間推遲了幾年，認為「1972年初擁有初始作戰能力是可能的；但是根據中國的記錄和考慮中國的政治經濟形勢，很可能將會晚些，也許兩至三年」。至於部署，「如果最早到1972年達到初始作戰能力的話，到1975年中國不太可能部署超過約20枚的洲際彈道導彈。如果中國盡最大的努力並取得成功的話，他們也許能夠達到這個數字的兩倍。但是我們認為推遲和遇到困難的可能性會很高，到1975年估計中國能夠達到約40個洲際彈道導彈發射台的水準是不現實的」。　[163]

1970年雖然美國情報部門仍舊沒有發現中國洲際彈道導彈試驗的跡象，但是「沒有改變對洲際彈道導彈開發的早先估計」。[164] 直到1971年9月10日，他們發現「從雙城子發射的導彈似乎是針對美國的具備顯著能力的洲際彈道導彈」。並預測「如果它是洲際彈道導彈的話，那麼該系統最早的初始作戰能力將是在1974年末，也可能還要晚於一至兩年實現」。 [165] 可是到1974年，中國在洲際彈道導彈方面並沒有取得突破性的進展，美國情報分析人員認為中國「繼續陷入技術上的困境」，他們發現「到現在為止四個發射裝置，僅有一個——在1971年9月——似乎完全地成功」。「如果發射井不久將開始使用的話，那麼該系統最早可能在1977年達到初始作戰能力。如果花費很長時間去克服困難，或者新問題的出現，初始作戰能力甚至可能將在1979年才實現」。 [166]

　　整體而言，美國情報部門過高估計中國洲際彈道導彈的發展速度了。中國在1971年9月10日進行了洲際彈道導彈的首次低彈道飛行試驗，但二級火箭引擎關機時間稍有提前，彈頭未落於預定落點。此後1972年11月9日至1973年4月8日，中國又進行了洲際彈道導彈第二發遙測彈飛行試驗，由於品質和可靠性方面的問題，兩次發射均未獲得成功。直到1980年5月18日中國才成功進行了洲際彈道導彈的全程試驗。 [167]

三、結論

　　縱觀20年來的國家情報評估，從蘇聯的軍事援助到中國的自力更生，從對蘇聯導彈的仿製到自行研製，美國情報部門基本勾勒了中國導彈計劃的發展脈絡。迄今為止尚未有一個國家能像美國那樣，以如此系統、如此專業化的手段對另外一個國家的導彈計劃進

行如此詳細的分析和評估。然而在細節方面，美國情報部門的失誤堪稱俯拾皆是：他們錯誤地認為中近程地對地導彈（東風二號）是對蘇聯SS-4的仿製，並相信中國會盡快部署，但事實並非如此；他們在很長時間內並沒有察覺到中程地對地導彈（東風三號）的存在，直到1970年發現華北發射場（五寨），才認識到中國正在開發中程地對地導彈；同樣地，他們也忽視了液體中遠程地對地導彈（東風四號），而把更多的精力放在了洲際彈道導彈上。

那麼造成這些誤判的原因是什麼？筆者認為既有主觀因素，又有客觀因素。在情報評估中，先入為主是誤判的主要原因。美國情報分析人員往往習慣於第一印象或第一感覺做出結論，即使這種結論被後來的許多與之相悖的情報證明是錯誤的，也很難扭轉認識上已形成的偏差。其次由於中國把其導彈計劃列為國家最高機密，美國情報分析人員根本無法瞭解細節，大多要靠推測，那麼其準確性就大打折扣了。事實上，透過一些照片和其他不足夠的線索對中國的導彈計劃進行評估，從一開始就不是一門精確的科學。

美國情報部門投入如此巨大的人力、物力和財力，其目的在於瞭解中國真實的軍事實力，以便為美國決策者提供參考。從1960年開始的每一份關於中國尖端武器的國家情報評估，都非常系統地對中國導彈計劃的當前狀況、未來發展趨勢做了一番評估與預測，這些評估報告是決策者判斷中國軍事力量最重要的依據，也是美國對華政策的主要參考。無論冷戰初期美國把中國當作對手，還是冷戰後期把中國當作戰略夥伴，對中國軍事力量的關注將會有增無減。冷戰結束後，隨著中國實力的提高，中國這個「潛在的對手」將如何發展一直是美國決策者所認真思考的問題，「中國威脅論」仍舊不絕於耳。重新解讀冷戰時期美國情報部門對中國導彈計劃的評

估，有助於我們熟悉美國對華政策的情報評估模式，更加理性地認識過去的中美關係、更加嫻熟地處理現在的中美關係，更加有預見性地指導未來的對美方針和政策。

（原載《中共黨史研究》，2008年第1期）

美國情報部門對中國人造衛星研製與發射的評估與預測

　　自1992年中國載人航太工程正式啟動以來，美國進一步加強了對中國航太事業的情報收集。特別是始於2000年的美國國防部中國軍力報告，每年都把中國航太事業 [168] 作為其重要內容進行分析與預測，為決策者制定政策提供重要依據。 [169]

一、第一顆人造衛星的發射

　　中國早在1950年代末就致力於人造衛星的理論探索和探空火箭的研製工作。1957年10月4日蘇聯成功發射世界上第一顆人造衛星後，中國的許多科學家就積極倡導開展自己的人造衛星的研製。1958年5月17日，正值中共召開八大二次會議之際，蘇聯成功發射了第三顆人造衛星，受此鼓舞，毛澤東在會議上提出「我們也要搞人造衛星」。 [170] 聶榮臻隨即責成中國科學院和國防部五院負責人張勁夫、錢學森和王諍，組織有關專家擬定人造衛星的發展規劃。 [171] 8月中國科學院成立了以錢學森為組長，趙九章和衛一清為副組長的領導小組——「中國科學院581組」，「581」就是把研製人造衛星列為1958年的第一項重點任務之代號。這是中國第一個衛星小組，負責人造衛星、運載火箭以及衛星探測儀器和空間物理的設計、協調及研究機構設置等工作。它下設3個設計院，分別從事人造衛星和運載火箭的總體、控制系統、空間物理和衛星探測儀器的研究、設計與試製工作。 [172]

　　但是由於受到「大躍進」運動的影響，中國提出了要研製高能運載火箭、放重型衛星等一些不切實際的設想。1959年1月中國科學院根據總書記鄧小平關於現在發射人造衛星與國力不相稱、要調整空間技術研究任務的意見，提出了「以探空火箭練兵，高空物理探測打基礎，不斷探索衛星發展方向」的發展步驟。 [173] 1960年2月29日，中國科學院上海機電設計院自行設計的小型液體火箭T-7M發射成功，9月13日該院研製的第一種實用型液體氣象火箭T-7又發射成功，此後中國利用探空火箭進行高空環境參數探測和高空生物試驗工作，獲得了有價值的資料，為人造衛星的研製打下必要

的技術基礎。 [174]

從已解密的國家情報分析報告來看，美國情報部門最早關注中國的航太事業始於1958年8月。顯然他們注意到了毛澤東的講話，認為中國可能正在制定一項人造衛星計劃。但是並不認為中國可獨立完成人造衛星的研製，蘇聯的幫助肯定是不可或缺的。 [175] 在1959年的國家情報評估中，他們繼續關注蘇聯的影響，估計透過使用蘇聯的發射裝備，並且在蘇聯專家的指導下，中國可能會在計劃實施的一至兩年內成功發射一顆可能由其自行設計並製造的人造衛星。但是在中國境內，沒有跡象表明中國正在開發人造衛星發射計劃。他們認定中國的任何發射都是在蘇聯的直接參與下進行的，而且任何決定都是基於政治因素。 [176] 此後1960年的國家情報評估基本維持1959年的判斷，不同的是它更加強調發射人造衛星給中國帶來的政治與宣傳上的價值。 [177] 然而隨著中蘇關係的破裂，情報分析人員對蘇聯能夠在航太事業上給予中國實質性的幫助表示懷疑，他們認為雖然「蘇聯可以不費力地對中國提供一些幫助，但是可能並不願意在物質上增添中共的聲譽而冒險」，他們預測「如果沒有蘇聯的幫助，太空發射系統的開發將是極其困難的，並且要花費許多年」。因此他們認為「在未來幾年裡中國僅僅可能將製造和發射高空大氣探空火箭」。 [178]

美國情報部門對中國早期航太事業的分析基本上是正確的，中國確實面臨著許多困難。首先就是運載火箭問題。雖然中國在1960年發射了T-7M探空火箭，但那是一個極其原始的火箭，根本不足以把衛星發射升空。即使1960年9月13日成功發射的T-7液體氣象衛星，也是非常初級的，以至於在T-7引擎熱試機前，錢學森鼓勵其負責人「你們這樣搞法，方法是對頭的，我們在美國搞火箭噴氣推

進，初始階段，也是這樣幹的，所以中國不要自卑」。 [179] 整體而言，從1961年至1963年，中國的人造衛星計劃進展緩慢。

人造衛星的發射，關鍵在於運載火箭。美國情報人員預測「中國很可能會合理地利用中程彈道導彈，增加一級或多級，把衛星發射到軌道上」。 [180] 但是由於1962年3月21日中國自行研製的「東風二號」中近程彈道試驗失敗，導致人造衛星計劃再次被推遲。直到「東風二號」全彈地面熱試車後，錢學森心中才有了點底，於1964年3月致函周恩來，建議開展人造衛星研製工作。周恩來遂指示羅瑞卿找有關部門領導和專家進行研究，並起草了《關於人造地球衛星方案報告》。 [181] 6月29日中國成功試射改進後的「東風二號」中近程地對地導彈後，進一步推動了中國人造衛星計劃的進程。1965年初中國科學院地球物理研究所所長趙九章和自動化研究所所長呂強聯名向中國科學院提出了研製衛星的建議。同時國防部五院副院長錢學森也向國防科委和國防工辦提出了將衛星及其運載火箭的研製列入國家計劃，並及早開展研製工作的建議。聶榮臻贊同這兩個建議，並委託國防科委副主任張愛萍組織有關部門進行詳細研究。 [182] 3月國防科委召開發展人造衛星的可行性座談會。會議一致認為，現在技術基礎已經具備，研製和發射衛星在政治上、軍事上和科技上都有重要意義，應該統一規劃，有步驟地開展衛星工程的研製。會議最後提交了《關於開展人造地球衛星研製工作的報告》。依照這次會談的核心內容，國防科委向中央專委提出在1970年至1971年發射重量為100公斤左右的人造衛星的設想。 [183]

中央專委分別在第十二次會議和第十三次會議上，批准國防科委提出的《關於開展人造地球衛星研製工作的報告》，決定將人造衛星研製列入國家計劃，並明確工程技術抓總和衛星、運載火箭、

測量、跟蹤、遙測設備的研製,以及整個工程的組織協調等各項任務的分工批准了中國科學院提出的衛星發展規劃綱要,並同意第一顆衛星爭取在1970年左右發射。 [184] 11月20日至11月30日,中國科學院在北京召開第一顆人造衛星方案論證會,即著名的「651」會議。經過42天的研究論證,會議初步確定第一顆人造衛星的總體方案,並將第一顆人造衛星定為科學探測性質的試驗衛星,其任務是為發展中國對地觀測、通信廣播、氣象等各種應用衛星提取必要的設計數據。總的要求,即「上得去,跟得上,看得見,聽得到。」預計1966年完成技術方案論證,建成地面測量系統;1969年完成正式樣品的試製。 [185] 至此,中國人造衛星計劃正式列為國家工程開展起來。

　　由於運載火箭與彈道導彈有著千絲萬縷的聯繫,美國情報部門判斷中國的運載能力是從彈道導彈的分析開始的,所以在中國成功試射中近程地對地導彈之前,並沒有特別關注中國的人造衛星計劃。美國情報部門再一次關注是在1966年,由於中程彈道導彈的成功開發,他們認為中國在運載系統上已經具備條件。 [186] 1966年末,他們又發現中國正在開發一種更大、更複雜的導彈系統,他們判定這是一種洲際彈道導彈,但不排除用於發射衛星。 [187] 然而他們並不能確定中國何時發射,直到從狂熱的「文革」宣傳中發現了中國人造衛星計劃的蛛絲馬跡,並預測「中國可能會盡快發射人造衛星。」關於運載工具,他們判斷中國可能使用「增加級數或加大有效荷載的中程彈道導彈,也可能使用洲際彈道導彈的早期試驗工具。」 [188] 隨著中國在導彈技術的提高,他們愈加認為中國發射人造衛星迫在眉睫,特別是在1969年,中華人民共和國成立20週年以及中共九大的召開,把人造衛星作為獻禮工程是中國在特殊年代的慣例。此外考慮到中國尚未進行洲際彈道導彈助推器飛行試

驗，他們基本認為中國可能會使用經改裝的中程彈道導彈作為太空助推器。[189]

除了人造衛星和運載火箭以外，美國情報部門也對航太器發射場進行了評估，但卻誤判不斷。實際上中國的衛星發射中心建設工程分兩期進行。第一期工程於1967年4月竣工，建成了包括技術測試、發射、跟蹤測量和特種燃料儲存、加注等50多項發射試驗配套設施，以適應發射低軌道小型衛星的需要。1967年7月，又開始了第二期工程建設，以滿足發射重型衛星的需要。[190] 然而美國情報部門最初並沒有意識到中國正在建設衛星發射中心，而是誤認為中國正在開發洲際彈道導彈發射場，他們把這個巨大的新型發射設施命名為「雙城子導彈試驗靶場的綜合發射場B」，其目的可能是試驗射程約6000海里以上的導彈系統。[191] 他們甚至把這個衛星發射中心的飛行試驗準備，作為評估中國即將在1970年代初，很可能在1970—1971年部署洲際彈道導彈的重要依據。從衛星照片來看，他們發現自1967年7月以來，中國在綜合發射場B周圍進行了許多重要的建設，包括建設大型發射塔架所需的新建築和為開鑿鐵路而進行大型路基的挖掘。但是所為何用？卻有爭議。他們也意識到中國可能正在為建設第一個衛星發射基地做準備，但是卻以中國沒有足夠的時間（最多六個月）在開發他們第一枚大型助推器系統前實施如此重大的步驟為由，排除了這種可能性。當然更多的解釋還是圍繞在洲際彈道導彈上，他們認為中國可能已經改變了洲際彈道導彈計劃，甚至認為也許是綜合發射場本身計劃過於草率和不完善、或者導彈系統不令人滿意，而開始為新型或改進後的洲際彈道導彈系統建造不同的發射場。[192] 隨著衛星照片的不斷更新，他們對該基地的瞭解也越來越詳細，但還是堅信中國正在為進行洲際彈道導彈計劃而準備。他們甚至把衛星發射中心一期工程以發射台

B-1為標識，衛星發射中心二期工程則為發射台B-2。 [193] 美國情報部門直到1969年10月份才開始意識到發射台B-2可能是為了人造衛星發射而準備，他們發現中國在發射台B-2所建造的設施遠比洲際彈道導彈所需求的更大、更複雜，這顯示了中國雄心勃勃的航太計劃。與此同時，他們也預測發射台B-1可發射一枚兩級的、全長約100英呎的可儲存液體推進劑系統和直徑約10英呎的助推火箭，這種火箭可將4000—5500磅的重返工具運載到約6500海里以外的地區。 [194]

但讓美國情報人員最感到不解的是，從運載能力來看中國在1967年5月26日成功發射了中程地對地導彈，其衛星發射中心也基本準備就緒，此時已具備發射人造衛星的條件，但是直到1969年10月中國仍然沒有進行發射，他們不知道是何原因？只是從技術上的角度認為中國可能等待用於未來多任務能力的太空助推器（CSS-2的改型）成功研製再進行發射。事實上，中國的人造衛星計劃受到了「文革」的嚴重影響，運載火箭的研製工作基本上處於停滯狀態，拖延了整個工程的進度，使本來有可能爭取在1968年底發射衛星的設想未能實現，這是美國情報部門所沒有料到的。 [195] 此外中國在試驗運載火箭方面在技術上也遇到了一些挫折，1969年11月16日，由於指令系統發生故障，致使第二級未能點火，兩級未分離，導致試驗失敗。直到1970年1月30日經過改進，試驗才最終成功，但也不可避免地耽擱了一段時間。

4月14日，周恩來召開中央專委會議，批准衛星火箭進入發射工作位置。並要求衛星發射要「安全可靠，萬無一失，準確入軌，及時預報。」 [196] 4月24日中國成功地發射了第一顆人造衛星，但所使用的運載火箭並不是美國情報部門所猜測的中程地對地導彈的

改型，而是一個串連式三級火箭。第一級和第二級採用中遠程地對地導彈使用的液體火箭引擎，第三級採用固體火箭引擎。整個火箭起飛質量為81.5噸，起飛推力為104噸力，全長29.46公尺，最大直徑2.25公尺，近地軌道的運載能力300千克，這也就是長征一號火箭。 [197] 而東方紅一號衛星，由結構、熱控、電源、《東方紅》音樂裝置和短波遙測、跟蹤、無線電等7個系統以及姿態測量部件組成，總質量173公斤，外形為近似圓球的72面體，直徑1公尺，採用自旋穩定方法在空間運行。 [198]

　　美國情報部門實際上低估了中國發射人造衛星的能力。他們認為中國是在綜合發射場台B-1進行發射的，但中國在成功發射並宣布衛星的高橢圓軌道和有效荷載381磅後，美國情報分析人員才排除了他們原先所估計的中程地對地導彈，認為中國「可能選用的運載火箭是一至兩級的五寨導彈 [199]、帶有較小第三級的兩級洲際彈道導彈，或為太空目的而緊急開發的運載火箭。」 [200] 中國的第一顆人造衛星的重量要比蘇聯（83.6公斤）、美國（8.2公斤）、法國（38公斤）、日本（9.4公斤）第一顆人造衛星的重量總和還要重。其衛星的跟蹤手段、信號傳遞形式、星上的溫控系統，也超過了其他國家第一顆衛星的水準，這是美國情報部門所沒有預料到的。 [201]

　　當然東方紅一號衛星帶有文革時期的強烈烙印，政治意義要遠遠超過其本身，但是它卻標誌著中國成為世界上第五個能夠發射人造衛星的國家。

二、中國航太事業的初期發展

　　中國成功發射第一顆人造衛星後，美國情報部門加強了對中國人造衛星計劃的情報收集。1970年夏美國情報部門透過其偵查衛星發現雙城子導彈試驗靶場「發射台B-2的工程也取得快速的進展，它裝配了一個約150英呎高的勤務塔，比發射台B-1的勤務塔高約30英呎。」他們判斷「發射台B-2的規模和複雜性表明它是為發射大型太空飛行器而設計的，這也表明中國擁有雄心勃勃的航太計劃。」[202] 由於他們對中國的人造衛星計劃的細節並不瞭解，但是透過對發射場的觀察，判斷中國可能會盡快再次發射。

　　1971年3月3日，中國成功發射實踐一號衛星，其總體方案，沿用了東方紅一號衛星的技術成果和經驗，仍採用自旋穩定方法，其外形與第一顆人造衛星相似。不過比較起來，其科學目的性是東方紅一號衛星無法比擬的，其主要目的是測量高空磁場、X射線、宇宙射線、外熱流等空間環境參數、進行長壽命應用衛星的一些關鍵技術的試驗等，為此後研製應用衛星、通訊衛星摸索經驗創造了條件。[203]

　　從航太發展的角度來說，美國情報部門認為中國將會最大地利用其相對有限的資源，並按照美國和蘇聯的導彈與太空計劃的常規模式進行。透過對中國已進行的兩次人造衛星發射的分析，他們判斷其運載工具「是同一型號的運載火箭」，這種火箭與中國的中遠程彈道導彈有著極為相近的關聯，可能就是這種導彈的改裝。他們透過對「對兩顆入軌衛星的小型、已耗盡燃料的助推火箭進行觀察，」認為「中國的第一枚運載火箭是三級系統。」此外，根據前

兩次發射,他們認為「中國並沒有全部地利用運載火箭最大的能力,」因為「這種系統可以把有效荷載約1300磅的物體發射到100海里的近地軌道」,甚至「把約2000磅的物體發射到近地軌道」。他們預測中國未來會繼續使用這種系統,因為其還具有某些實用任務的潛力,包括進行科學發展試驗以及透過頂部多級的結合來增強其能力。事實上,這一點也是錯誤的,中國用長征一號火箭只進行了兩次試驗,此後被長征二號火箭所取代。

毋庸置疑,與其他國家的航太事業一樣,中國早期航太事業也具有濃厚的軍事色彩。其運載火箭是以中遠程地對地導彈為跳板的,發射場也是在雙城子導彈試驗靶場,因此美國情報部門在預測未來中國的航太事業時,大肆強調其軍事性。「儘管未來幾年航太事業的某些方面具有一些純科學利用的功能,但是我們認為在可預見的未來軍事需求仍占據支配地位。一是支持戰略導彈部隊瞄準和測量數據。另一個是基於情報目的進行偵察。我們認為到1970年代中期中國可能在這些領域獲得這些能力。」基於上述分析,美國情報部門認為「前兩次的衛星發射僅僅是未來十年間中國進行一系列雄心勃勃的太空計劃的開始」,「他們將會繼續發射更大、更重,在某種程度上是針對目標和測量數據的緊急軍事需求的衛星。」[204]

值得指出的是,在1971年的國家情報評估中,美國情報分析人員第一次對中國的載人航太進行了評估。眾所周知,1960年代和1970年代是美蘇太空爭霸最為激烈的時期,尤其是1969年7月20日美國的阿波羅11號成功登月,把太空爭霸戰推上了一個高潮。因此美國情報部門在預測未來中國航太事業的走向時,不可避免地提及到中國的載人航太。他們發現「自1959年中國人民解放軍在北京建

立航空宇宙醫學研究所以來，中國已經開始了對高性能飛機和太空飛行的生物醫學方面產生興趣，與此同時低壓艙實驗室也建立起來。1960年或1961年北京軍事醫學院還成立了一個太空生物物理學研究所。」但是「尚未發現支持載人航太計劃的太空醫學計劃的存在。」此外，他們認為「中國已具備技術能力準備和監控軌道飛船的生物試驗，但是目前尚無跡象表明中國具備載人航太的能力，不過我們認為他們能夠制定這樣的計劃。」這是迄今為止在已解密的國家情報評估中，第一份有關中國載人航太的評估，雖然只是寥寥數語，但這是美國情報部門對中國載人航太關注的開端。[205]

為發射返回式遙感衛星，中國從1970年開始研製長征二號運載火箭。美國情報部門注意到了洲際彈道導彈與運載火箭的關聯，他們在分析中國的洲際彈道導彈計劃上，認為中國「繼續陷入技術上的困境」，發現「到目前為止四個發射裝置，僅有一個——在1971年9月——似乎完全地成功。」「但是考慮到中國試圖使用該系統發射衛星的事實，表明當前CSS-X-4 [206] 計劃的優先性是作為大型太空助推器而使用的，在太空角色中該系統的發射顯然也可以提供給作為洲際彈道導彈潛在性能的許多重要數據。」此外他們發現中國對收集戰略目標數據的偵察衛星以及軍民兩用通訊衛星方面越來越表現出濃厚的興趣。包括中國科學家在國際會議上發表的聲明、最近幾年空間跟蹤網的建造以及25個國內通信衛星地面站的建設。[207]

美國情報部門所估計的並沒有錯，中國確實在洲際彈道導彈（東風五號）的基礎上研製了長征二號運載火箭，不過起初並不順利。1974年11月5日中國使用長征二號運載火箭第一次發射試驗型返回式遙感衛星，由於技術問題，未獲成功，此後中國又經過一年

多的努力,於1975年11月26日再次進行發射,成功地把試驗型返回式遙感衛星送入預定軌道。 [208] 1976年末,美國情報部門對這一時期的CSS-X-4發射再次進行分析,發現「中國在最近10次使用該系統中,有7次是用作太空助推器」,因此他們進一步判定「當前中國把CSS-X-4主要用在太空開發而非導彈發射。」[209]

三、結語

　　從已解密的美國國家情報評估來看,美國情報部門基本勾勒了中國航太事業的初期發展脈絡。迄今為止,尚未有一個國家能夠像美國那樣,以如此系統、如此專業化的手段對另外一個國家的航太事業進行如此詳細的評估與預測。然而他們對中國航太事業的細節方面卻是誤判不斷。他們錯誤地認為中國會利用中程地對地導彈的改型發射衛星,當中國成功發射第一顆人造衛星並公布其數據時,他們才認識到中國所使用的運載火箭要遠比他們所估計的性能要高;他們一直把中國正在建設的衛星發射中心當作洲際彈道導彈發射場,直到中國即將進行衛星發射,才察覺其目的是為了航太發射;他們甚至認為中國會繼續使用長征一號運載火箭發射,事實上發射兩顆衛星後不久,中國為開發返回式遙感衛星而研製了長征二號運載火箭。

　　那麼造成誤判的原因,主要有以下幾點:首先,中國把航太事業列為國家最高機密,美國情報部門無法做到準確判斷,只能透過衛星照片和其他一些不足夠的線索等有限手段去分析,這樣準確性則大打折扣。其次,他們過於強調中國航太事業的軍事性,導致其判斷先入為主。他們最初是以中國的導彈能力來判斷中國人造衛星發射的,在中國的雙城子導彈試驗靶場發現正在修建的發射台和發

射塔也進一步驗證了他們的判斷。此後雖然中國發射了幾枚科學衛星，但他們仍然認為軍事需求是其主要目標。最後，有關文革對中國航太事業的影響，他們估計不足。雖然以中國掌握彈道導彈的技術能力，他們判斷中國很快要發射人造衛星，但是直到1970年4月才進行，他們一直迷惑不解。以西方人的思維理解那場「運動」是相當困難的，在有人還在為是否要在衛星上鑲嵌毛澤東像章吵得不可開交時，美國人早已實現了「人類的一大步」。

中國航太事業作為美國國家情報評估的一部分，且占比例越來越大，彰顯美國情報部門的重視，也從另一個側面反映中國航太事業的進步。冷戰結束後，隨著中國實力的提高，尤其是中國載人航太工程和探月工程的啟動，中國這個「潛在的對手」將如何發展一直是美國決策者所認真思考的問題。因此解讀冷戰時期美國情報部門對中國航太事業的評估，有助於我們熟悉美國對華情報評估模式，理性分析中美關係，為未來對美決策提供一些思考。

（原載《當代中國史研究》，2011年第4期）

美國與中國第一次核試驗

　　有關美國對中國核子武器發展的對策，自1990年代美國國務院和獨立研究機構國家安全檔案館公布美國政府相關檔案以來，國內外學術界討論已有十餘年。 [210] 大體上，學者們把美國的對策歸納為四種方案：一是核擴散，即向亞洲國家進行核擴散，主要是印度，以削弱中國在亞洲的影響；二是透過與蘇聯在禁止核試驗條約上合作來遏制中國；三是對中國核設施進行先發制人的軍事打擊，包括與台灣合作；四是理性面對中國，透過外交、宣傳等手段貶低中國核試驗所帶來的影響。有學者在分析為何美國政府沒有對中國核設施進行軍事打擊的原因時，有意把甘迺迪與詹森區別開來，傾向於認為甘迺迪曾考慮對中國核設施動武，而詹森選擇在評估中國核爆炸意義的基礎上而理性面對中國核試驗。 [211] 筆者認為甘迺迪政府內部確實存在對中國核設施進行先發制人軍事打擊方案的討論，但是並沒有形成決策，即使甘迺迪沒有遇刺身亡，他最終採取武力方法的可能性也不大，而詹森最後所採納的理性面對中國核試驗恰恰是在甘迺迪政府時期形成並在當時得到國務院絕大多數官員贊同的羅伯特·強生（Robert Johnson）方案。

一、針對中國核子武器計劃的核擴散方案

「中國核威脅論」最早產生於艾森豪政府末期，其標誌就是情報部門第一次以「中國原子能計劃」為題進行了專項評估（NIE 13-2-60），並預測「中國爆炸第一個核裝置的時間，最大可能是在1963年，當然也可能晚到1964年或提前到1962年。」 [212] 不久甘迺迪上台，他對中國的核子武器計劃持有強烈的偏見和不安，甚至認為「1960年代最大的事情可能就是中國進行核子武器試驗」。[213]

面對中國即將擁有核子武器，軍方的反應要比其他部門迅速。早在甘迺迪上台的10天前，美國空軍參謀長湯馬斯·懷特（Thomas D.White）指示負責計劃的副參謀長約翰·葛哈特（John K.Gerhart），對未來5至10年中國可能成為洲際彈道導彈擁有國這一長期的威脅，制定計劃。1961年2月8日葛哈特在其報告中，認為中國可能會在1961年末擁有核子武器，這要比NIE13-2-60所估計的1963年要早，但中國的核能力要取決於蘇聯援助的程度。按照這個設想，他把中國的核開發分為三個階段。階段一：中國會爆炸核裝置，但不會擁有核子武器和運載系統（即使有也是少量的），針對這一時期，美國的戰略是鼓勵日本、印度和台灣建立核防空部隊以抵抗中國核入侵的威脅；向某些盟國提供防禦性的核子武器和技術援助，以使他們擁有自己的核能力；向澳大利亞等能夠對中國構成顯著威脅的國家提供攻擊導彈和快速反應飛機；支持亞洲非共產黨國家建立自己的防禦力量以確保其內部安全等；階段二：中國擁有一定的核能力，但並不構成對美國的直接威脅。這一時期中國的外交政策具有一定的攻擊性，中國可能對其他亞洲國家或地區，特別

是台灣、南韓、日本、印度和巴基斯坦進行「核訛詐」。那麼美國的戰略是向日本、印度、台灣、南韓、巴基斯坦以及菲律賓出售或提供攻擊性核導彈系統，把日本當作在亞洲地區抵抗中國的核心力量；階段三：中國對美國構成了直接的威脅。那麼其全球戰略就是把日本、台灣、印度、菲律賓以及其他亞洲國家的導彈基地與美國和歐洲的戰略進攻力量統合在一起，對共產黨世界構成戰略包圍圈。 [214] 這份報告其核心是為了防範中國而不惜支持向其他國家進行核擴散，雖然其觀點極端，但在美國政府內部頗有市場。

9月13日，美國國務院政策設計委員會主任麥吉（George C.McGhee）在給國務卿魯斯克（Dean Rusk）的備忘錄中談到，如果中國進行核試驗，那麼它的影響首先是心理上的，其次才是政治和軍事上的。阻止中國的核能力在亞洲的影響似乎不太可能，但是可以採取預先的行動把它減少到最低限度。麥吉認為，如果在亞洲另外一個非共產黨國家首先進行核試驗，那麼中國核試驗的影響將大打折扣。據估計印度的原子計劃是相當先進的，他們不需要過多的援助，就能儲藏足夠的分裂物質進行核試驗。麥吉強調：美國政府應該限制有核國家的數量，但在沒有能力這樣做的情況下，寧願印度是第一個進行核試驗的亞洲國家，而不是中國。但是要想使印度在中國之前進行第一次核試驗，無論在印度政府方面，還是美國政府方面，甚至許多技術問題上都面臨著許多難題。尼赫魯（Jawaharlal Nehru）曾多次表示「反對在任何時間、任何地點進行核試驗」，這樣使他以任何藉口進行核試驗都是很困難的。美國政府的許多官員也對此提出了許多的保留意見。他們認為：（1）印度先於中國進行核試驗將需要得到許多重要的技術援助；（2）無論是英國還是美國，提供這樣的技術援助都有著法律上的障礙；（3）美國不善於進行保密，但是印度的核試驗必須被作為印度的

成就；（4）使印度採取實際的、和平利用核能，將會面臨許多困難。（5）巴基斯坦將強烈地反對印度核試驗，對任何外來的援助，無論是已知的還是猜測，都會引起強烈的憤慨；（6）印度核試驗將給中共提供一個要求蘇聯增加提供核計劃援助的藉口。[215]

當然最為重要的還是魯斯克並不同意這項建議，他認為「已有政策表明我們反對核擴散，我們不能脫離這一政策，如果美國支持核擴散的話，大概會使我們陷入難以自拔的困境。」[216] 關於鼓勵亞洲國家發展核子武器這一建議，很明顯與美國的核戰略相牴觸，最終沒有得到決策層的認可。至於美國向印度進行核擴散方案在魯斯克的決斷下是否真的被完全取消，依然無法確定，起碼在隨後政策設計委員會關於美國的對華政策文件上，仍然能看到麥吉備忘錄的影子。 [217] 這份文件所提出的建議就是以中國核威脅為契機，鞏固美國在亞太領域的軍事地位，甚至不惜以核擴散為代價。

二、試圖與蘇聯合作阻止中國核子武器計劃

甘迺迪上台剛剛不過20天,就在白宮召開關於「蘇聯領導人的想法」的內閣會議上,探討美蘇合作共同阻止中國核子武器計劃的初步設想。此次會議,除了總統、副總統、國家安全事務助理邦迪以外,其餘四位均是歷任駐蘇大使,包括湯普森(Llewellyn Thompson)、哈里曼(Averell Harriman)、波倫(Charles Bohlen)和凱南(George Kennan)。與會者一致認為:赫魯雪夫渴望在1961年外交上取得一些成功,那麼很可能在武器管制方面會取得一些進展。由於蘇聯把德國和中國視為僅次於美國的長期憂患,其原因在於這兩個國家的核問題對於蘇聯極為重要。實際上此次會議並沒有深入地探討美蘇合作共同阻止中國核子武器計劃的設想,但是卻給人以這樣一種印象:即美國可以利用中蘇分裂,與赫魯雪夫在中國核問題上達成一些諒解。 [218] 關於甘迺迪政府的這個想法並非一廂情願,在其就職之前,蘇聯駐美大使緬希科夫(M.A.Men'shchikov)在與波倫的探討裁軍問題時,曾相當嚴肅地說「美國一定要瞭解,在兩三年內其他國家將掌握這種武器,這可能使整個問題無法解決。」顯然從美國人的角度來看,他們認為蘇聯最怕的不是美國的核子武器,而是中國掌握原子彈。 [219]

但是令甘迺迪失望的是,在1961年6月3至4日舉行的維也納首腦會談時,兩國首腦幾乎在所有的問題上都存在分歧,關於中國問題,赫魯雪夫堅決支持中國恢復在聯合國的合法席位,支持中國大陸對台灣的主權要求。當甘迺迪婉轉地提出中國對美國和蘇聯構成威脅時,赫魯雪夫則乾脆地回答,他比美國人更瞭解中國。在甘迺迪看來,儘管中蘇之間存在分歧,但這種分歧並不一定導致美蘇可

聯手反對中國，雖說蘇聯有緩和同美國關係的意願，但是又不願意表現得太熱情。［220］因此甘迺迪試圖利用美蘇合作阻止中國的核子武器計劃的最初努力遭到失敗。

不過與蘇聯合作的想法，對於甘迺迪來說並沒有完全放棄。1963年1月22日，在國家安全委員會第508次會議上，甘迺迪再次提到了與蘇聯合作的問題。此次會議他對中國擁有製造核子武器能力的可能性表達了強烈關注，認為可以透過一個核禁試條約來抑止這種能力的進一步發展。他認為在與蘇聯進行核禁試條約的談判中，最為重要的目標就是要阻止或延緩中國的核開發，這個條約如果沒有中國參加的話就會變得毫無意義。因為從1960年後半期開始，美國的主要敵人就是中國，中國的核開發可能會威脅到美國在亞洲的地位。［221］

針對甘迺迪的講話，第二天蘇聯問題專家、負責政治事務的副國務卿哈里曼在給甘迺迪的信中，談到最近與幾名蘇聯外交官的談話中，察覺到蘇聯可能希望與美國共同合作，達成一項協議阻止中國發展核子武器，甚至在必要時威脅使用武力催毀其核設施。［222］尚沒有證據表明這些蘇聯官員是到底誰，但起碼使甘迺迪在與蘇聯合作方面信心大增。兩個星期之後，甘迺迪在與武器管制相關的官員們談話時，更加明確地講到了核禁試條約的真正目的，就是為了防止核子武器向其他國家——特別是中國——的擴散。如果不能達到目的，則它是沒有多大價值的。如果真能阻止中國發展核子武器，他甚至說願意接受蘇聯在全面禁止核試驗條約上的一些欺騙。［223］與此同時，國防部副部長保羅·尼采（Paul Nitze）要求參謀長聯席會議準備一份報告，對如何「勸說或強迫」中國參加核禁試條約進行研究。4月29日，參謀長聯繫會議提出了一份長達30多

頁的報告，對一切可能採用的方法進行了詳細地研究。這包括實施外交壓力、進行宣傳和經濟制裁等間接行動，以及對中國領空進行空中偵察、對台灣向大陸潛入、顛覆甚至破壞活動提供援助、對中國核設施進行常規武器的小規模空襲、對中國境內特點目標進行核攻擊等直接行動。雖然美國選擇眾多，但這份報告與哈里曼的信件一樣，認為最好的方法還是美蘇合作勸說中國參加核禁試條約，因為「使用武力強制中國是不現實的」。[224]

雖然國務院和軍方都得出美蘇合作是最佳方案，但是蘇聯到底態度如何，甘迺迪心裡也沒有太大的把握，於是他要求其助手盡快試探蘇聯的態度。5月17日，邦迪約見蘇聯駐美大使多勃雷寧（A.F.Dobrynin），就美蘇合作一事表達了自己的看法。然而多勃雷寧反對所謂的「多邊核武裝計劃」，特別是反對西德擁有核子武器和中程彈道導彈，明確提出蘇聯不打算在中國的核問題上與美國合作，從而拒絕了美國的建議。[225]

但甘迺迪並沒有輕易放棄，6月7日赫魯雪夫同意在莫斯科舉行的美國、英國和蘇聯三邊會談，他認為這是一個絕佳的機會，遂挑選哈里曼作為特使參加會談。甘迺迪在哈里曼行前告訴他，在探討美蘇就中國問題達成諒解的可能性方面，他要走多遠就可以走多遠。[226] 7月15日，美國、英國和蘇聯三國在莫斯科準備草簽有關在大氣層、外層空間和水下的核禁試條約。會談第一天，甘迺迪指示哈里曼，「我仍確信中國問題比赫魯雪夫在第一次會議上所說的要嚴重得多，希望你能夠在私下會談時迫切要求討論這個問題。我同意大量核儲備是美蘇僅有的特點，但是少量的核力量掌握在像中共那樣的人手裡，對於我們來說是極其危險的。我進一步相信即使有限的核禁試條約能夠並且應該是限制核擴散的手段。因此你應該

極力找出赫魯雪夫對限制或阻止中國發展核子武器的看法和蘇聯對此採取行動的意願或是否能夠接受美國直接採取行動。」[227] 儘管美國、英國和蘇聯三國於7月25日簽署了《禁止在大氣層、外層空間和水下進行核子武器試驗的條約》，但就美蘇合作對付中國發展核子武器採取共同行動的問題上哈里曼並沒有說服赫魯雪夫。關於哈里曼建議美蘇合作阻止中國發展核子武器計劃的檔案當前並沒有發現，但是在哈里曼和赫魯雪夫的多次會談中都談到了中國核能力的問題，不過顯然赫魯雪夫並不願意談論這個問題。事實上美國過於高估蘇聯對中國的影響，在談到中國核問題時，赫魯雪夫說，「我不是開郵局的，如果你們想與中國人談，請不要與我談，直接與中國人談去吧。」國家安全委員會副顧問、哈里曼一行的成員卡爾·凱森（Carl Kaysen）後來感嘆道「甚至直到1963年，我們還不瞭解它們之間的裂痕有多深。」[228]

當然美國勸說蘇聯與之合作也並非完全失敗，實際上從另一個角度來講，部分核禁試條約的簽訂進一步加深了中蘇之間的裂痕。即使蘇聯不同意與美國合作勸阻中國核子武器計劃，但是只要它和美國、英國簽署協議，就顯示了中蘇之間在利益上的分歧。從7月31日中國政府所發表的聲明來看，確實加深了中蘇之間的裂痕。中國批駁該條約的簽訂「出賣了蘇聯人民的利益，出賣了社會主義陣營各國包括中國的人民的利益，出賣了全世界愛好和平的人民的利益」。[229]

不過美國對蘇聯的態度沒有完全死心，尤其是中蘇在部分核禁試條約上的互相爭吵，又讓美國看到了一絲曙光。9月11日國務院情報與研究局局長休斯（Thomas Hughes）在分析蘇聯對中國發展核子武器能力態度上，認為蘇聯領導人反對中國發展核子武器能

力，儘管他們既沒有在公開場合也沒在私下明確表述。休斯認為蘇聯對中國核子武器能力仍然顯得不屑一顧，由於經濟上的倒退，中國的有限核子武器能力並不能顯著地改變戰略平衡，獲得實戰的核能力還需要很多年。因此他認為蘇聯可能希望當前中國政權發生變化，進而能夠勸阻中國的核能力。 [230] 看得出甘迺迪仍然對赫魯雪夫抱有幻想，希望他能夠回心轉意，共同對付中國的核子武器計劃。

三、台美合作方案的提出與甘迺迪的否定

儘管圍繞著中國核子武器計劃,美蘇合作方案並不理想,但是離間中蘇卻一直是美國對華政策的重要組成部分。7月末中央情報局提交了兩份國家情報評估,一份是「共產黨中國的尖端武器計劃」,另一份是「中共採取更大規模軍事行動的可能性」。兩份情報評估都對蘇聯簽訂部分核禁試條約導致中蘇關係進一步惡化進行了評估,認為「由於中蘇分歧的進一步加深和近期蘇聯與西方的談判,中共可能在不久的將來採取更斷然的行動」。當然中國「不會不顧一切或冒巨大的風險」,但可能「採取某種更斷然的挑釁行為」,他們最有可能在「印度邊界和寮國施加新的壓力或進行侵略」。 [231] 中國「已經公開表明在沒有其參與的情況下不受任何條約的約束。它要求國際承認、聯合國席位或者其他先決條件作為其參與的籌碼。無論如何,共產黨中國將反對全面核禁試條約」。「我們並不認為第一顆核裝置的爆炸、甚至獲取有限的核子武器能力將促使共產黨中國在外交政策上產生重大的改變,如中國採取公開軍事入侵政策甚至冒巨大的軍事風險。中國領導人可能認識到他們的有限能力不能改變大國之間真正的力量平衡,在可預見的未來也不可能。特別是他們也將認識到他們既不能消除也不能壓制美國在亞洲的存在,他們也不可能冒巨大的軍事風險」。 [232]

兩份評估報告都提到了中國的意圖問題。7月31日國家安全委員會召開第516次會議,就近來中國的意圖進行討論。在這次會議上,美國決策層主要預測了近來中國可能要採取的軍事行動及其美

國的對策，不過在討論期間，明顯顯現出對中蘇和解的擔憂，尤其是台灣會提供這樣的機會。中央情報局局長麥肯（John McCone）談到「儘管中蘇之間有許多分歧，但我並不認為他們的分歧很深或會發生最後的分裂」。哈里曼則更是認為中蘇之間不會發生分裂，但他相信赫魯雪夫不會支持中國採取任何大規模的冒險行動。如果中國採取小規模的戰鬥，赫魯雪夫將不會有任何反應，但是如果蔣介石進攻大陸的話，蘇聯將會全力支持中國。 [233] 從這個角度來講，美台關係服從於分離中蘇關係這個大戰略。

9月6日蔣經國訪問美國，主要目的是爭取美國對台灣反攻大陸的支持。10日蔣經國在與總統國家安全事務助理邦迪（McGeorge Bundy）會談時，談到當前中共政權比任何時候都要弱，如果美蘇繼續保持現有的關係，那麼他認為現在正是美台建立一套旨在解決中國大陸問題而不用發動大規模戰爭方案的最佳時機。如果台灣現在採取行動，蘇聯一定不會援助中國。關於行動的方式和方法，蔣經國認為必須側重於政治而不是軍事，他列出了政治戰、心理戰、外交行動和準軍事行動等方案。而軍事行動方案，包括海上奇襲和空降祕密小分隊，其行動也是逐步升級的，在6個月內規模由小到大，分三個階段。蔣經國特意談到台灣已經確定了中國大陸導彈和核設施基地的位置，希望能夠與美國合作，摧毀這些設施以限制中國大陸的擴張。考慮到美國所擔心的責任問題，蔣經國一再承諾承擔在美國支持下的行動的所有政治責任，只要美國能夠給予運輸和技術上的幫助。然而邦迪的看法恰恰與蔣經國相反，他認為美國的戰略仍然是分離中蘇，只要沒有極端的力量驅使它們重新走到一起，中蘇之間的分歧就會繼續擴大。而極端的力量，邦迪解釋就是任何對中國大陸的入侵，弦外之音就是指台灣反攻大陸，他甚至強調沒有蘇聯的干預就是反攻大陸的前提。從雙方的會談來看，他們

在對待中蘇關係問題存在著巨大的分歧。 [234]

　　第二天甘迺迪和蔣經國進行會談。蔣經國實際上再次談到了與邦迪會談的內容，認為「當前如果不對中國大陸採取小規模的攻擊行動，如果中共利用現在的和平時機克服他們所面臨的困難，如果沒有找到任何可以干擾、破壞中共統治的方式，那麼中共將會發展成比以往更具威脅的力量」，蔣經國特意強調「台灣制定的是透過空降和突擊隊的海上登陸發動進攻的計劃，但並不是大規模入侵。」甘迺迪詳細詢問派遣300—500人深入大陸腹地襲擊中國核設施（包頭）的計劃是否可行，台灣最近在大陸進行騷擾行動的成功率，如行動次數和傷亡情況。由於豬玀灣事件給甘迺迪帶來的教訓，他極為重視情報的可靠性，不想捲入美國在其中扮演的角色不可避免地為世人所知和最終將失敗的軍事行動。也就是說，在中國大陸情報不充分的情況下就採取行動是不現實的，美國只參加有絕對把握的軍事行動。甘迺迪最後要求台灣提供更為詳盡、更為可靠的中國大陸情報，並制定周密的行動計劃。 [235]

　　關於具體行動，9月14日蔣經國與麥肯進行進一步的討論。雙方最後同意成立一個小組，來研究並制定提高打擊中國政權能力的行動方案，包括以軍事力量和祕密行動阻止中國核發展的各項計劃。 [236] 但是甘迺迪對台灣的建議表示懷疑，具體合作計劃並沒有付諸實施。與台灣合作對中國大陸核設施進行打擊，實際上主動在台灣，而非美國。台灣試圖利用甘迺迪對中國核計劃的恐慌，拉攏美國，以軍事打擊大陸核設施為誘餌，進而實現反攻大陸的目的。不過甘迺迪顯然對台灣的情報準確性表示懷疑，更對台灣的能力缺乏信心。但是甘迺迪一點也沒有想利用台灣嗎？也並不是，起碼甘迺迪想利用台灣的優勢，探詢中國核計劃的真實情況，至於採

取共同行動,甘迺迪不得不慎重,一方面害怕被台灣拖下水不得不與中國一戰,另一方面害怕台灣反攻大陸導致中蘇和解,這兩個局面都是甘迺迪不願意見到的。

四、軍事打擊方案的內部爭論

　　無論是美蘇合作，還是美台合作，限制中國發展核子武器，看來效果都不甚理想，此時在甘迺迪政府內部出現了兩種不同的聲音。一種是以軍方為代表，主張對中國核設施實施軍事打擊。7月31日，負責國際安全事務的助理國防部長威廉·邦迪（William Bundy）在給參謀長聯席會議主席的備忘錄中，要求制定一項對中國核子武器製造基地進行常規的軍事打擊，推遲中國核試驗的計劃。經過幾個月的討論，參謀長聯繫會議一致認為，採取軍事行動是可行的，但建議考慮使用核子武器代替使用常規武器。 [237] 11月18日，參謀長聯繫會議主席泰勒（Maxwell Taylor）要求其成員考慮一項代號為「BRAVO」的非常規作戰計劃，目的是阻止或者延緩中國核子武器計劃的發展。由於這份計劃極為敏感，僅有一份供成員們傳閱，所以迄今為止該文件尚未解密，但是它所傳達的一個聲音就是準備對中國核設施進行外科手術式的軍事打擊。 [238]

　　另一種是以國務院為代表，主張理性面對中國核子武器計劃，試圖透過外交手段淡化或者削弱中國核試驗的影響。從1962年9月24日始，以國務院政策設計委員會羅伯特·強生為首，包括國務院、國防部、中央情報局和軍控與裁軍署等跨部門小組開始對中國核子武器計劃問題進行了一系列的研究，對美國政府後來理性面對中國核子武器計劃產生了極其重要的影響。從9月24日至10月15日政策設計委員會召開三次會議，討論題為《中共核裝置的爆炸及其核能力的發展》的文件提綱，並規定各章節的負責部門及其提交時間。 [239] 但實際上各部門的進度並不如羅伯特·強生最初所預想，

拖了大半年，直到1963年6月17日，他才提交了一份名為《中共核爆炸與核能力》的報告，該報告分為繁版和簡版。繁版長達221頁，主要作為成員研究報告或參考性文件，包括研究目的與範圍、中共尖端武器能力的發展、中共核爆炸和核能力的主要特徵、蘇聯立場、中共核開發和可能產生的影響、中共核計劃的軍事意義、美國在亞洲的軍事戰略和美國的政治戰略等八個部分。 [240] 但是考慮報告太長，羅伯特·強生又提交了一份簡版，或者稱為「政策聲明」，準備在6月21日的政策設計委員會上進行討論。羅伯特·強生的觀點與軍方的觀點形成了鮮明的對比。他認為在未來的一個不確定的時間裡，中國的核能力不會改變大國之間的真正力量關係，也不會影響亞洲大國軍事力量的平衡。由於中美在軍事力量上存在著巨大的差異，中國很難透過襲擊美國在亞洲的軍事基地來削弱美國，但是美國卻有能力摧毀中國的政治與軍事實體。美國現在甚至可以在亞洲部署核力量，更不用說提供戰略核力量了。一旦中國僅擁有較弱的運載手段，那麼它將不得不考慮在軍事危機時期美國先發制人核反擊的危險。正是因為中美之間存在著這種巨大的差異，中國絕不會首先使用核子武器，除非中國大陸面臨嚴重的軍事打擊。即使中國擁有一定的核能力和運載手段，首先發動核戰爭，美國在太平洋的核力量也能足夠摧毀任何中國的核能力。羅伯特·強生認為，中國與蘇聯不同，它不會進行大規模的軍事冒險，而只是在支持「解放戰爭」上進行低烈度的捲入。中國只是利用核能力來威懾敵人對其領土的攻擊，並把其作為一種心理影響，來削弱鄰國對共產黨叛亂的抵抗、阻止他們對美國援助的請求、向他們施壓以同意中國的要求等。中國在亞洲的目的有兩個：一是灌輸對其大國地位的恐懼以及在亞洲創造一種當前和未來優越地位的印象；二是強調其和平和防禦性目的，並表明是美國把核戰爭的危險帶到了亞

洲而中國發展核子武器是為了防禦。基於上述分析，羅伯特·強生建議，在制定軍事戰略方面要考慮下面兩點：（1）清楚地表明美國現有在遠東的核能力要遠遠超過中共，核力量的平衡現在不會改變，將來也不會改變；（2）要不斷地公開強調美國有意願和能力幫助那些不尋求核子武器但遭受威脅的國家。他特意強調針對常規入侵美國不要過分依賴使用核子武器，而要採取靈活的常規手段來應對。在政治戰略方面，羅伯特·強生建議美國應該向友邦國家再次做出承諾，此外也要強調其和平和建設性的目的。實際上羅伯特·強生報告的核心，就是認為由於中美之間在軍事力量上存在著巨大的差距，中國並不會對美國構成嚴重的威脅，當前美國所做的已經足夠，沒有必要再多做些什麼，也就是說，他反對軍事打擊計劃。[241]

由於政策設計委員會主任羅斯托（Walt Rostow）將在7月23日的計劃小組會議上討論中國核子武器計劃，羅伯特·強生根據其報告寫了一份簡要提交給他。這份簡要對其6月份提交的報告進行了精煉，去掉了所有關於美國對策的部分，而著重分析中國核能力的有限性。他認為在可預見的未來，中國尖端武器計劃不可能改變基本力量架構，中國地區性能力不能改變世界大國之間的根本關係，也不能改變亞洲軍事、政治問題的基本特徵；由於中美之間在軍事力量方面存在著巨大的差異，中國不太可能採取更加具有侵略性的行動；中國也不可能對美國或盟國基地進行核打擊，除非中國大陸面臨嚴重的打擊；中國也並不具備進行常規戰爭的無限能力，因此他們不太可能進行大規模的越境行動，而只是進行有限的邊境行動，特別是他們認為對其有利和與美國發生衝突的風險比較低的地區；儘管中蘇分裂，但是中國不會魯莽的使用軍事力量，它不僅害怕美國攻擊中國大陸，而且也渴望避免導致亞洲其他國家聯合起來

的行動。[242]

10月15日，國務卿政策設計會議召開，共有包括國務卿和來自其他政府部門的21位高級官員討論羅伯特·強生的報告。羅伯特·強生除了提交一份105頁的「中國的核爆炸與核能力」最終稿以外，為了大家理解方便，經過凝練，他還寫了一份10頁的「主要的結論和關鍵的問題」，供會議討論。其中「主要的結論」包括兩方面內容：（1）強調中國核能力的有限性。認為由於「中美核能力和易受攻擊性存在著巨大的差距，因此中國極不可能首先使用核子武器，除非中國大陸遭到了威脅當前政權的攻擊」。「無論美國的真實目的是什麼，只要中國擁有較弱的、易受攻擊的運載手段，那麼它將不得不考慮美國核反擊或常規反擊的危險」。「中國在動用軍事力量方面是極為謹慎的」，「他們把核能力作為一種威懾手段，並把其作為一種心理影響，來削弱鄰國對共產黨叛亂的抵抗、阻止他們對美國援助的請求、在亞洲內部和亞洲與西方國家之間進行挑撥」。（2）強調核試驗影響的有限性。關於中國核試驗的影響，羅伯特·強生認為「中國核能力將會對台灣反攻大陸造成一定影響，但是它不太可能對於台灣沿海島嶼採取嚴重的軍事行動，可能只是利用台海危機進行政治影響」。「亞洲潛在的非共產黨有核國家（澳大利亞、日本和印度），只有印度可能在可預見的未來尋求核能力」。「中國的核能力不會對美國駐韓和駐菲律賓基地構成影響，也不會對駐泰國基地造成影響。對駐日基地可能會有些影響，但劇烈的影響應該不會」。[243]

整體而言，會議參與者對羅伯特·強生的報告給予了充分的肯定，認為它是「一份富有創造力和想像力的文件」，並對文件的主要觀點表示了贊同，即「中共核能力將加強已有問題，而不是形成

一個全新的問題」.「從本質上說,中共一旦爆炸成功,將會立刻產生外交和政治上的問題,而不是軍事上的問題,中共可能會從新的實力地位出發採取一種更加和解的立場,等待其鄰國坐到談判桌上來」。但是對文件的一些觀點,與會者仍提出不同的看法。關於中國核能力的影響,他們認為對台灣的影響要比文件所說的還要困難,「例如它會嚴重影響台灣的士氣,損害國際社會對台灣政府的支持,還會因北平可能在沿海島嶼進行爆炸造成諸多的困難」。至於中國核能力是否會影響亞洲其他國家,與會者認為「中國並不需要一個龐大的核武庫來恐嚇亞洲鄰居,強迫它們在政治上達成有利於北平的妥協。中國只需威脅在加爾各答爆炸一顆原子彈,就能給它們帶來巨大的政治影響。中國可能希望把它們的核力量作為一種威懾力量,對付大規模的常規入侵」,「就其本質而言,真正的威脅仍舊來自常規武器而非核子武器」,因此建議文件「強調美國強大的常規能力」。關於對亞洲各國進行軍事援助,與會者討論了實際的困難。儘管文件強調「不打算提供大規模的援助,僅僅給予中等規模的援助」。然而事實上他們認為「鑒於軍事援助計劃資金的銳減,中等規模的援助也變得非常困難或不可能。如要想增加,至少需要精心制定軍事援助計劃,並努力遊說國會」。[244]

從程序來說,國務院當然希望把這份文件拿到國家安全委員會進行討論,雖說國務院並沒有具體通過,但是這份文件基本代表了國務院的看法。兩天后羅斯托又向助理國防部長保羅·尼采通報了這份文件及其會議討論情況,闡述了國務院的立場。[245] 11月5日由高級官員組成的跨部門規劃小組對經修改的羅伯特·強生報告進行了討論,並把討論情況向國家安全委員會成員羅伯特·科默爾(Robert W.Komer)進行了彙報。科默爾當天就向總統國家安全事務助理邦迪提交了一份備忘錄,闡述羅伯特·強生報告的主要觀

點,即「中共取得核能力將最多產生一些微不足道的影響,可能僅僅需要稍微加強現有計劃就可以應付得了」,「中國獲得幾枚核子武器後,他們在公開使用核子武器方面仍將保持謹慎,他們極不可能首先使用核子武器,而相反他們將把其核子武器視為對我們使戰爭升級的一種威懾」。針對關於對中國核計劃實施軍事打擊的言論,科默爾認為「如果他對文件理解正確的話,我們似乎應該很少有動機去這麼做」。關於羅伯特·強生報告,羅斯特希望參謀長聯繫會議發表意見之後,能夠提交到國家安全委員會進行討論,但是科默爾對此表示疑慮,他認為「這份文件還遠沒有成為一種能產生建設性討論的形式」,「目前的形式更適宜週末閱讀」。[246]

　　關於這份文件甘迺迪應該沒有看到,就在羅斯托推動國家安全委員會進行討論之際,甘迺迪於11月22日在達拉斯遇刺身亡。

五、讓詹森總統瞭解國務院的立場

　　和所有突然繼任美國總統的副總統一樣，詹森的外交經驗並不太多，他在任職副總統期間對於中國核子武器計劃問題並沒有太多的瞭解，有關美國的決策，甘迺迪也沒有讓他參與，所以他對中國核問題所知有限。

　　儘管政權交接太過突然，為了保持政策的連續性，詹森繼續沿用了甘迺迪政府的一大批高級官員，包括國務卿、國防部長以及總統國家安全事務助理等，但是也出現了一些新面孔，如副國防部長萬斯（Cyrus Vance）。為了讓新政府的重要官員瞭解國務院對中國核子武器計劃的立場， [247] 1964年1月21日，羅斯托致函國防部長麥納馬拉（Robert McNamara）、邦迪等人，首先介紹了羅伯特·強生報告的起草背景，並誇耀這份報告是一份「出色的文件」，「對於中共核能力，它提供了比我看到的其他手段更現實、更理性的看法」。然後他簡明扼要地闡述了文件的主要觀點，即「中國獲取的核能力，其軍事價值很少，除了抵抗對中國大陸的進攻以外，其價值主要是政治的，就是在亞洲製造一種恐慌，與此同時為北京採取行動宣稱發展核子武器的和平與防禦目的和尋求大國地位與國際承認創建一種聲勢」。基於此，「中共核能力將加強已有問題，而不是形成一個全新的問題，美國無需採取過於激進的政策，而只是調整現有政策和計劃就可以了」。 [248]

　　除了政府高級官員以外，更重要的要讓詹森總統瞭解國務院的立場。1月24日羅斯托又給邦迪寫了一份備忘錄，希望他能夠把10頁摘要轉交給總統。此外，由於去年末羅斯托曾提出在國家安全委

員會討論羅伯特·強生報告，但遭到了科默爾的質疑，此次在經過修改後，他再次建議國家安全委員會討論此問題，並最終能夠形成「國家安全行動備忘錄」（NSAM）。 [249] 關於羅斯托的兩點建議，科默爾支持第一項，即詹森總統應該瞭解國務院的立場，中國核試驗「主要不是軍事威脅，而是潛在的政治恐慌」。如果邦迪同意的話，科默爾說可以寫一份一頁的報告作為夜間讀物給總統。至於第二項建議，科默爾仍然不同意。他認為現在仍然沒有必要，不過他並沒有反對先在國家安全委員會常設小組內（NSC Standing Group）進行討論。 [250]

由於邦迪同意國務院可以向詹森總統進行彙報，從4月中旬開始，羅伯特·強生就在準備彙報材料。提交給總統的材料，必須簡明扼要。羅伯特·強生在1963年10月15日撰寫的報告太長了，長達105頁，即使10頁的「主要的結論和關鍵的問題」也不適合作為夜讀的材料讓總統閱讀。4月16日羅伯特·強生寫了一個草稿，包括概要與關鍵問題和討論兩個部分，這份草稿基本重述了「主要的結論和關鍵的問題」的觀點，甚至連頁數都沒變，最後連羅伯特·強生自己都覺得有些太長了。 [251] 直到4月30日，提交給總統的文件才最後完成。羅斯托在備忘錄中說，所附文件是「一份非常精煉的概要，基於羅伯特·強生去年所進行的重要計劃項目而提煉出來的」。與原稿最大的區別是，刪掉了討論部分，只剩下兩頁，所以羅斯托說「如果總統需要，可以提交更加詳細的文件」。文件首先扼要地預測了中國第一次核試驗的時間和特徵，認為「第一次核試驗可能在任何時間發生，但最有可能是在1964年末或更晚」。依據已知的鈈反應爐，中國「每年僅能生產1—2枚初級的武器」，由於初期的核運載手段只是過時的飛機，那麼中國很可能集中發展中程彈道導彈。關於中國核能力所帶來的影響，文件認為「政治—心理

效果要比直接的軍事效果更為重要。」這是因為，一方面「中國核能力與美國相比，存在著巨大的差距和脆弱性。中國可以使美國在亞洲的軍事力量遭到極大的損失，但還不至於癱瘓，而美國卻有能力摧毀中國。除非中國政權遭到毀滅性的威脅，否則他們不太可能首先使用核子武器，這也極大地降低了其利用核力量作為威懾手段的可信性。即使中國擁有有限的洲際運載能力，也無法消除這一差距」。另一方面，「中國希望核能力能夠削弱鄰國對共產黨叛亂的抵抗，阻止他們對美國援助的請求，對美國在亞洲的軍事存在施加政治壓力，為中國獲得大國地位謀求支持。在美國的利益稍微受到威脅的情況下進行威懾」。那麼針對上述分析，美國該如何應對？羅伯特·強生開出的藥方極為簡單，美國「不需要做出重大政策的改變」，具體說來他引用了4月14日「探討對中共核設施採取行動的可能性」的部分結論，即美國對中國核設施採取軍事打擊，並不是一個可取的方法，除非作為回應「中國進行大規模的入侵」而採取總行動的一部分。考慮到這個問題的重要性，羅斯托在其備忘錄中說「這是一個基於特別安全需要進一步深入研究的課題。」[252]

　　關於詹森總統閱讀後的反應，當前尚未見到有關這一方面的記錄，但是這份文件肯定會影響他對中國核能力的最後對策。此外國務院並沒有停止腳步，仍然繼續推進這份文件在國家安全委員會層面進行討論，並希望最終能夠形成官方決策。

六、詹森政府最後的抉擇

　　就在美國政府內部針對中國核能力該如何對策而激烈辯論時，中國第一次核試驗的準備工作已經進入到了最後時刻。7月中旬，美國情報部門發現，除了已經確認蘭州和包頭以外，又發現了與中國核子武器計劃相關的三處地方：一個是羅布泊，一個是青海湖，另一個是玉門。他們透過「科羅納」間諜衛星在7月13日拍攝的照片發現，在羅布泊地區建造的高塔以及大型圓圈，該地區還有許多帳篷和壕溝，離基地約18英里的輔助區還鋪設了4000英呎的飛機跑道；關於位於青海湖旁的大型綜合基地，美國情報部門從它所處的偏遠位置、高度的安全保障、設施明顯與中國的經濟計劃不相符和幾個與核能相關的設備來判斷，認定它一定與核子武器計劃相關。而靠近玉門的一處設施，最近透過衛星照片顯示的特徵，他們認為它可能也是一個核反應爐。至於已確認的蘭州和包頭兩處核設施，他們發現都取得了一些進展，甚至認為在包頭建造的反應爐是評估中國將來爆炸一枚鈈彈的關鍵因素。透過上述發現，美國情報部門認為「不排除中國在任何時刻爆炸他們第一顆核裝置的可能性」，但是當前仍沒有證據表明「中國正在為早期試驗進行準備，也不能確定中國為其核裝置已生產出必備的分裂材料。」[253] 7月24日中央情報局局長麥肯向詹森總統彙報了中央情報局的分析情況，坦言當前「我們無法預測中國何時爆炸一個核裝置，但是我們發現有5個與中國原子能計劃有聯繫的裝置分別處於不同的裝配和運作階段，因此我認為中國已經克服了某些因蘇聯撤走技術援助而帶來的問題，並有所進展。」[254]

對於中國核子武器計劃的缺乏瞭解，很快就在8月26日的特別國家情報評估上體現了出來。這份題為「共產黨中國即將進行核爆炸的可能性」的文件是一個前後矛盾的報告。一方面從羅布泊核試驗場來看，顯然中國已經準備就緒。透過「科羅納」衛星在8月6日至9日對中國核試驗基地的偵察，他們認為「以前曾被懷疑的、靠近新疆羅布泊的設施就是一個核試驗基地。有關設施的建設包括一個60度弧形、直徑19600英呎的斷層狀設施，中間是高度為325英呎的塔狀物（首次發現於1964年4月的照片）。塔形建築附近有燃料箱和檢測儀器正在施工。建設速度及其外觀表明該試驗場將在大約兩個月左右後準備投入使用。其特徵表明，該場地同時可為檢查和武器效果試驗做準備」。另一方面從核裝料來看，他們所認定的鈽對於中國立即進行核試驗又是不充足的。包頭反應爐是唯一被確認的生產反應爐，其主體工程已基本完成，可能在1963年或1964年投入使用。因此他們判斷「即使沒有遇到太大的困難，在包頭的反應爐進行運行之後，核裝置準備進行試驗至少需要18個月，更可能要兩年的時間。如果包頭的反應爐不早於1963年底運行，如果這是中國唯一一個正在運行的生產用反應爐，那麼試驗的最早時間可能是1965年中」。至於其他的分裂物質來源，他們認為如果有的話，「這可能是較大的水冷式生產用反應爐」，也許位於「四川的某些地區」。「這種反應爐可能於1962年或1963年投入運行，這樣到今年年底可為核試驗提供充足的鈽」。此外他們也排除了當前蘇聯提供給中國分裂材料的可能性。顯然他們認識到這個問題，因為「試驗場已處於準備狀態與幾乎沒有一個準備用於試驗的裝置是不一致的。從技術上說，在實際試驗前幾週並不需要組裝如此多的儀器」。但是他們又「無法從現有照片資料中判斷出有關設施是否已達此階段」，所以在最後美國情報人員不得不把兩種情況都羅列了

進去，並綜合上述因素，判定中國不可能在1964年底以前進行核試驗。 [255] 對於這份前後矛盾的國家情報評估，當然有人不同意。國務院情報研究局艾倫·惠廷（Allen Whiting）相信「科羅納」衛星的偵察，他認為如果不是中國的核試驗已經臨近，中國不可能費力在羅布泊建造一座試驗塔，人們也不可能在衛星圖像中看到試驗塔的痕跡，他預測中國的核試驗可能將在1964年10月1日進行。 [256]

為避免中國核試驗所帶來的心理衝擊，美國政府決定做好輿論引導工作。首先，透過各駐外使館的努力削弱中國核試驗帶來的巨大心理影響。7月2日美國向駐亞洲國家的大使館發去一封電報，要求各使館提供情報以便美國進行一場削弱中國核試驗心理影響的運動。有關情報應該涉及對中國核試驗的瞭解情況、當地官員和消息靈通人士的態度等。這份電報還附上了有關中國領導人最近關於中國核子武器計劃的一些言論。 [257] 其次，美國政府準備發表官方聲明。從8月初開始政府內部一些官員開始敦促高層儘早進行公開聲明，以免陷入不利的處境。8月10日國家安全委員會成員比爾·布魯貝克（Bill Brubeck）致信邦迪，認為「如果中國從現在到11月期間進行核試驗，那麼對於我們來說會不可避免地產生一些政治問題」，雖然「我們已經透過駐外使館和新聞總署事先發表公開聲明等措施做了許多努力」，但是他認為「如果詹森總統能夠利用一些機會，如在記者招待會上次答問題，駁斥任何這種核試驗所帶來的影響，表明我們知道它將在任何時刻發生，但它的影響會非常小，我認為那麼這是值得的」。 [258]

除了做好輿論引導工作以外，詹森政府需要做出最後的抉擇。9月15日，魯斯克、麥納馬拉、麥肯、邦迪與詹森總統在午餐會上一起討論了如何對待中國核子武器的問題。會後大家一致認為：

「（1）不贊成此時無緣無故地針對中國核設施採取單方面軍事行動。寧可讓中國進行核試驗，也不願此時發動這種行動。如因其他原因我們必須面對與中共的軍事對抗行動，我們願密切注意對中國核設施採取適當軍事行動的可能性。（2）我們認為，如蘇聯政府願意，則存在著許多與之採取聯合行動的可能性。這些可能性包括警告中國停止試驗，承諾放棄地下試驗，如中國進行試驗則使其負有責任，甚至包括同意共同採取預防性的軍事行動。我們一致認為國務卿應與多勃雷寧大使盡快進行私下探討。（3）我們都認為應對中國核試驗設施採取更多的使用國民黨標識和飛行員的飛機偵察。下午麥肯拿出了一份實施這種飛行計劃的建議。」[259] 從最終決策來看，這次高層午餐會上所達成的共識與羅伯特·強生的觀點基本一致，表明他所代表國務院的立場在美國對待中國核子武器計劃的對策上扮演著極為重要的角色。

但是應該指出的是，美國決策層不贊成對中國核設施進行先發制人的軍事打擊，並不意味著爭論就此停止。9月8日國務院官員亨利·歐文（Henry Owen）曾把羅伯特·強生在6月1日所提交的那份題為《中共核能力和針對核擴散問題的一些「非正統」方法》的報告轉發給國防部國際安全事務辦公室的亨利·羅恩（Henry Rowen），準備在規劃小組進行討論。[260] 9月17日規劃小組召開會議討論如何對待中國核爆炸問題，關於先發制人的軍事打擊方案再次成為爭論的焦點。在這次會議上，羅恩對於羅伯特·強生的報告提出了強烈的質疑，他認為許多人之所以持有過於樂觀的態度，主要是因為他們過多地從近期的角度思考問題。他說「確實中共在長期不會具備強大核能力；他們不會因為具備初步的核能力就發動突然的新侵略行動；其他亞洲國家也不會出現任何嚴重的恐慌反應，但是從更長的時間段來說，例如15年，這種影響就是非常可怕了」。他以蘇

聯為實例來證實自己的觀點,「蘇聯進行第一次核試驗已經15年了,在這15年裡蘇聯的實力取得了增長,甚至影響了史達林發動韓戰上的決定,並對我們的政策、態勢以及國防預算等產生了巨大的影響」。中國雖然「在資源上要比1949年的蘇聯匱乏得多,但是一旦他們具備核能力,要比蘇聯更具冒險性,沒有理由不相信中國會在未來15年內開發初級的洲際彈道導彈」。至於中國核試驗所帶來的影響,「會增加使我們做出新援助承諾的壓力,在部分感到受到威脅的亞洲國家中產生重大的抵抗性行為,如印度可能在一年內開發自己的核能力,也是驅使我們進行耗資300億美元民防計劃的決定性因素,此外還有一個風險就是在處理核技術方面,中國比美蘇更加隨意,他們已經向埃及的納瑟做出了暗示」。針對上述分析,羅恩認為美國使用有限的常規空襲摧毀兩處關鍵的中國核設施在技術上是可行的。「我們可以把這種行動作為完全公開的事情來處理並加以進行辯護,或者抓住在東南亞發生一次大規模爆炸的任何時機,或者進行祕密地襲擊」。羅恩認為「這樣一種破壞性行動可以使我們得到2至5年的延緩時間,也會阻礙中國的重建,這是非常重要的」。對於軍事行動所引起的反應,羅恩認為「蘇聯私下裡會贊同,但公開會表示不滿,然而我們可以事先說服他們」;「中國可能會做出針鋒相對的反應,儘管不清楚他們在何處所做最為有效」;「其他地區可能會產生一種恐慌,認為美國正在懲罰一個尋求擁有核能力的較小國家,但是這不一定是件壞事,當危機過去之後最初的恐慌可能很快化為一種安慰」。

對於羅恩的觀點,羅伯特·強生進行了駁斥。他認為「把中國與蘇聯相比較是不恰當的,當前的中國遠遠不如15年前的蘇聯」,此外「中國核爆炸不會產生更多的影響,除了心理方面以外。美國仍然具備巨大的核優勢,作為一種威懾,也許會成為有效的對抗力

量。如果中國在一場危機中炫耀他們導彈，他們不得不考慮美國的先發制人的打擊；如果他們使用核子武器，將會面臨美國大規模的報復。」當然羅伯特·強生承認中國核試驗導致核擴散是當前對中國進行先發制人的軍事打擊爭論的重要原因，但是除此之外，是否還有其他的選擇？首先，他提到了一些解決方案，如各種武器控制、宣傳計劃以及美國的新承諾等；其次，對中國進行先發制人的打擊就能阻止其他國家核擴散？他列舉了以色列的例子證明其發展核能力與中國無關；最後，一次性的軍事打擊根本解決不了問題，僅僅使中國核計劃延緩一段時間，對於美國來說實施兩至三次的軍事打擊是非常困難的。

有意思的是，在這次規劃小組討論會上，羅斯托詢問中情局副局長里查·赫姆斯（Richard Helms）的態度，他說他幾次試圖在白宮提出關於對中國核設施進行軍事打擊的方案時，都被告知「緘默不言」。科默爾懷疑當前是否有一些計劃正在進行之中，如果是這樣的話，最好的掩蓋辦法是放出風來，即美國在這個問題上已做出了否定的決定。[261] 顯然規劃小組成員還不知道9月15日高層午餐會已經做出了決定。

規劃小組的這次會議爭論得異常激烈，關於軍事打擊方案上雙方各執一詞，雖然國務院占據了一定的優勢，但是顯然並沒有完全說服軍方。直到中國核試驗前，代表軍方的羅恩仍然繼續強調「中國核威脅論」。在他所撰寫的一份報告中，描繪了一幅對於美國人民來說極為可怕的藍圖。「中國的核子武器研製開發已有約10年了，現在他們準備進行第一次核試驗，當其完成全部設施建設之後，他們每年能製造30—50枚原子彈，其當量可能在20—100千噸之間，儘管當前還不能用於導彈的運載。第一次核試驗後，隨著不

斷的核試驗，他們能夠提高其核子武器的設計。到1968年，中國可能進行第一次氫彈試驗，帶有彈頭的近程彈道導彈也將隨後被製造出來。到1970年，中國將會擁有對準亞洲城市的帶有核彈頭的彈道導彈。到1975年，中國將會掌握洲際彈道導彈能力，他們有能力摧毀舊金山、芝加哥、紐約和華盛頓。隨著洲際彈道導彈能力的增加，他們能夠威脅歐洲全部，包括駐歐洲的美軍。那麼5年後如果這種能力繼續擴大，美國有必要思考一旦與中國發生嚴重的衝突將導致一千萬人死亡的境地。那麼未來美國總統將被迫與中國一起處理世界問題。當然上述預測的時間可能有些變化，但如果中國按照以上步驟進行的話，或早或晚一定會實現」。針對上述預測，羅恩認為「中國試圖把美國從亞洲趕出去，儘管直接攻擊似乎不太可能，但是即使很小的核力量其威懾肯定是巨大的。隨著中國核儲備的增長，越來越多的尖端武器被試驗出來，美國的基地和盟友將面臨巨大的壓力」。顯然是針對羅伯特·強生的觀點，他最後指出「儘管中國擁有了核子武器，大國力量平衡之間不會出現顯著的變化，但是這仍將是重要的、潛在的危險。我們將在未來幾年裡會感受到這種發展所帶來的巨大結果」。 [262] 關於軍事打擊的爭論實際上一直持續到中國第一次核試驗之後，但是在詹森政府內部，占主流的仍是以羅伯特·強生為代表的國務院，而他們觀點也被美國決策層所採納。

七、理性應對中國第一次核試驗

按照9月15日高層午餐會所做出的決定，詹森政府開始在以下幾個方面著手進行準備。

首先，試探蘇聯的立場。當前尚未見到國務卿與蘇聯駐美大使多勃雷寧的會談記錄，但是從9月25日邦迪約見多勃雷寧的記錄來看，美國的打算再一次落空。在這次會談中，邦迪竭力使多勃雷寧認識到中國的核威脅，並表示如果蘇聯同意，美國準備就這個問題採取什麼樣的對策進行嚴肅的對話。但是令邦迪失望的是，多勃雷寧婉言拒絕，認為中國的核子武器對於美國和蘇聯來說都沒有什麼重要性，只不過會對亞洲產生一些心理影響罷了。此外多勃雷寧把中蘇之間的分裂歸咎於毛澤東的自大，但是他仍然強調從長遠來看兩國將恢復和睦相處。[263]

其次，詹森政府透過發表聲明和事先向各國「透露」消息以減弱中國核試驗所帶來的心理衝擊。9月26日羅斯托向魯斯克提出如下建議：（1）未來兩三天內由高層官員發表講話，表明美國預先知道中國即將進行核試驗；（2）建議發出電報給適當的機構，要求美國外交使團告知駐在國政府，中國可能將在10月1日國慶節進行核試驗，並尋找他們反應的具體計劃情報。[264] 根據羅斯托的建議，亨利·歐文準備了一份電報草稿，其內容主要包括向駐在國政府通報中國可能將在10月1日進行核試驗；重申美國對中國核試驗與核能力意義的表述，一般性地闡述美國對中國核試驗的預測與反應；確保駐在國政府以正確的方式對待中國核試驗的新聞。[265] 9月29日國務院發言人羅伯特·麥克洛斯基（Robert McCloskey）

宣讀了以魯斯克為名義的官方聲明，聲稱中國核試驗「將會在不久的將來進行」，但是「第一枚核裝置的爆炸並不意味著存儲核子武器和具備現代運載系統」。「美國完全預見到中國進入核子武器領域的可能性，並在決定我們的軍事態勢和我們的核子武器計劃上給予了充分的考慮」。[266]

第三，情報部門繼續對中國核子武器計劃進行偵查。在9月15日的高層午餐會上，麥肯提到了5天前召開的美國情報委員會會議上再次提出的執行U-2飛機方案，但是魯斯克仍然沒有同意，他認為「從政策觀點來看，關於中國何時進行核試驗的有限情報是不重要的，因為他知道這遲早要發生，即使獲得有限的情報，美國也不要採取任何政治行動」。對於魯斯克的態度，麥肯辯稱「如果能夠掌握到一些有限的情報，我們無法想像美國不能採取一些行動，例如魯斯克可以和葛羅米柯或者多勃雷寧會談、詹森總統和赫魯雪夫私下溝通、美國也可以與歐洲和遠東的盟國進行討論、政府可以透過有意向新聞界洩漏一些訊息的方式表明某種立場」。最後大家都同意「如果U-2任務失敗，其帶來的窘境和後果將大於所得」，不建議執行此任務，但最後決斷取決於總統。會議下午繼續進行，總統最後批准了「泰克里─羅布泊計劃」，即從泰國泰克里美國空軍基地出發，到羅布泊的U-2飛行計劃。[267] 10月5日，決策高層繼續對U-2飛行計劃進行討論。麥肯展示了一幅KH-4衛星圖片，並指出「U-2飛機可以對羅布泊計劃的最後階段提供精確的情報，這樣我們可以估計核爆炸的時間。」考慮到魯斯克的態度，他說「除非有關核爆炸的時間情報對於總統和國務卿具有重大價值，否則不建議執行此飛行任務，因為U-2飛機須縱深達到其飛行的最大限度，而沿途又無其他重要目標可供偵查。」魯斯克繼續反對這項計劃，任務其「價值不大，而且不必要跨越緬甸和印度飛行」。[268] 從

10月8日中央情報局發往台灣的一封電報來看，這項U-2飛行計劃最終被取消，其原因主要有三：一是大選臨近，如U-2飛機被擊落，將造成巨大的風險；二是技術的改進，衛星圖片的質量已超過U-2飛機；三是魯斯克的聲明。這些因素都導致U-2飛行計劃已經失去了價值。儘管U-2飛行計劃沒有得到通過，但是中情局對中國核計劃的分析卻是越來越詳細。直到中國核試驗的前一天，中央情報局全面推翻了8月26日特別國家情報評估的預測。中央情報局科技情報處助理局長張伯倫（Chamberlain）在給中央情報局副局長卡特（Carter）的備忘錄中，指出中國很可能要在羅布泊進行核試驗。衛星照片顯示「羅布泊核試驗基地的準備工作基本全部完成，包括一個高達340公尺的鐵塔，以鐵塔為圓心在9800公尺、16000公尺、23000公尺和33000公尺的圓弧處分別設置的實驗儀器，在9800公尺圓弧處還建立了兩個小塔，它們之間相距905公尺。」「從基地建築完成的順序來看，計劃中的核試驗馬上就要進行。」備忘錄中還談到頻繁往來的飛機也於1963年9月停止，當時基地建設差不多已經完畢；1964年9月，飛機又恢復飛行，可能意味著基地已經進入到最後的準備階段。張伯倫還指出，透過對包頭的反應爐進行重新評估後發現，到1963年為止，足夠供應反應爐的初步和預備電力線路已經鋪設完畢。而還可能存在分裂物質的地方是玉門附近的一個大型建築物，這棟建築物的一個房間可能藏有一個小型的、正在運行的反應爐。綜合上述因素，張伯倫認為「我們不再相信中國獲得鈽物質的證據能夠說明1964年8月達成的總體判斷是正確的。我們認為，羅布泊的證據表明試驗隨時都有可能發生，最可能在未來6至8個月內的某個時候進行。」[269]

  10月16日，中國進行了第一次核試驗。同時聲明：中國政府一貫主張全面禁止和徹底銷毀核子武器，中國進行核試驗，發展核子

武器，是被迫而為的。中國掌握核子武器，完全是為了防禦，為了保衛中國人民免受美國的核威脅。在任何時候、任何情況下，中國都不會首先使用核子武器。 [270]

八、結論

　　整體來說，在甘迺迪總統任期內，與柏林問題、古巴問題相比，中國核子武器計劃並非其迫切的核心問題。雖說甘迺迪多次對中國核問題表示擔憂，甚至誇張地說「1960年代最大的事情可能就是中國進行核子武器試驗」，但是他對待中國核問題一直持謹慎態度。甘迺迪政府對待中國核子武器計劃的政策選擇，大體可分為以下四種方案：一是核擴散，鼓勵亞洲國家，尤其是印度和日本發展核子武器，以削弱中國在亞洲的影響；二是與蘇聯合作簽署部分禁止核試驗條約，阻止中國發展核能力；三是對中國核設施進行軍事打擊，包括與台灣合作；四是透過外交、宣傳等手段，強調美國的核優勢，貶低中國的核能力。為了搶在中國之前進行核試驗，而鼓勵某些亞洲國家發展核子武器，這與美國的核武禁擴政策相牴觸，在國務院內部就遭到了否決；而對於與蘇聯合作，甘迺迪確實抱有了很大的希望，甚至把與蘇聯進行禁止核試驗談判的主要目的，說成就是阻止和延緩中國的核開發，並派遣蘇聯問題專家哈里曼作為特使赴莫斯科進行談判，談判第一天就指示哈里曼在對付中國核子武器計劃問題上尋找與蘇聯合作的機會。然而希望越大，失望也越大，蘇聯的態度並不積極；台美合作方案，事實上台灣更為積極，甘迺迪多少有些疑慮，一方面害怕被台灣拖下水不得不與中國一戰，另一方面害怕台灣反攻大陸導致中蘇和解，這兩個局面都是甘迺迪不願意見到的。至於學者們關注的先發制人軍事打擊方案，主

要來自於軍方，而國務院以政策設計委員會官員羅伯特·強生為主，則強調中國核能力的有限性，認為中國並不像人們所擔心的那樣魯莽行事，美國現在所採取的措施已經足夠，沒有必要考慮軍事打擊計劃。中國核試驗後，美國應該向盟國確認美國的安全承諾，以消除中國擁有核子武器後對周邊鄰國造成的心理和政治壓力。關於1963下半年軍事打擊方案的內部爭論，也僅僅是爭論，並沒有提交到國家安全委員會上進行討論，由於甘迺迪的突然遇刺，我們無法瞭解他的真實想法，不過從上禁止和徹底消滅核子武器》（1964年10月17日），這是以國務院總理周恩來名義發出的致世界各國政府首腦的電報，《人民日報》，1964年10月21日。上述中國官方文件也可見中共中央文獻研究室編：《建國以來重要文獻選編》（第十九冊），中央文獻出版社，1997年版；《關於發展原子能事業、反對使用核武器文獻選載（1955年1月-1965年5月）》，《黨的文獻》，1994年第3期，第13-27頁。述分析來看，甘迺迪一直保持著理性的態度，對中國核設施採取軍事打擊應該不是他的最佳選擇。

　　詹森匆匆上台，繼承了甘迺迪遺留下的許多政治遺產，包括中國核子武器計劃問題。不過與精力充沛、風度翩翩的甘迺迪相比較，作為深諳世故的老牌政客詹森，在處理問題上更加穩重、謹慎。他基本上沒有對中國的核子武器計劃做過公開的評論，更很少談論對策。當然在詹森政府繼續存在著軍事打擊的聲音，但這僅僅是眾多選擇方案之一。邦迪多年後曾著書談到了這一問題，他說「華盛頓討論了對中國的原子彈採取先發制人的行動的可能性——僅僅是討論，不是嚴肅的計劃或確實的意向」。[271] 應該來說邦迪還是客觀的，有學者過於強調美國的軍事打擊方案，認為美國政府不僅僅是「討論」，是有些偏頗的。[272]

那麼為什麼詹森政府沒有採取對中國核設施進行先發制人的軍事打擊？首先從成本收益來說，美國軍事打擊政策得不償失，在政治上不僅會遭致國際社會的譴責，在技術上由於無法掌握中國核計劃的真實情報，還會導致中國的核報復。因此對於決策者來說，在沒有中國明顯侵略的情況下，甘冒政治與軍事雙重風險是完全沒有必要的。其次是國內大選的因素。由於1964年是大選年，共和黨候選人高華德（Goldwater）在越南戰爭以及中蘇等問題上態度強硬，詹森總統試圖在選民中樹立一個愛好和平的形象，因此他不希望由於對中國核設施進行軍事打擊而導致大選的失敗。第三是越南戰爭因素。當時詹森政府正處於越南戰爭的關鍵時期，總統及其高級顧問都極力避免美國採取過激行動，從而刺激中國捲入越南戰爭，就如韓戰那樣。越南內戰導致中美直接軍事對抗，這是詹森政府最不願意看到的局面。

綜上所述，美國對中國核子武器開發最終採取理性的對策，默認中國成為第五個核大國這一客觀事實，也反映了美國對華遏制政策進入到了死胡同。此後隨著中國實力的日益提高，改變僵化的美國對華政策越來越成為一種趨勢。中國第一次核試驗實際上為美國政策的轉變提供了一個契機，雖然詹森政府並沒有完全改變對華的敵視態度，但是其後期實行的「遏制而並不孤立」的政策卻為尼克森政府實現中美關係的改善奠定了基礎。

從核威懾到核對話：美國對中國核計劃的對策研究

　　1999年9月18日，在慶祝中華人民共和國成立50週年之際，中共中央、國務院、中央軍委對當年為研製「兩彈一星」 [273] 作出貢獻的23位科技專家予以表彰，並授予於敏、王大珩、王希季、朱光亞、孫家棟、任新民、吳自良、陳芳允、陳能寬、楊嘉墀、周光召、錢學森、屠守鍔、黃緯祿、程開甲、彭桓武「兩彈一星功勳獎章」，追授王淦昌、鄧稼先、趙九章、姚桐斌、錢驥、錢三強、郭永懷「兩彈一星功勳獎章」。在這次頒獎大會上，中共中央總書記江澤民指出，「在新中國波瀾壯闊的發展歷程中，五、六十年代是極不尋常的時期。當時，面對嚴峻的國際形勢，為了抵禦帝國主義的武力威脅和打破大國的核威懾、核壟斷，盡快增強國防實力，保衛和平，黨中央和毛澤東同志審時度勢，高瞻遠矚，集思廣益，運籌帷幄，果斷決定研製『兩彈一星』，重點突破國防尖端技術，作出了對人民共和國的發展和安全具有重大戰略意義的英明決策。經過幾代人的不懈努力，現在中國已成為少數獨立掌握核技術和空間技術的國家之一，並在某些關鍵技術領域走在世界前列。」 [274] 這是中國政府第一次公開表彰曾經參與「兩彈一星」事業的科學家，至此，那一段塵封的歷史也逐漸走近了人們的視野。

　　中國發展核子武器 [275] 與美國有著緊密的關聯。美國是世界上第一個擁有核子武器的國家，是迄今為止唯一在戰場上使用過核子武器的國家，也是最早利用核威懾作為外交手段限制對手的國家。美國曾多次對中國進行核威懾，如果沒有美國威脅的話，中國

不會那麼早的選擇核子武器開發之路。當中國為了保衛自己的國家安全，果斷制定核子武器研發的戰略決策後，美國政府絞盡腦汁，試圖把中國的核子武器計劃扼殺在搖籃裡，甚至在美國政府內部有不少政客叫囂對中國核設施進行先發制人的軍事打擊。迄今為止，沒有一個國家如中國這樣在冷戰期間遭到美國如此多次的核威懾，也沒有一個國家如中國這樣在經濟、技術如此薄弱的不利情況下，奮起直追，經過不到十年的努力，就成功進行了第一次核試驗，成為核俱樂部的一員。

然而到了1960年代末，隨著中美關係的逐步改善，美國對華核政策也發生了巨大的變化。美國不再謀求單純對中國核子武器計劃進行遏制，而是透過接觸，試圖把中國納入到國際核軍控體系上來。在中美高層對話中，為了誘使中國加入到國際核軍控體系，美國甚至定期向中國通報美蘇核軍控談判的細節，這在國際關係中也是不多見的。

一、國外學術界研究現狀

1.早期研究現狀（1950年代末――1980年代末）

美國學者很早就開始關注中國核子武器計劃的發展。早在1950年代中後期，美國著名思想庫蘭德公司（The RAND Corporation）就開始對中國核問題進行研究，其中最著名的學者當屬愛麗絲·蘭利·謝（Alice Langley Hsieh），她發表了一系列關於中國核問題的論文，著重探討中國發展核子武器的原因、中國的核戰略與核政策、中蘇核關係等。 [276] 1962年她出版了《核時代的共產黨中國戰略》一書，是最早一本對中國核戰略進行系統分析的學術專著。該書把中國發展核子武器計劃分為三個階段：第一階段從1945年至1954年，中國領導人把核子武器視為「紙老虎」，蔑視核子武器的作用；第二階段從1954年至1957年，由於美國不斷對中國進行核威懾，中國領導人開始重新評估核子武器的作用，在蘇聯的幫助下開始研製核子武器；第三階段從1958年開始，強調中國核子武器發展與蘇聯的緊密關聯，並預測1962年或1963年中國將進行第一次核試驗。 [277]

另外一位早期研究中國核戰略的學者是哈佛大學教授莫頓·哈普倫（Morton Halperin），1962年他在福特基金會的資助下，開始對中國核問題進行了深入地研究，發表了有關中國核戰略的文章，[278] 並在此基礎上於1965年出版了《中國與原子彈》，其實他早在中國第一次核試驗之前就已經寫好初稿，但後來經過大範圍的修訂，特別是對已加入到核俱樂部的中國進行了考察。該書以中美關係的敵對為切入點，分析中國進行核試驗的原因、中國核戰略的演

變並為美國的對策提出了一些建議，特別是關於未來的美國軍事態勢和在亞洲的政策。作者警告美國在遠東地區承擔義務的任何收縮，似乎都不能足夠應對中國的核爆炸，因此他認為美國必須在不採取直接軍事打擊的情況下，做好在1960年代或1970年代應對中國核力量的準備。當然作者也強調了中國行為的謹慎性，避免與美國進行直接的軍事對抗。[279]

中國進行第一次核試驗後，在美國學術界出現了一個研究中國核問題的高潮。《中國季刊》在1965年第一期發表了一組文章，對中國核戰略進行研究。威廉·哈里斯（William R.Harris）在《中國的核戰略思想：核武器發展的前十年（1945—1955）》一文中，認為儘管中國對核技術給現代戰爭及其對外政策帶來的影響認識較晚，但是在許多方面它的戰略觀還是與大國保持了一致。韓戰使中國對毛澤東軍事思想進行了謹慎的重新評估，中國開始對戰略進行調整，開發與研製核子武器，使得中國獲得了獨立的核力量。[280] 莫頓·哈普倫則把中國發展核子武器計劃的動機歸納為四點：針對美國攻擊而建立更加有效的威懾、增強在共產主義世界的威望、支持民族解放運動和在亞洲建立中國霸權。那麼對於中國核試驗，他認為可能導致兩個危險問題的出現，一個是核擴散的問題，另一個是美國或許蘇聯可能對中國核設施進行軍事打擊。[281] 美籍華人邱宏達發表了《共產黨中國對核試驗的態度》，認為中國對於核試驗的立場是，任何讓步都必須以全面禁止核子武器為前提，反對把禁止核子武器問題與常規裁軍相掛鉤。而美國則不可能接受進行核裁軍而不同時削減常規武器的建議，因此在可預見的將來中國不可能參加任何裁軍談判。[282]

隨著中國核能力的發展，仍有一些學者繼續關注這一課題。喬

納森·波拉克（Jonathan D.Pollack）於1972年發表了《中國人對待核武器的態度》一文，他以公開的中國文獻為研究基礎，從中國核試驗、核擴散與軍控、外部威脅等方面，分析1964年至1969年中國人對待核子武器的態度，認為中國受到美國和蘇聯的軍事優勢——特別是核優勢、周邊鄰國對中共發展核子武器的反應和不結盟與共產主義國家政策的影響。中國發展核子武器的目的是一方面為了減輕敵對的且具有優勢能力的美國和蘇聯的威脅，另一方面為了穩定或者改善與非核國家的關係。[283]

這一階段，學者們主要透過已公開的中方言論、政策聲明以及報刊資料等，分析中國進行核子武器計劃的原因、中國核試驗的影響，並提出了一些建議和對策。確切地說這些成果應該屬於當時的時政研究，由於缺乏足夠的資料，不可避免在分析美國與中國核子武器計劃的關係上存在不足。

2.當代研究現狀（1980年代末——）

早期從史學角度關注美國與中國研製戰略核子武器計劃是史丹佛大學教授張少書（Gordon Chang），他於1988年發表了《肯尼迪、中國與原子彈》一文，1990年這篇文章收錄到他的專著《朋友與敵人：美國、中國與蘇聯（1948—1972）》裡。張少書教授利用當時僅有的文獻資料，從美、蘇、中三國關係入手，第一次透露了甘迺迪及其顧問們曾考慮與蘇聯合作使用武力摧毀中國的核設施。[284] 但是在同一年，曾擔任甘迺迪和詹森政府的國家安全事務特別助理麥克喬治·邦迪（McGeorge Bundy）在其著作中對該觀點予以反駁，闡述當時探討對中國核設施採取先發制人的軍事打擊「僅僅是討論，不是嚴肅的計劃或確實的意向」。[285] 第一部系統介紹中國研製核子武器的決策過程及其歷史意義莫過於美國史丹佛大學

國際戰略研究所所長約翰·路易斯（John Wilson Lewis）和史丹佛大學國際安全和軍備控制研究中心薛理泰（Xue Litai）合著的《中國原子彈的製造》，該書以當時公開的中國文獻為基礎，全面分析中國實施核計劃的原因，闡述生產原子彈所需分裂材料和設計、製造、試驗原子彈和氫彈的過程，著重描繪酒泉原子能聯合企業、蘭州氣體擴散廠、西北核子武器研究設計院和羅布泊核試驗基地等重要核設施和單位的情況，並高度讚揚了中國核事業建設者們兢兢業業、任勞任怨的創業精神和聰明才智。 [286] 近些年兩位學者繼續關注中國的核政策與核戰略，他們認為中國的核政策具有持久性和公開性，而中國核戰略則具有相對模糊性。 [287]

1990年代中後期，隨著美國官方文件（《美國對外關係文件》Foreign Relations of United State）的解密，圍繞著中國戰略核子武器計劃的美國原始檔案逐漸增多。 [288] 此外以獨立研究機構國家安全檔案館（The National Security Archive）為代表，也公布了一系列有關1960年代至1970年代相關中國核子武器計劃的文件，包括《美國、中國和原子彈》、《美國和中國核子武器計劃（1960—1964）》和《中國核子武器計劃：情報收集與分析問題（1964—1972）》。 [289] 與此同時，華盛頓威爾遜國際學者中心冷戰國際史項目（ColdWarInternationalHistoryProject）與國家安全檔案館合作，於1996年編輯了關於美國對中國開發核子武器政策的文件集。 [290] 1998年國家安全檔案館高級研究員威廉·伯爾（William Burr）出版了《基辛格祕錄》，收錄季辛吉作為國家安全事務特別助理和國務卿所參與的中美蘇高層對話，首次披露了在尼克森政府和福特政府時期中美之間在核軍控問題上對話的詳細內容。 [291]

此後隨著網路的發展，越來越多的美國外交文獻可在網上公開

查閱。根據美國「訊息自由法」（The Freedom of Information Act，FOIA），中央情報局在其官方網站上開設了電子閱覽室，公布部分文件，以便學者查閱。這些文件以PDF格式出現，且不斷更新，其學術價值很大。關於中國軍事方面的評估報告基本上都可在該網站上查閱，其時間甚至有1990年代的。 [292] 2004年10月美國國家情報委員會（National Intelligence Council）出版了一套文獻彙編，共71份文件，內容涵蓋中央情報局自1948年到1976年間對中國大陸的評估和預測，其中直接與中國軍事相關的文件就有20份，特別是有關中國尖端武器的國家情報評估（NIE）和特別國家情報評估（SNIE）。這些文件與《美國對外關係文件》所收錄文件最大的不同在於其完整性，雖然許多文件仍有部分內容尚未解密，但是它要遠比《美國對外關係文件》詳盡。 [293]

此外值得一提的還有兩套數據庫，美國Thomson Gale公司開發的數據庫「解密文件參考系統」（Declassified Documents Reference System，簡稱DDRS）共收入美國政府各相關決策機構的各種解密文件約80000份，超過50萬頁。涵蓋了整個冷戰時期，包括這一時期發生的幾乎所有重要的國際和美國國內事件，如冷戰、越戰、外交政策演變、民權運動等等。文件種類有行動指令、評估報告、電報、會議紀要、國家安全研究備忘錄、國家安全行動備忘錄、日記、總統指令、信件等。特別需要強調的是，DDRS每年都以幾千份文件的速度增補，這些增補的文件中有的是新文件的解密，有的則是把已解密文件中的刪除部分再次解密，因而對於學術研究意義重大；另一個是美國ProQuest公司與國家安全檔案館共同開發的數據庫「數位國家安全檔案」（Digital National Security Archive，簡稱DNSA），其特點是文件按專題歸類，現有37個專題，其中有關中國戰略核子武器計劃的文獻主要集中在《中國與美國：從敵意到接

觸（1960—1998）》、《美國對大規模殺傷性武器的評估：從第二次世界大戰到伊拉克》和《美國核不擴散政策（1945—1991）》以及最新公布的《美國情報與中國：收集、分析與祕密行動》。[294]

以上述解密檔案為基礎，威廉·伯爾和傑佛瑞·瑞凱爾森（Jeffrey T.Richelson）於1997年在《原子能科學家公報》中發表了《中國的困惑》一文，2000年他們又以此文為基礎在《國際安全》上發表了《是否把嬰兒扼殺在搖籃裡：美國與中國核武器計劃（1960—1964）》，詳細考證了甘迺迪和詹森兩屆政府對中國核開發問題的決策過程，推進了張少書與薛理泰先前的研究成果。迄今為止威廉·伯爾先生的這篇文章仍是研究冷戰時期美國與中國核子武器計劃最為權威的指南。 [295] 2003年古德斯坦（Lyle J.Goldstin）發表《當中國還是「無賴國家」的時候：1960年代中國核武器計劃對美中關係的影響》，闡述了甘迺迪和詹森兩屆政府對中國核子武器計劃的政策，分析最終放棄使用武力打擊中國核設施的原因，並探討了中國核子武器計劃與越南戰爭的關聯。 [296]

不過上述專著或學術論文都是從外交決策的角度來分析的，而從情報角度分析中國軍事戰略及其戰略武器的有麥克爾·史偉恩（Michael D.Swaine）的《中國核武器與大戰略》，他依據2004年美國國家情報委員會解密的71份文件，對中國的國家安全戰略及其核子武器政策的內容和演變進行分析，認為美國對中國核子武器計劃進展的速度與程度都做出了很多誤判，甚至對中國核子武器開發、部署和基本戰略上的分析前後矛盾。 [297] 傑佛瑞·瑞凱爾森於2001年出版了《蘭利奇才——美國中央情報局科技分局內幕》，分析了科技分局在評估中國核試驗上的誤判。 [298] 2007年他又撰寫了

《偵察原子彈——美國的核情報：從納粹德國到伊朗和朝鮮》一書，涉及中國有兩章，作者特別對美國情報部門在1960年代對中國戰略核子武器計劃的分析進行了詳細的描述與評價。[299]

此外許多學者雖然沒有單獨研究美國與中國核子武器計劃這一課題，但是卻把它放在整個美國對華政策上來進行詮釋。例如羅斯瑪麗·福特（Rosemary Foot）在《權力的實施：1949年以來的美中關係》中認為中國發展核子武器計劃不僅是為了安全的原因，也與民族自治和自尊相關聯。[300]麥克爾·蘭伯斯（Michael Lumbers）的新著《捅破竹幕：約翰遜年代的對華搭橋嘗試》，他認為「詹森執政時期的政策並非僵化保守，在探求改變長期以來的對華政策的問題上，他的高級智囊做出了超出時代的大膽設想」，與甘迺迪相比，詹森政府更加穩重、謹慎和小心，在處理中國核問題上，詹森反對對中國核設施進行先發制人的軍事打擊，就充分反映了這一點。[301]

近些年除了美國學者以外，其他國家的學者也開始對這一課題進行研究。日本學者三船惠美把美國對中國核開發問題放在「阻止中蘇關係的恢復」這一優先方針的前提下進行考慮的。作者提出四組美中關係模式：（1）美中蘇（2）美中印（3）美中台（4）美中，試圖證明在中蘇對立時期，美國對於中國的核開發問題所採取的戰略方針是美國瓦解中蘇同盟這一總體戰略的一個環節。透過對上述四種模式進行分析，作者認為雖然美國沒有達到阻止中國核開發的目標，但在當時，「不讓中蘇之間的裂痕修復」已經成為美國政權對中國戰略的優先考慮。在這一優先方針的指導下，美國迫使台灣當局放棄了進攻大陸的計劃，沒有實行針對印度的核子武器擴散方案和針對中國核設施的轟炸計劃，而選擇了讓中國的核開發照

舊進行。阻止中國的核子武器開發以失敗告終，但透過與蘇聯的談判，瞭解到了中蘇裂痕的實際狀況，並成功地使本已不牢固地中蘇關係裂痕加深。 [302]

二、國內學術界研究現狀

相對於美國，有關本課題的中國檔案不多，更不成系統。自1980年代以來，中方文獻主要集中在兩個方面：一是參與中國國防科技事業領導者的年譜、回憶錄和傳記。從1980年代初期開始，《周恩來年譜》、《周恩來外交文選》、《周恩來軍事文選》、《周恩來傳》、《聶榮臻年譜》、《聶榮臻回憶錄》、《聶榮臻軍事文選》、《聶榮臻傳》、《彭德懷年譜》、《彭德懷傳》、《張愛萍傳》、《張愛萍軍事文選》、《宋任窮回憶錄》等文獻陸續出版，為研究中國國防事業的發展提供了極為珍貴的材料。[303] 此外近些年關於中國核子武器計劃的回憶性專著和文章也逐漸增多，一方面包括直接領導「兩彈一星」研製的領導者，如毛澤東、周恩來、聶榮臻、張愛萍、劉杰、袁成隆、張蘊鈺和李旭閣等；[304] 另一方面包括負責研製的著名科學家，如錢三強、王淦昌、鄧稼先和錢學森等。[305]

二是官方修史。從1980年代末開始，中國出版了一套《當代中國叢書》，其中包括《當代中國的核工業》、《當代中國的國防科技事業》和《當代中國的航天事業》，此外還有中國原子能科學院出版的簡史，但是並未公開刊行，這些專著詳細闡述了中國核工業、國防科技事業和航太事業的發展歷程，是研究者不可或缺的資料。[306] 值得一提的是，1994年《黨的文獻》為紀念中國第一顆原子彈爆炸試驗成功30週年，選編了一組中國開發戰略核子武器的文獻，包括毛澤東、周恩來關於原子彈和原子能問題的論述以及有關第一、第二顆原子彈爆炸的文獻。[307]

基於上述文獻為基礎，中國學者發表了一系列相關學術論文與專著。

1.關於中美核戰略與核關係

曾任職台灣陸委會和「國防部」，現任台灣淡江大學國際事務與戰略研究所研究員的林中斌，1988年以在喬治城大學博士學位論文為基礎，出版了《龍威：中國核力量與核戰略》，雖然他沒有過多地分析美國與中國核戰略的關係，卻把中國的核戰略放在中華民族戰略傳統的歷史流變中進行考察，透過分析中國核子武器與核戰略的歷史演變，系統闡述了中國核戰略思想的形成和發展以及與傳統文化的內在聯繫，並概括了中國核戰略思想的基本原則和特徵。[308] 復旦大學的朱明權、吳蓴思和蘇長和則從威懾理論出發，探索中國和美國的核政策。他們認為核子武器是一種不可使用或者說不可首先使用的武器，它的作用在今天應當得到淡化而非強化，而中國奉行的是一種最低限度的核威懾，即維持可對敵人進行報復的極小核力量，使敵人不敢輕舉妄動。這是一種既能實現國家軍事安全同時又不影響國家全面發展的做法。朱明權把中美核關係分為三個階段：在中國進行第一次核試驗之前，中美核關係處於不穩定狀態，美國多次對中國進行核訛詐，但是由於核子武器不可首先使用性以及一系列其他的軍事和政治因素幫助中國攝止了這樣的核攻擊；當中國擁有最低限度的核威懾能力以後，中美核關係進入了一種穩定的狀態，特別是中美關係的解凍，更加促進了中美核關係的穩定；冷戰結束之後，中美核關係總體上繼續保持一種穩定的狀態。 [309] 王仲春把中國核子武器計劃與美國、蘇聯、英國和法國相比較，認為只有中國是一個發展中國家、只有中國先後甚至有一個時期同時受到來自美國和蘇聯的核威脅、只有中國的核力量是在核研究領域幾乎完全空白的基礎上發展起來、只有中國承擔了不首先使用核子武器的義務，是完全意義上為了防禦和打破核壟斷而開始核子武器的研製開發的。 [310] 正因為越來越多的學者開始關注

這一課題,胡禮忠對中美核關係的學術史進行了一番有益的梳理,他把學術界對中美核關係的研究分為三個階段:第一階段從1950年代中後期開始,貫穿於中國核爆炸前後,研究的主體是美國的一些智庫和學者,特點是動態研判,考察中國核子武器研發的動機、進展和程度,分析核試驗的影響;第二階段從1980年代末開始,學者們重點是利用中美雙方披露的文獻和解密檔案,釐清與中國核問題相關的歷史事實;第三階段始於本世紀初,學者們從理論和戰略層面,分析中國核問題對中美核關係以及核格局的影響。 [311]

2.杜魯門和艾森豪政府時期

有關這一段時期,學者們主要關注美國對中國多次進行核訛詐。戴超武認為在韓戰中,美國推行的雖然是「有限戰爭」的戰略,但由於戰場形勢的變化和停戰談判的僵持,美國決策者數度考慮要擴大戰爭。這種考慮的最主要的特徵是,從海上和空中封鎖中國沿海地區,必要時直接對中國採取軍事行動,而這種軍事手段則以原子彈為主要手段,對中國實施核打擊。因此,在戰爭期間使用核子武器並非是美國的「揚言」或一種「威脅」,而是美國戰略的一個重要組成部分,是美國政策的一種反映。這種核打擊政策主要體現在三個方面:試圖以原子彈阻止中國人民志願軍入北韓作戰,試圖以原子彈挽回戰場的劣勢,試圖以原子彈獲得對美國有利的停戰協議。參加這一政策制定的有國家安全委員會、參謀長聯席會議、國務院、國防部以及中央情報局等機構,體現了美國決策者對這一政策的高度重視。 [312] 趙學功認為艾森豪上台執政後,把結束韓戰作為對外政策考慮的首要任務。與中、北韓所奉行的靈活策略不同,艾森豪政府試圖以擴大戰爭範圍、在韓戰戰場使用原子彈相威脅,透過擴大戰爭的方式來結束戰爭。但由於受到諸多國際國

內因素的制約，艾森豪政府又不敢為所欲為，一意孤行，只得重新回到談判桌上，用和平手段結束戰爭。長期以來，西方史學界對於美國在韓戰中的核訛詐作了不切實際的描述，片面誇大核威懾的作用。事實證明，美國鼓吹擴大戰爭的種種論調和以原子彈相威脅，不過是自欺欺人的把戲而已。 [313] 鄧峰則認為艾森豪當選總統後，急於結束韓戰，為此目的而計劃採取軍事上的硬手段，發動強大的地面攻勢，甚至企圖訴諸核子武器擴大戰爭的範圍。與此形成鮮明對照的是，中國政府一直致力於打破停戰談判的僵局，早在史達林去世前就在調整談判政策，從而在推動戰爭結束的過程中發揮了決定性的作用。在此期間，華盛頓決策層一直考慮使用何種軍事手段結束戰爭，最終明確制定了以核攻擊為核心的政策。但無論何時，中國政府都不懼怕任何核威脅。透過與美國方面進行艱難的博弈，中國最終推動戰爭的結束，從而使朝鮮半島恢復了和平。[314]

趙學功認為第一次台海危機是中美兩國繼韓戰之後的又一直接較量，使雙方再次處於戰爭的邊緣。危機期間艾森豪政府不斷揮舞核子武器，試圖以核威懾來迫使中國做出讓步。但是美國的強硬政策不僅沒有取得任何效果，反而使自己陷入了進退兩難的境地。同時這次危機也表明了中美對抗的限度，揭示了美國「戰爭邊緣政策」和「核威懾」戰略的本質。 [315]

有關中國發展核子武器的決策也是學術界研究的重點。楊明偉認為毛澤東對原子彈、核戰爭在戰略上要蔑視、在戰術上要重視的基本看法，成為新中國發展原子能事業的指導思想之一。 [316] 李俊亭也持相同的觀點，他認為面臨美國的核威脅，毛澤東儘管多次講原子彈是美國用來嚇人的紙老虎，但這只是在戰略上蔑視敵人；

而在戰術上、在實際工作中，毛澤東卻是把原子彈視為「鐵老虎」，把中國研製自己的原子彈作為一件大事。[317]

這一時期值得一提還有蘇聯在中國早期核子武器研製中所扮演的角色。沈志華主要依據蘇聯解密檔案，認為蘇聯對中國研製核子武器表現出來一種既要給予援助又要進行限制的複雜心態。一方面赫魯雪夫在政治上有求於中共，蘇聯不斷地提高對中國核援助的層次和力度；另一方面赫魯雪夫在內心深處卻對毛澤東不信任，特別是中蘇在核戰略和核政策以及處理國際事務等方面的分歧不斷顯露，構成了蘇聯核援助的限度和制約條件。[318] 戴超武則主要依賴於中方檔案，認為中國核子武器的發展與中蘇關係的破裂是一個互動的過程。中國發展核子武器在當時的背景下，只能爭取蘇聯的援助，蘇聯向中國提供發展核子武器的技術，有其特殊歷史背景。1958年下半年後，隨著兩國在意識形態、對時代和國際形勢以及核子武器的態度等問題產生重大分歧，這些事件直接或間接促使蘇聯停止援助中國發展核子武器。這成為中蘇關係破裂的重要標誌，也成為日後中蘇論戰的一個重要論題。[319]

3.甘迺迪和詹森政府時期

有關中國核試驗前後美國的評估與對策是中國學術界特別關注的領域。由於美國官方檔案的公開，特別是美國學者威廉·伯爾論文的發表，本世紀初在國內掀起了一個研究本課題的高潮。例如有張振江、王琛的《美國和中國核爆炸》、詹欣的《試論美國對中國核武器研製的評估與對策（1961—1964）》、郝雨凡的《從策劃襲擊中國核設施看美國政府的決策過程》、李向前的《六十年代美國試圖對中國核計劃實施打擊揭祕》。[320] 這些文章主要利用剛剛解密的《美國對外關係文件》中國卷（1961—1963、1964—1968）

分析美國對中國核試驗的評估及其對策，並探討了美國最終放棄對中國核設施進行軍事打擊的原因。

自2005年以後，隨著美國官方檔案的進一步解密，國內學術界對本課題的研究也逐漸深入起來。首先國內學術界開始關注美國的情報分析，並發表了一些學術論文與編著。學者們從情報評估報告中得知，美國在1950年代中期就開始注意到中國的核子武器計劃，透過間諜衛星和偵察飛機、監聽站以及招募間諜等手段，基本勾勒了一個中國軍事現代化的脈絡，但是在細節方面的失誤堪稱俯拾皆是，例如他們錯誤地認為中近程地對地導彈（東風二號）是對蘇聯SS-4的仿製，並相信中國會盡快部署，他們錯誤地認為中國第一顆原子彈是以鈽作為燃料等。2009年華東師範大學國際冷戰史研究中心編輯了一套《美國對華情報解密檔案（1948—1976）》，主要選自以中央情報局為主的美國情報機構相關中國的檔案，其中《中國軍事》卷共收錄文件26份，從1956年到1976年，時間跨度20年。在這些文件中，關於中國戰略武器計劃的評估報告共計20份，中國軍事戰略及其常規部隊的評估報告僅有6份，彰顯美國情報部門對中國軍事現代化的關注。 [321]

其次，關注中國第一次核試驗對美台關係的影響。陳長偉認為中國第一次核試驗，美國和台灣採取了完全不同的態度，蔣介石在驚恐之餘希望藉機讓美國支持其實現反攻大陸的夢想，而美國卻傾向於採取更溫和的解決方式，建立一定規模的反彈道導彈體系以防止來自中共可能的攻擊，謹慎地避免與中共發生正面衝突。 [322] 朱明權認為雖然美台為蒐集中國大陸的核情報進行過重要的合作，雖然蔣介石試圖利用大陸的核試驗推動美國贊同對大陸的核設施進行軍事打擊，但是總的來說，詹森政府對於台灣當局的此類建議以

及從美國獲取更多的軍事援助的圖謀而採取了反對和抵制的立場，從而引起了蔣介石的極度不滿。那麼事實表明美國的對台政策總是服務於美國的國家利益，並且從屬於它對中國大陸的政策。 [323] 詹欣則透過分析中國第一次核試驗與台灣祕密研製核子武器之間的關聯，認為美國對台核政策主要表現在兩個方面，一是在和平使用核能方面與台灣進行合作；另一方面是限制其不得從事濃縮鈾的提煉以及核廢料後處理。但是在冷戰背景下，美國並未嚴格約束台灣祕密研製核子武器，以此導致台灣不斷違背承諾。 [324]

第三，更加深入地探討美國對中國發展核子武器計劃的對策，並把此問題放在美國對華政策的整體框架內進行衡量。朱明權認為雖然華盛頓有人試圖聯合蘇聯或者利用台灣當局對大陸的核設施進行軍事打擊，但總體來說，詹森政府對中國大陸的核試驗和核能力還是採取了一種比較務實和慎重的態度，即接受了中國成為一個核國家的客觀現實。此外對於台灣當局推動美國贊同對大陸的核設施進行軍事打擊的努力，以及從美國獲取更多的軍事援助的圖謀，詹森政府採取了否定和拒絕的立場，從而引起了蔣介石的不滿。基於上述分析，朱明權認為詹森之所以採取務實的態度，是出於對軍事打擊做法的收益與成本的分析，以及1964年大選的需要，它表明了美台對於核子武器威懾能力的不同認識，也反映了美國奉行多年的敵視新中國的政策陷入的困境，以及詹森政府在此問題上開始的反思。 [325] 劉子奎認為一些學者或是過多地糾纏於軍事打擊，或是基本糾纏於透過部分核禁試條約來阻止，而忽視了甘迺迪和詹森政府內部圍繞理性對待中國發展核子武器的方法所展開的爭論及其最終確立過程。對此他認為1960年代美國對中國的核政策基本經歷了一個從甘迺迪時代的狂熱到詹森時期的理性這樣一個過程。不過即使在中國成功實現第一次核爆炸之後，美國政府仍未完全放棄發動

軍事打擊摧毀中國核設施的想法。[326] 張曙光認為甘迺迪政府對中國核子武器的戰略考量是受其所謂的「靈活反應」大框架影響的。「靈活反應戰略」要求美國一方面加強與蘇聯的核競賽，另一方面又要求美國加強核軍控，加大防止核擴散的力度。而詹森繼承了甘迺迪時代的傳統，戰略思考中的美國式的理想主義色彩十分濃厚，一旦落實於戰略設計層面，就很快暴露出華盛頓文官戰略家們的主觀臆斷的弊端。他們認為中國擁有核子武器構成了對美國的最大挑戰，因為中國對亞洲非共產主義國家具有政治感召力和心理震撼力，至於中國軍事威脅的可信度已不那麼重要了。[327]

4.尼克森和福特政府時期

由於這一時期的檔案剛剛解密，研究相對薄弱。國內學者主要關注1969年中蘇邊界衝突中的核因素問題。劉洪豐認為在中國進行核試驗之前，美國積極活動蘇聯聯手遏制中國的核發展，蘇聯則表現得冷淡；在這以後隨著中蘇關係的惡化和中美關係趨緩，蘇聯反而不斷就對中國發動核打擊試探美國，卻遭美國拒絕。[328] 陳東林把三線建設的兩次高潮與美國和蘇聯先後試圖對中國核設施進行軍事打擊聯繫起來，認為兩次襲擊都因企圖聯手的一方不同意而作罷。先是美國建議，蘇聯不同意，後是蘇聯建議，美國不同意。究其原因，作者認為是國家利益使然。美國提出襲擊中國時，中蘇關係尚未破裂，蘇聯領導者還試圖把中國作為抗衡美國的一張牌。蘇聯提出襲擊中國時，美國已經陷入越南戰爭不能自拔，試圖從中美緩和中找到出路。[329] 王成至則認為中蘇邊界衝突本身並不是美國調整對華政策、謀求與中國大陸建立正常關係的主要動力所在。相反在這一事件中，美國的決策層中有相當一批人把中國視為是比蘇聯更大的威脅，因此支持政府採取「聯蘇抑中」政策，甚至考慮

默許蘇聯對中國核基地實施打擊來換取蘇聯在結束越南戰爭問題上的合作。只是到了中蘇邊界衝突向全面戰爭發展的趨勢時，由於蘇聯的舉動引起了美國高層對其戰略意圖的懷疑，美國才開始積極啟動與中國實現關係正常化的進程。 [330] 何慧利用美國國家安全檔案館的解密文獻，認為1969年中蘇邊界衝突使雙方走到了戰爭的邊緣，美國對中蘇衝突的反應是一個從傾向於中國「好戰」和「挑釁」到看清蘇聯意圖的認識過程。美國一直想利用中蘇分歧，使其在與蘇聯爭奪霸權的較量中獲利。1969年的中蘇邊界衝突客觀上為美國提供了絕好的機會，尼克森政府也抓住了這個機會。中蘇邊界衝突造成的中蘇關係空前緊張的形勢，使尼克森和季辛吉感到美國有可能在處理美、蘇、中三角關係中處於優越地位。 [331] 詹欣認為尼克森上台伊始，雖說有改善與中國關係的意願，但其對華核戰略與前任詹森並無本質上的區別，仍然在強調中國核威脅的情況下繼續對其進行遏制。不過隨著中蘇矛盾的激化，特別是有關蘇聯打算對中國核設施進行先發制人的核打擊的流言逐漸增多，甚至在官方渠道蘇聯外交官員開始對美國進行試探，這時美國政府才開始意識到，這是一個千載難逢的機會，美蘇中三角關係初露端倪。因此中蘇邊界衝突為中美關係的改善提供了一個機遇，但是核因素卻是加速美國調整對華政策的催化劑。 [332]

關於核軍控是此一時期關注的另一個熱門話題。張曙光認為儘管中國核力量處於較低的發展水準，但仍成為尼克森政府對華戰略考慮的一個重要考量點。華盛頓對中國核威脅的認知經過了一個不斷變化的過程。雖然從能力上看中國並未形成對美直接和現實的核威脅，但中國區域核打擊力量的政治意義成為導致尼克森政府擔憂的一個重要變量。此外尼克森政府認識到，如果任由中國完全游離於國際核軍控體制之外而不受監督和制約地發展戰略武器，無疑將

是對美國全球利益的一個重大的潛在挑戰。因此尼克森政府在接觸中國的初期將中國的核力量納入到大國軍控體制之內的考慮和嘗試，是由其對中國核威脅認知所驅動的。張文還認為在誘使中國接受建立中美核軍控對話機制上，尼克森政府可謂機關算盡，但效果並不理想，後來轉而採取漸進的方法，希望透過不斷的訊息交流、立場協調等方式「開導」、「教育」乃至「影響」中國對核軍控的思維、態度和政策。[333]

5.關於中國核子武器計劃的紀實性文學

這裡需要指出的是，在國內有關中國核子武器計劃的紀實性文學作品較多，雖然嚴格上來講，它們不能稱之為學術專著，但是這些作品可以從另外一個側面反映中國國防科技事業的進步，對學術研究造成一定的借鑑作用。最早關於中國第一次核試驗的文學作品是核工業部神劍分會於1985年編撰的《祕密歷程——記中國第一顆原子彈的誕生》，作者大多是核工業的業餘作者，透過對當事人的採訪寫作而成，具有一定的史料價值。1993年該書又增加了中國第一顆氫彈、第一艘核潛艇的誕生、第一次空中核試驗、第一次地下核試驗、第一座核反應爐以及第一台加速器等內容修訂出版。[334]　1999年為慶祝中國成立50週年，軍方編撰了一套反映黨和軍隊及人民群眾為維護和平建設環境而進行的各種鬥爭的歷史，其中就有一部關於中國導彈核子武器的紀實文學《倚天：共和國導彈核武器發展紀實》。　[335] 近些年解放軍總裝備部政治部創作室創作員梁東元憑藉大量的採訪調查，出版了一系列關於中國國防科技事業的作品，其文學性與史料性相得益彰，揭示了五十年間中國國防事業發展的祕密歷程。[336]

綜上所述，國內外學術界對本課題的研究已取得了相當多的成

果，但同時也存在一定的不足。首先，從研究結構上，學者們過多地關注中國第一次核試驗前後美國的政策反應，而從整體上分析冷戰時期美國對中國核子武器計劃的對策上尚有缺陷；其次，從文獻使用上，學術界利用美方檔案主要來自於《美國對外關係文件》，當然隨著國家安全檔案館威廉·伯爾等學者的推動，學者們已經開始利用在國家安全檔案館網站上公布的已解密的美國國家檔案館（National Archives III）文獻，但是由於該館位於馬里蘭大學（University of Maryland，College Park）旁，雖環境優美，但是交通並不便利，給學者尤其是中國學者帶來極大的不便。此外眾所周知，中方文獻不多，也不成系統，也給學術研究帶來了一定的困難；第三，從研究方法上，學者們大多集中在個案研究，如美國對中國的核訛詐、美國對中國第一次核試驗的對策等，在比較分析、層次分析尚有提升的空間。

隨著越來越多的美方檔案在網路上公布，地域性所帶來的障礙已不再如過去那樣突出，而自1999年中國官方公開表彰曾參與「兩彈一星」的科學家以來，傳記和回憶錄等紀念性的文章、專著也逐漸增多，這些都為學術界研究本課題提供了一個堅實的文獻基礎。因此整理和利用這些文獻，從整體上研究本課題，有助於我們瞭解美國對外決策模式、美國對外政策的限度及其影響，更加理性地認識中美關係，更加有預見性地指導未來對美方針和政策。

註釋：

[1]《中國第一顆原子彈爆炸成功》，《人民日報》，1964年10月16日。

[2]Department of State Bulletin, Vol.51, November 2, 1964；蘇格：《美國對華政策和台灣問題》，世界知識出版社，1998年版。

[3]Progress Report Prepared by the President's Special Assistant (Stassen), Foreign Relations of the United States (hereafter cited as FRUS), 1955-1957, Vol.XX, Regulation of Armaments and Atomic Energy, p.105.

[4]《蘇聯部長會議關於蘇聯在促進原子能和平用途的研究方面給予其他國家以科學，技術和工業上的幫助的聲明》，《新華月報》，1955年第2期。

[5]Memorandum of Discussion at the 462d Meeting of the National Security Council, FRUS, 1958-1960, Vol.III, Nation Security Policy, p.488.

[6]NSC 5913/1: Statement of U.S.Policy in the Far East, FRUS, 1958-1960.Vol.XVI East AsiaPacific Region, pp.133-144.

[7]Memorandum of Conversation, FRUS, 1964-1968, Vol.XXX, China, Doc.27.

[8]The Implications ofa Chinese Communist Nuclear Capability, FRUS, 1964-1968, Vol.XXX, China, Doc.30.

[9]SNIE 13-4-64: The Chances of an Imminent Communist Chinese Nuclear Explosion, FRUS, 1964-1968, Vol.XXX, China, Doc.43.

[10]The Chance of an Imminent Communist Chinese Nuclear Explosion, http://www.gwu.edu/~nsarchiv/NSAEBB/NSAEBBl/nsaebbl.htm.

[11]Memorandum from the Assistant Director for Scientific Intelligence of Central Intelligence Agency (Chamberlain) to the Deputy Director of Central Intelligence (Carter), FRUS, 1964-1968, Vol.XXX, China, Doc.56.

[12]SNIE 13-4-64: The Chances of an Imminent Communist Chinese Nuclear Explosion, FRUS, 1964-1968, Vol.XXX, China, Doc.43.

[13]Memorandum from the Assistant Director for Scientific Intelligence of Central Intelligence Agency (Chamberlain) to the Deputy Director of Central Intelligence (Carter), FRUS, 1964-1968, Vol.XXX, China, Doc.56.

[14]SNIE 13-4-64: The Chances ofan Imminent Communist Chinese Nuclear Explosion, FRUS, 1964-1968, Vol.XXX, China, Doc.43.

[15]數字與前面有衝突，但原文即如此。

[16]Memorandum from the Assistant Director for Scientific Intelligence of Central Intelligence Agency (Chamberlain) to the Deputy Director of Central Intelligence (Carter), FRUS, 1964-1968, Vol.XXX, China, Doc.56.

[17]Memorandum for the Record, FRUS, 1964-1968, Vol.XXX, China, Doc.58.

[18]SNIE 13-4-64: The Chances ofan Imminent Communist Chinese Nuclear Explosion, FRUS, 1964-1968, Vol.XXX, China, Doc.43.

[19]林中斌：《龍威：中國的核力量與核戰略》，湖南出版社，1992年版，第56頁。

[20]Memorandum for the Record, FRUS, 1964-1968, Vol.XXX, China, Doc.60.

[21]Memorandum for the Record, FRUS, 1964-1968, Vol.XXX, China, Doc.58.

[22]The Implications of a Chinese Communist Nuclear Capability, FRUS, 1964-1968, Vol.XXX, China, Doc.30.

[23]Memorandum for the Record, FRUS, 1964-1968, Vol.XXX, China, Doc.58.

[24]約翰·紐豪斯：《核時代的戰爭與和平》，軍事科學出版社，1989年版，第359頁。

[25]Editorial Note, FRUS, 1961-1963, Vol.XXIII, China, Doc.162.

[26]China As a Nuclear Power (Some Thoughts Prior to the Chinese Test, http://www.gwu.edu/~nsarchiv/NSAEBB/NSAEBB1/nsaebb1.htm

[27]Report of Meetings, FRUS, 1964-1968, Vol.XXX, China, Doc.62.

[28]The Implications of a Chinese Communist Nuclear Capability, FRUS, 1964-1968, Vol.XXX, China, Doc.30.

[29]Memorandum from the Joint Chiefs of Staff to Secretary of Defense Mc Namara, FRUS, 1961-1963, Vol.XXII, China, Doc.36.

[30]Memorandum from Robert W.Komer of the National Security Council Staff to the President's Special Assistant for National Security Affairs (Bundy), FRUS, 1964-1968, Vol.XXX, China, Doc.14.

[31]Editorial Note, FRUS, 1961-1963, Vol.XXII, China, Doc.180.

[32]小阿瑟·施萊辛格：《一千天——約翰·菲·肯尼迪在白宮》，三聯書店，1981年版，第653頁。

[33]Paper Prepared in the Policy Planning Council, FRUS, 1964-1968, Vol.XXX, China, Doc.25.

[34]The Implications of a Chinese Communist Nuclear Capability, FRUS, 1964-1968, Vol.XXX, China, Doc.30.

[35]Memorandum for the Record, FRUS, 1964-1968, Vol.XXX, China, Doc.49.

[36]Memorandum for the Record, FRUS, 1964-1968, Vol.XXX, China, Doc.60.

[37]Morton H.Halperin, Chinaand the Bomb, Frederick A.Praeger, Inc, 1965.

[38]Memorandum from the Joint Chiefs of Staff to Secretary of Defense McNamara, FRUS, 1964-1968, Vol.XXX, China, Doc.76.

[39]李長久、施魯佳：《中美關係二百年》，新華出版社，1984年版，204頁。

[40]約翰·紐豪斯：《核時代的戰爭與和平》，軍事科學出版社，1989年版，第360頁。

[41]麥喬治·邦迪著，褚廣友譯：《美國核戰略》，世界知識出版社，1991年版，第714頁。

[42]崔丕：《美國的冷戰戰略與巴黎統籌委員會、中國委員會（1945-1994）》，東北師範大學出版社，2000年版，第459頁。

[43]核子武器是利用能自持進行的核分裂或融合反應釋放出的能量，使其發揮大規模殺傷破壞性作用的武器。本文僅討論中國的核子武器計劃。

[44]2004年10月，美國國家情報委員會（NIC）解密了一批有關中國的檔案文件，這批文件主要涵蓋中央情報局對1948－1976年間中國大陸各發展階段的局勢、政策、前景進行評估和預測，全套文件共71份，其中直接與中國軍事戰略相關的就有20份文件。

[45]李覺：《當代中國的核工業》，中國社會科學出版社，1987年版，第11頁；約翰·劉易斯、薛理泰著，李丁等譯《中國原子彈的製造》，原子能出版社，1990年版，第42－43頁。

[46]李覺：《當代中國的核工業》，中國社會科學出版社，1987年版，第20頁。

[47]Nuclear Research and Atomic Energy Development in Communist China, March 22, 1956, Declassified Documents Reference System (hereafter cited as DDRS), Gale Group, Inc. CK3100407128.

[48]李覺：《當代中國的核工業》，中國社會科學出版社，1987年版，第24頁。

[49]周均倫主編：《聶榮臻年譜》，人民出版社，1999年版，第623頁；李覺：《當代中國的核工業》，中國社會科學出版社，1987年版，第21頁。

[50]NIE 13-56: Chinese Communist Capabilities and Probable Courses of Action Through 1960, 5 January 1956; Allen, John,Jr., John Carver, and Tom Elmore, editors, Tracking the Dragon: National Intelligence Estimates on China during the Era of Mao, 1948-1976, Washington, D.C. Executive

Office of the President, Central Intelligence Agency, Office of the Director, National Intelligence Council, 2004. (hereafter cited as Tracking the Dragon).

[51]Nuclear Research and Atomic Energy Developmentin Communist China, March 22, 1956, DDRS.CK3100407128.

[52]NIE 13-57: Communist China Through 1961, March 19, 1957, Tracking the Dragon.

[53]NIE 13-58: Communist China, May 13 1958, Tracking the Dragon.

[54]NIE 13-56: Chinese Communist Capabilities and Probable Courses of Action Through 1960, January5, 1956, Tracking the Dragon.

[55]Nuclear Research and Atomic Energy Development in Communist China, March 22, 1956, DDRS.CK3100407128.

[56]NIE 1 3-2.60: The Chinese Communist Atomic Energy Program, December 13, 1960, Tracking the Dragon.

[57]李覺：《當代中國的核工業》，中國社會科學出版社，1987年版，第22頁。

[58]同上，第28頁。

[59]約翰·劉易斯、薛理泰著，李丁等譯：《中國原子彈的製造》，原子能出版社，1990年版，第45頁。

[60]NIE 1 3-2-60: The Chinese Communist Atomic Energy Program, December 13, 1960, Tracking the Dragon.

[61]周均倫主編：《聶榮臻年譜》，人民出版社，1999年版，

第680頁。

[62]NIE 13-59: Communist China, July 28, 1959, Tracking the Dragon.

[63]NIE 13-2-60: The Chinese Communist Atomic Energy Program, December 13, 1960, Tracking the Dragon.

[64]NIE 13-60: Communist China, December 6, 1960, Tracking the Dragon.

[65]NIE 13-2-62: Chinese Communist Advanced Weapons Capabilities, April 25, 1962, Tracking the Dragon.

[66]NIE 13-2-60: The Chinese Communist Atomic Energy Program, December 13, 1960, Tracking the Dragon.

[67]CIA/NPIC, Photographic Intelligence Report, "Searchfor Uranium Mining in the Vicinity of A-Ko-Su, China", August 1963, Kevin C.Ruffner, Editor, Corona: America's First Satellite Program, History Staff Centerfor the Study of Intelligence, Washington, D.C.1995, p.175.

[68]李覺：《當代中國的核工業》，中國社會科學出版社，1987年版，第22頁。

[69]NIE 13-2-60: The Chinese Communist Atomic Energy Program, December 13, 1960, Tracking the Dragon.

[70]NIE 13-2-62: Chinese Communist Advanced Weapons Capabilities, April 25, 1962, Tracking the Dragon.

[71]SNIE 13-6-62: Communist China's Nuclear Weapons Program, December 12, 1962,

http://www.foia.cia.gov/docs/DOC_0000628788/DOC_0000628788.pdf.

[72]李覺：《當代中國的核工業》，中國社會科學出版社，1987年版，第42—43頁；約翰·劉易斯，薛理泰著，李丁等譯：《中國原子彈的製造》，原子能出版社，1990年版，第104—105頁。

[73]SNIE 13-2-63：Communist China's Advanced Weapons Program，July 24，1963，Tracking the Dragon.

[74]SNIE 13-4-64：The Chance of Imminent Communist China Nuclear Explosion，August 26，1964，Tracking the Dragon.

[75]李覺：《當代中國的核工業》，中國社會科學出版社，1987年版，第204—206頁。

[76]李覺：《當代中國的核工業》，中國社會科學出版社，1987年版，第46—47頁。

[77]NIE 13-2-60: The Chinese Communist Atomic Energy Program, December 13, 1960, Tracking the Dragon.

[78]NIE 13-2-62: Chinese Communist Advanced Weapons Capabilities, April 25, 1962, Tracking the Dragon.

[79]SNIE 13-2-63: Communist China's Advanced Weapons Program, July 24, 1963, Tracking the Dragon.

[80]SNIE 13-4-64: The Chance of Imminent Communist China Nuclear Explosion, August 26, 1964, Tracking the Dragon.

[81]SNIE 13-4-64: The Chance of Imminent Communist China Nuclear Explosion, August 26, 1964, Tacking the Dragon.

[82]SNIE 13-6-62: Communist China's Nuclear Weapons Program,

December 12, 1962, http://www.foia.cia.gov/docs/DOC_0000628788/DOC_0000628788.pdf; SNIE 13-2-63: Communist China's Advanced Weapons Program, July 24, 1963. Tracking the Dragon.

[83]約翰·紐豪斯：《核時代的戰爭與和平》，軍事科學出版社，1989年版，第360頁。

[84]麥克喬治·邦迪著，褚廣友譯：《美國核戰略》，世界知識出版社，1991年版，第714頁。

[85]李覺：《當代中國的核工業》，中國社會科學出版社，1987年版，第59頁。

[86]SNIE 13-6-62: Communist China's Nuclear Weapons Program, December 12, 1962, http://www.foia.cia.gov/docs/DOC_0000628788/DOC_0000628788.pdf.

[87]NIE 13-2-65: Communist China's Advanced Weapons Program, February 10, 1965, Tracking the Dragon.

[88]李覺：《當代中國的核工業》，中國社會科學出版社，1987年版，第284—287頁。

[89]約翰·劉易斯、薛理泰著，李丁等譯：《中國原子彈的製造》，原子能出版社，1990年版，第198頁。

[90]NIE 13-2-66: Communist China's Advanced Weapons Program, July 1, 1966. http://www.foia.cia.gov/docs/DOC_0001093197/DOC_0001093197.pdf.

[91]NIE 13-2-62: Chinese Communist Advanced Weapons

Capabilities, April 25, 1962,Tracking the Dragon.

[92]SNIE 13-6-62: Communist China's Nuclear Weapons Program, December 12, 1962, http://www.foia.cia.gov/docs/DOC_0000628788/DOC_0000628788.pdf.

[93]SNIE 13-2-63: Communist China's Advanced Weapons Program, July 24, 1963, Tracking the Dragon.

[94]NIE 13-2-65: Communist China's Advanced Weapons Program, February 10, 1965, Tracking the Dragon.

[95]李覺：《當代中國的核工業》，中國社會科學出版社，1987年版，第287—289頁；約翰·劉易斯、薛理泰著，李丁等譯：《中國原子彈的製造》，原子能出版社，1990年版，第206頁。

[96]SNIE 13-8-66: Communist China's Advanced Weapons Program, September 3, 1966, Tracking the Dragon.

[97]空軍負責情報的助理參謀長認為如果中國在1963年爆炸第一個裝置的話，那麼他們有能力到1960年代末開發和試驗核融合裝置。NIE 13-2-62: Chinese Communist Advanced Weapons Capabilities, April 25, 1962, Tracking the Dragon; SNIE 13-6-62: Communist China's Nuclear Weapons Program, December 12, 1962, http://www.foia.cia.gov/docs/DOC_0000628788/DOC_0000628788.pdf; NIE 13-2-65: Communist China's Advanced Weapons Program, February 10, 1965, Tracking the Dragon.

[98]李覺：《當代中國的核工業》，中國社會科學出版社，1987年版，第276—284頁。

[99]SNIE 13-8-66:Communist China's Advanced Weapons Program,

September 3, 1966, Tracking the Dragon.

[100]MH SNIE 13-8-66: Communist China's Advanced Weapons Program, June 30, 1967, Tracking the Dragon; NIE 13-8-67: Communist China's Strategic Weapons Program, August 3, 1967, Tracking the Dragon.

[101]NIE 13-8-67: Communist China's Strategic Weapons Program, August 3, 1967, Tracking the Dragon.

[102]李覺：《當代中國的核工業》，中國社會科學出版社，1987年版，第290頁。

[103]John Wilson Lewis and Xue litai, China Builds the Bomb, Stanford University Press, 1988; China's Ballistics Missile Program, Stanford University Press, 1992; China's Strategic Seapower: Politics of Force Modernizationin the Nuclear Age, Stanford University Press, 1994.

[104]謝光主編：《當代中國的國防科技事業》上冊，當代中國出版社，1992年版，第28—29頁。

[105]周均倫主編：《聶榮臻年譜》，人民出版社，1999年版，第574—577頁。

[106]同上，第577—578頁。

[107]李覺：《當代中國的國防科技事業》上冊，當代中國出版社，1992年版，第29—35頁；周均倫主編：《聶榮臻年譜》，人民出版社，1999年版，第579—590頁。

[108]NIE 13-58: Communist China, 13 May 1958, Allen, John, Jr., John Carver, and Tom Elmore, editors.Tracking the Dragon: National Intelligence Estimates on Chinaduring the Era of Mao, 1948-

1976.Washington, D.C.: Executive Office of the President, Central Intelligence Agency, Office of the Director, National Intelligence Council, 2004.（以下簡稱：Tracking the Dragon）

[109]周均倫主編：《聶榮臻年譜》，人民出版社，1999年版，第588頁；謝光主編：《當代中國的國防科技事業》上冊，當代中國出版社，1992年版，第29頁。

[110]聶榮臻：《聶榮臻回憶錄》，解放軍出版社，1986年版，第805頁。

[111]謝光主編：《當代中國的國防科技事業》上冊，當代中國出版社，1992年版，第30頁。

[112]周均倫主編：《聶榮臻年譜》，人民出版社，1999年版，第605頁。

[113]同上，第623頁。

[114]沈志華：《援助與限制：蘇聯與中國的核武器研製（1949—1960）》，《歷史研究》，2004年第3期，第123—124頁。

[115]NIE 13-59: Communist China, July 28, 1959, Tracking the Dragon.

[116]NIE 13-60: Communist China, December 6, 1960, Tracking the Dragon.

[117]NIE 13-2-62: Chinese Communist Advanced Weapons Capabilities, April 25, 1962, Tracking the Dragon.

[118]NIE 13-59: Communist China, July 28, 1959, Tracking the Dragon.

[119]謝光主編：《當代中國的國防科技事業》上冊，當代中國出版社，1992年版，第44—45頁。

[120]NIE 13-2-62: Chinese Communist Advanced Weapons Capabilities, April 25, 1962, Tracking the Dragon.

[121]SNIE 13-6-62: Communist China's Nuclear Weapons Program, December 12, 1962, http://www.foia.cia.gov/nic_china_collection.asp.

[122]中近程（medium-short-range，東風二號屬於此類）、中程（medium-range）、中遠程（intermediate-range）這三個術語所指的射程與西方所用的「medium-range」（中程）、「intermediate-range」（中遠程）和「limited-range intercontinental」（有限洲際射程）術語的含意不完全一致。按照美國國防部的分類，東風二號為中程彈道導彈，東風三號為中遠程彈道導彈，東風四號為有限射程洲際彈道導彈。

[123]中國固體導彈的研製計劃雖始於1967年3月，但受到「文革」的影響，直到1978年8月才進行了固體導彈的總體方案論證。因此本文不作論述。

[124]謝光主編：《當代中國的國防科技事業》上冊，當代中國出版社，1992年版，第280頁。

[125]R-2型導彈，美國稱之為「SS-2」。

[126]NIE 13-2-62: Chinese Communist Advanced Weapons Capabilities, April 25, 1962, Tracking the Dragon.

[127]聶榮臻：《聶榮臻回憶錄》，解放軍出版社，1986年版，第812—813頁；謝光編：《當代中國的國防科技事業》上冊，當代中國出版社，1992年版，第282頁。

[128]NIE 13-60: Communist China, December, 1960, Tracking the Dragon.

[129]NIE 13-2-62: Chinese Communist Advanced Weapons Capabilities, April 25, 1962, Tracking the Dragon.

[130]周均倫主編：《聶榮臻年譜》，人民出版社，1999年版，第745頁；謝光主編：《當代中國的國防科技事業》上冊，當代中國出版社，1992年版，第283頁。

[131]謝光主編：《當代中國的國防科技事業》上冊，當代中國出版社，1992年版，第71頁。

[132]周均倫主編：《聶榮臻年譜》，人民出版社，1999年版，第724頁。

[133]SNIE 13-2-63: Communist China's Advanced Weapons Program, July 24, 1963, Tracking the Dragon.

[134]NIE 13-2-62: Chinese Communist Advanced Weapons Capabilities, April 25, 1962, Tracking the Dragon.

[135]SNIE 13-2-63: Communist China's Advanced Weapons Program, July 24, 1963, Tracking the Dragon.

[136]謝光主編：《當代中國的國防科技事業》上冊，當代中國出版社，1992年版，第284頁。

[137]NIE 13-2-65: Communist China's Advanced Weapons Program, February 10, 1965, Tracking the Dragon.

[138]NIE13-8-71: Communist China's Weapons Programfor Strategic Attack, October28, 1971, Tracking the Dragon.

[139]SNIE 1 3-8-66: Communist China's Advanced Weapons Program, September 3, 1966, Tracking the Dragon.

[140]NIE 13-8-67: Communist China's Strategic Weapons Program, August 3, 1967, Tracking the Dragon.

[141]NIE 13-8-69: Communist China's Strategic Weapons Program, February 27, 1969, Tracking the Dragon.

[142]NIE 13-8/1-69: Communist China's Strategic Weapons Program, October 30, 1969, Tracking the Dragon.

[143]NIE 13-8-71: Communist China's Weapons Programfor Strategic Attack, October 28, 1971, Tracking the Dragon.

[144]周均倫主編：《聶榮臻年譜》，人民出版社，1999年版，第1007頁。

[145]謝光主編：《當代中國的國防科技事業》上冊，當代中國出版社，1992年版，第284—285頁。

[146]約翰·劉易斯、薛理泰著，李丁等譯：《中國原子彈的製造》，原子能出版社，1990年版，第209頁。

[147]謝光主編：《當代中國的國防科技事業》上冊，當代中國出版社，1992年版，第288—289頁。

[148]NIE 13-8-69: Communist China's Strategic Weapons Program, February 27, 1969, Tracking the Dragon.

[149]M/H NIE 13-8/1-69: Memo to Holders Communist China's Strategic Weapons Program, August 20, 1970, Tracking the Dragon.

[150]NIE 13-8-71: Communist China's Weapons PRogram for

Strategic Attack, October 28, 1971, Tracking the Dragon.

[151]NIE 13-8-74: China's Strategic Attack Programs, June 13, 1974, Tracking the Dragon.

[152]同上。

[153]M/H NIE 13-8/1-69: Memo to Holders Communist China's Strategic Weapons Program, August 20, 1970, Tracking the Dragon.

[154]NIE 13-8-71: Communist China's Weapons Program for Strategic Attack, October 28, 1971, Tracking the Dragon.

[155]約翰·劉易斯、薛理泰著，李丁等譯：《中國原子彈的製造》，原子能出版社，1990年版，第210頁。

[156]謝光主編：《當代中國的國防科技事業》上冊，當代中國出版社，1992年版，第327頁。

[157]NIE 13-8-74:China's Strategic Attack Programs, June 13, 1974, Tracking the Dragon.

[158]約翰·劉易斯，薛理泰著，李丁等譯：《中國原子彈的製造》，原子能出版社，1990年版，第211頁。

[159]NIE 13-2-62: Chinese Communist Advanced Weapons Capabilities, April 25, 1962, Tracking the Dragon.

[160]SNIE 13-8-66: Communist China's Advanced Weapons Program, September3, 1966, Tracking the Dragon.

[161]MH SNIE 13-8-66: Communist China's Advanced Weapons Program, June 30, 1967, Tracking the Dragon.

[162]NIE 13-8-67: Communist China's Strategic Weapons Program, August 3, 1967, Tracking the Dragon.

[163]SNIE 13-10-68: Communist China's ICBM and Submarine-Launched Ballistic Missile Programs, 19 September 1968, Tracking the Dragon.; NIE 13-8-69: Communist China's Strategic Weapons Program, February 27, 1969, Tracking the Dragon.

[164]M/H NIE 13-8/1-69: Memo to Holders Communist China's Strategic Weapons Program, August 20, 1970, Tracking the Dragon.

[165]NIE 13-8-71: Communist China's Weapons Programfor Strategic Attack, October 28, 1971, Tracking the Dragon.

[166]NIE 13-8-74: China's Strategic Attack Programs, June 13, 1974, Tracking the Dragon.

[167]謝光主編：《當代中國的國防科技事業》上冊，當代中國出版社，1992年版，第295—296頁。

[168]中國航太事業大體包括空間技術、空間應用和空間科學。空間技術又涵蓋人造衛星、運載火箭、航太器發射場、航太測控和載人航太幾個領域。本文主要涉及人造衛星、運載火箭、航太器發射場等內容。詳見《2006年中國的航天》，2006年10月，中華人民共和國國家航天局。http://www.cnsa.gov.cn/n1081/n7484/98351.html

[169]China Military Power Report, http://www.defense.gov/pubs/china.html

[170]周均倫主編：《聶榮臻年譜》，人民出版社，1999年版，第640頁。

[171]謝光主編：《當代中國的國防科技事業》上冊，當代中國出版社，1992年版，第387頁。

[172]周均倫主編：《聶榮臻年譜》，人民出版社，1999年版，第649頁。

[173]張鈞：《當代中國的航天事業》，中國社會科學出版社，1986年版，第28頁。

[174]王文華：《錢學森實錄》，四川文藝出版社，2001年版，第147頁。

[175]Intelligence Note: New York Times Story on Sino-Soviet Military and Nuclear Cooperation, Aug 19, 1958. MF2523166-0306, Main Library ofthe University of Hong Kong,

[176]NIE 13-59: Communist China, July 28, 1959, http://www.foia.cia.gov/docs/DOC_0001098206/DOC_0001098206.pdf.

[177]Allen, John, Jr., John Carver, and Tom Elmore, editors. Tracking the Dragon: National Intelligence Estimates on Chinaduring the Era of Mao, 1948-1976. Washington, D.C.: Executive Office of the President, Central Intelligence Agency, Office of the Director, National Intelligence Council, 2004, p.440.

[178]NIE 13-2-62: Chinese Communist Advanced Weapons Capabilities, April 25, 1962, http://www.foia.cia.gov/docs/DOC_0001097940/DOC_0001097940.pdf.

[179]王文華：《錢學森實錄》，四川文藝出版社，2001年版，第148頁。

[180]SNIE 13-2-63: Communist China's Advanced Weapons Program, July 24, 1963, http://www.foia.cia.gov/docs/DOC_0001097947/DOC_0001097947.pdf.

[181]王文華：《錢學森實錄》，四川文藝出版社，2001年版，第172頁。

[182]同上，第180頁。

[183]王文華：《錢學森實錄》，四川文藝出版社，2001年版，第180—181頁。

[184]謝光主編：《當代中國的國防科技事業》上冊，當代中國出版社，1992年版，第104頁。

[185]王文華：《錢學森實錄》，四川文藝出版社，2001年版，第185—186頁。

[186]NIE 13-2-66: Communist China's Advanced Weapons Program, July 1, 1966, http://www.foia.cia.gov/doc/DOC_0001093197.

[187]SNIE 13-8-66: Communist China's Advanced Weapons Program, November 3, 1966, http://www.foia.cia.gov/docs/DOC_0001097947/DOC_0001097947.pdf.

[188]Tracking the Dragon, p.489.

[189]NIE 1 3-8-69: Communist China's Strategic Weapons Program, February 27, 1969, http://www.foia.cia.gov/docs/DOC_0001098205/DOC_0001098205.pdf.

[190]謝光主編：《當代中國的國防科技事業》上冊，當代中國出版社，1992年版，第128頁。

[191]Tracking the Dragon, p.489.

[192]MH NIE 13-8-67: Communist China's Strategic Weapons Program, April 4, 1968, http://www.foia.cia.gov/doc/DOC_0001098752/DOC_0001098752.pdf.

[193]SNIE 13-10-68: Communist China's ICBM and Submarine-Launched Ballistic Missile Programs, September 19, 1968, http://www.foia.cia.gov/docs/DOC_0001090206/DOC_0001090206.pdf

[194]NIE 13-8/1-69: Communist China's Strategic Weapons Program, October 30, 1969, http://www.foia.cia.gov/docs/DOC_0001098202/DOC_0001098202.pdf.

[195]聶榮臻：《聶榮臻回憶錄》下冊，解放軍出版社，1986年版，第845頁。

[196]中共中央文獻研究室編：《周恩來年譜》下冊，中央文獻出版社，2007年版，第361—362頁。

[197]謝光主編：《當代中國的國防科技事業》上冊，當代中國出版社，1992年版，第406頁。

[198]謝光主編：《當代中國的國防科技事業》上冊，當代中國出版社，1992年版，第389頁。

[199]指中遠程地對地導彈。

[200]M/H NIE 13-8/1-69: Memo to Holders Communist China's Strategic Weapons Program, August 20, 1970, http://www.foia.cia.gov/docs/DOC0001098174/DOC_0001098174.pdf.

[201]王文華：《錢學森實錄》，四川文藝出版社，2001年版，

第230頁。

[202]M/H NIE 13-8/1-69: Memo to Holders Communist China's Strategic Weapons Program, August 20, 1970, http://www.foia.cia.gov/docs/DOC_0001098174/DOC_0001098174.pdf.

[203]王文華：《錢學森實錄》，四川文藝出版社，2001年版，第391頁。

[204]NIE 13-8-71: Communist China's Weapons Program for Strategic Attack, October 28, 1971, http://www.foia.cia.gov/docs/DOC_0001098170/DOC_0001098170.pdf.

[205]NIE 13-8-74: China's Strategic Attack Programs, June 13, 1974. http://www.foia.cia.gov/docs/DOC_0001086044/DOC_0001086044.pdf.

[206]即東風五號，後來北約編號為「CSS-4」。

[207]NIE 13-76: PRC Defense Policy and Armed Forces, November 11, 1976, http://www.foia.cia.gov/docs/DOC_0001097855/DOC_0001097855.pdf.

[208]謝光主編：《當代中國的國防科技事業》上冊，當代中國出版社，1992年版，第408—409頁。

[209]NIE 13-76: PRC Defense Policy and Armed Forces, November 11, 1976, http://www.foia.cia.gov/docs/DOC 0001097855/DOC_0001097855.pdf.

[210]William Burr and Jeffrey T.Richelson, Whether to "Strangle the Baby inthe Cradle" The United States and the Chinese Nuclear Program, 1960-1964. International Security, Vol.25, No.3 (Winter 2000/01) .pp.54-

99; Lyle J.Goldstin, When Chinawasa "Rogue State" theimpact of China's Ruclear Weapons Program on US-China Relations duringthe 1960s, Journal of Contemporary China, 2003, 12 (37), November, pp.739-764; Gordon Chang, Friends and Enemies: The United States, China and The Soviet Union, 1948-1972, Stanbord: Stanford University Press, 1990；張振江、王琛：《美國和中國核爆炸》，《當代中國史研究》，1999年第3期，第25—31頁；詹欣：《試論美國對中國核武器研製的評估與對策（1961—1964）》，《當代中國史研究》，2001年第5期，第86—94頁；郝雨凡：《從策劃襲擊中國核設施看美國政府的決策過程》，《中共黨史研究》，2001年第3期，第40—45頁；朱明權：《約翰遜時期的美國對華政策》，上海人民出版社，2009年版，第211—275頁；李向前：《六十年代美國試圖對中國核計劃實施打擊揭祕》，《百年潮》，2001年第8期，第23—33頁；三船惠美：《瓦解中蘇同盟：美國對中國核開發的戰略》，《冷戰國際史研究》第二輯，世界知識出版社，2006年版，第92—107頁。

[211]劉子奎、王作成：《美國政府對中國發展核武器的反應與對策（1961—1964）》，《中共黨史研究》，2007年第3期，第44—53頁。

[212]NIE 13-2-60: The Chinese Communist Atomic Energy Program, December 13, 1960, Tracking the Dragon: National Intelligence Estimates on China during the Era of Mao, 1948-1976. Washington, D.C.: Executive Office of the President, Central Intelligence Agency, Office of the Director, National Intelligence Council, 2004. pp.229-251.

[213]Gordon Chang, Friends and Enemies: The United States, China and The Soviet Union, 19481972, p.229.

[214]Long-range Threat of Communist China, February 8, Library of Congress, Thomas White Papers, Box 44, Air Staff Actions. http://www.gwu.edu/~nsarchiv/NSAEBB/NSAEBB38/.

[215]Anticipatory Action Pending Chinese Communist Demonstration of Nuclear Capability, Department of State, September 13, 1961, DNSA: CH00006.

[216]Memorandum for S/S-Mr.Battle, October 7, 1961. National Archives, RG59, Records ofthe Policy Planning Staff, 1954-1962, National Archive; FRUS, 1961-1963, Vol.VII. Doc.80.

[217]US Policy Toward China, October 26, 1961, RG 59, Records of the Policy Planning Staff, 1954-1962, National Archive.

[218]Notes on Discussion, The thinking ofthe Soviet Leadership, Cabinet Room, February 11, 1961, FRUS, 1961-1963, Vol.V Doc.26.

[219]查爾斯·波倫著，劉裘、金胡譯：《歷史的見證》，商務印書館，1975年版，第593頁。

[220]Editorial Note, FRUS, 1961-1963, Vol.XXII, Doc.29.

[221]Editorial Note, FRUS, 1961-1963, Vol.XXII, Doc.164.

[222]Letter from Harriman to Kennedy, Kennedy, John-General 1963, Library of Congress, W.Averell Harriman Papers.

[223]Gordon Chang, Friends and Enemies: The United States, China and The Soviet Union, 1948-1972, p.237.

[224]Study of Chinese Communist Vulnerability, RG 59, Records of Bureau of Far Eastern Affairs, Office of the Country Director for the

Republic of China, Top Secret Files Relating to the Republic of China, 1954-65, Box 4, 1963 http://www.gwu.edu/~nsarchiv/NSAEBB/NSAEBB38/.

[225]Memorandum of Conversation with Ambassador Dobrynin, at Lunch May 17, 1963. John F.Kennedy Library, National Security File, Box 403, McGeorge Bundy Correspondence, Chron File 5/16/63-5/3 1/63. http://www.gwu.edu/~nsarchiv/NSAEBB/NSAEBB38/.

[226]小阿瑟·施萊辛格著，仲宜譯：《一千天——約翰·菲·肯尼迪在白宮》，三聯書店，1981年版，第644頁。

[227]Editorial Note, FRUS, 1961-1963, Vol.XXIII, Doc.180; Telegram From the Department of State to the Embassy in the Soviet Union, July 15, 1963, FRUS, 1961-1963, Vol.VII, Doc.326.

[228]約翰·紐豪斯著，軍事科學院外國軍事研究部譯：《核時代的戰爭與和平》，軍事科學出版社，1989年版，第356頁。

[229]《中國政府主張全面、徹底、乾淨、堅決地禁止和銷毀核武器、倡議召開世界各國政府首腦會議的聲明》，《人民日報》，1963年7月31日。

[230]Soviet Attitude Toward Chinese Communist Acquisition of a Nuclear-Weapon Capability, September 11, 1963, RG 59, Records of the Policy Planning Council 1963-1964, National Archives.

[231]SNIE 13-4-63: Possibilities of Greater Military by the Chinese Communists, July 31, 1963, http://www.foia.cia.gov/docs/DOC_0000183873/DOC_0000183873.pdf.

[232]SNIE 13-2-63: Communist China's Advanced Weapons Program,

July 24.1963, http：//www.foia.cia.gov/docs/DOC_0001097947/DOC_0001097947.pdf.

[233]Summary Record of the 516th Meeting of the National Security Council, July 31, 1963, FRUS, 1961-1963, Vol.XXIII, Doc.181.

[234]Meeting Between Mr.McGeorge Bundy and General Chiang Ching-Kuo.Draft Minutes, September 10, 1963. FRUS, 1961-1963, Vol.XXIII, Doc.181.

[235]Memorandum of Conversation, September11, 1963. FRUS, 1961-1963, Vol.XXII, Doc.186.

[236]Memorandum of the Record. undated. FRUS, 1961-1963.Vol.XXXIII, Doc.188.

[237]Memorandum From Robert W.Komer of the National Security Council Staff to the President's Special Assistantfor National Security Affairs (Bundy), FRUS, 1964-1968, Vol.XXX, Doc.14.

[238]Chinese Nuclear Development, November 18, 1963.RG 218, Records of the Joint Chiefs Staff, Chairman's Files (Maxwell D.Taylor), Box 1, CM-1963, National Archives.

[239]Detonation by Communist China of a Nuclear Device and its Development of a Nuclear Capability, September 25, 1962; Detonation by Communist China of a Nuclear Device and its Development of a Nuclear Capability, October 5, 1962; Detonation by Communist China of a Nuclear Device and its Development of a Nuclear Capability, October 15, 1962, RG 59, Records of the Policy Planning Staff 1962, Box 236, National Archives.

[240]A Chinese Communist Nuclear Detonation and Nuclear

Capability (Long Version), June 17, 1963.RG 59, Records of the Policy Planning Staff 1963-1964, Box 250, National Archives.

[241]A Chinese Communist Nuclear Detonation and Nuclear Capability (Short Version), June 19, 1963, RG 59, Records of the Policy Planning Staff 1963-1964, Box 250, National Archives.

[242]The Implications of a Chinese Communist Nuclear Capability, July 19, 1963, RG 59, Records of the Policy Planning Staff 1963-1964, Box 250, National Archives.

[243]A Chinese Communist Nuclear Detonation and Nuclear Capability: Major Conclusions and Key Issues, October 15, 1963, RG 59, Records of the Policy Planning Staff 1963-1964, Box 250, National Archives.

[244]Highlights from Secretary of State Rusk's Policy Planning Meeting, October 15, 1963, RG 59, Records of the Policy Planning Staff 1963-1964, Box 250, National Archives; FRUS, 1961-1963, Vol.XXII, Doc.191.

[245]Memorandum From Rostow to Paul Nitze, October 17, 1963, RG 59, Records ofthe Policy Planning Staff 1963-1964, Box 250, National Archives.

[246]Memorandum from Robert W.Komer of the National Security Council Staff to the President's Special Assistant for National Security Affairs (Bundy), FRUS, 1961-1963, Vol.XXIII, Doc.193.

[247]Discussion with the Secretary on Handling of Chinese Nuclear Paper, January 13, RG 59, Records of the Policy Planning Staff 1963-1964,

Box 265, National Archives.

[248]Memorandum from W.W.Rostow to Robert S.McNamara, January 21, 1964.RG 59, Records of the Policy Planning Staff 1963-1964, Box 250, National Archjves.

[249]Memorandum from W.W.Rostow to McGeorge Bundy, January 24, 1964. Lyndon B.Johnson Library, National Security File, Files of Robert W.Komer, Box 14; Draft NSAM, January 24, 1964.Records of the Policy Planning Staff 1963-1964, Box 265, National Archives.

[250]Memorandum from Robert W.Komer of the National Security Council Staff to the President's Special Assistant for National Security Affairs (Bundy), February 26, 1964.Lyndon B.Johnson Library, National Security File, Files of Robert W.Komer, Box14; FRUS, 1964-1968, Vol.XXX, Doc.14.

[251]The Implications of a Chinese Communist Nuclear Capability, April 16, 1964, RG 59, Records of the Policy Planning Staff 1963-1964, Box 265, National Archives.

[252]Memorandum for the President, the Implications of a Chinese Communist Nuclear Capability, April 30, 1964, Lyndon B.Johnson Library, National Security File, Country File: China, Box 237; FRUS, 1964-1968, Vol.XXX, Doc.30.

[253]Chinese Communist Nuclear Weapons Capabilities, July 22, 1964, http://www.foia.cia.gov/docs/DOC_0001 104420/DOC_0001 104420.pdf.

[254]Memorandum for the Record, July 24, 1964, FRUS, 1964-1968,

Vol.XXX, Doc.38.

[255]SNIE 13-4-64: The Chance of Imminent Communist China Nuclear Explosion, 26 August, 1964, FRUS, 1964-1968, Vol.XXX, Doc.43.

[256]William Burrand Jeffrey T.Richelson, Whether to "Stranglethe Baby inthe Cradle". The United States and the Chinese Nuclear Program, 1960-1964. International Security, Vol.25, No.3 (Winter 2000/01), pp.54-99.

[257]Status of Program to Influence World Opinion with Respect to a Chinese Communist Nuclear Detonation, July 2, 1964, RG59, Central Foreign Policy Files, 1964-66-Defense, Box 1615.

[258]Memorandum from Bill Brubeck to Bundy, August 10, 1964, Lyndon B.Johnson Library, National Security File, Country File: China, Box 238.

[259]Memorandum for the Record, September 15, 1964, Lyndon B.Johnson Library, National Security File, McGeorge Bundy File Box 2。這份文件在1994年美國國家檔案館解密時，第三條並未解密。當前在詹森總統圖書館所見，仍有兩個詞未解密。

[260]Memorandum from Henry Owen to Rowen, Further Considerations of the Chinese Communist Nuclear Capability and Nuclear Proliferation, September 8, 1964, RG 59, Records of the Policy Planning Staff 1963-1964, Box 265, National Archives.

[261]Memo г andum from Robert W.Komer of National Security Council Staff to the President's Special Assistant for National Security

Affairs (Bundy), September 18, 1964, Lyndon B.Johnson Library, National Security File, Subject File Box 31; FRUS, 1964-1968, Vol.XXX, Doc 51.

[262]China as a Nuclear Power: Some Thoughts Prior to the Chinese Test, October 7, 1964, Lyndon B.Johnson Library, National Security File, Committee File Box 5.

[263]Memorandum of Conversation, September 25, 1964, FRUS, 1964.1968, Vol.XXX, Doc 54.

[264]Memorandum from Rostow to Rusk, The Handling of a Possible Chinese Communist Nuclear Test, September 26, 1964, RG 59, Records ofthe Policy Planning Staff 1963-1964, Box 265, National Archives.

[265]Memorandum from Henry Owen to Rusk, Proposed Circular Telegram on Chinese Communist Nuclear Test, September 28, 1964.RG 59, Records ofthe Policy Planning Staff 1963-1964, Box 265, National Archives.

[266]Statement by Secretary of State Dean Rusk, September 29, 1964, RG 59, Records of the Policy Planning Staff 1963-1964, Box 265, National Archives.

[267]Memorandum for the Record, September 15, 1964, FRUS, 1964-1968, Vol.XXX. Doc 50.

[268]Memorandum for the Record, October 5, 1964.FRUS, 1964-1968, Vol.XXX, Doc.55.

[269]Memorandum from the Assistant Director for Scientific Intelligence of the Central Intelligence Agency (Chamberlain) to the Deputy Director of Central Intelligence (Carter), October 15, 1964, FRUS, 1964-

1968, Vol.XXX, Doc.56.

[270]《中華人民共和國政府聲明》（1964年10月16日），《人民日報》，1964年10月17日；《全面禁止和徹底消滅核武器》（1964年10月17日），這是以國務院總理周恩來名義發出的致世界各國政府首腦的電報，《人民日報》，1964年10月21日。上述中國官方文件也可見中共中央文獻研究室編：《建國以來重要文獻選編》（第十九冊），中央文獻出版社，1997年版；《關於發展原子能事業、反對使用核武器文獻選載（1955年1月—1965年5月）》，《黨的文獻》，1994年第3期，第13—27頁。

[271]麥喬治·邦迪著，褚廣友譯：《美國核戰略》，世界知識出版社，1991年版，第715頁。

[272]William Burrand Jeffrey T.Richelson, Whether to "Strangle the Babyin the Cradle": The United States and the Chinese Nuclear Program, 1960-1964, International Security, Vol.25, No.3 (Winter 2000/01). pp.54-99.

[273]「兩彈一星」，是中國約定俗成的說法，即核彈（原子彈、氫彈）、導彈和人造衛星。

[274]《中共中央、國務院、中央軍委在京舉行大會隆重表彰為研製「兩彈一星」作出突出貢獻科技專家》，《人民日報》，1999年9月19日第1版。

[275]從狹義上來說，核子武器僅指核彈頭，但從廣義上講，包括原子彈、氫彈及其運載工具。此外，本文也涉及一些人造衛星的內容。

[276]Alice Langley Hsieh, The Chinese Genie: Peking Role in the

Nuclear Test Ban Negotiation, RAND Corporation, RM-2595, 1960; Communist China and Nuclear Force, RAND Corporation, P-2719-1, 1963; Communist China's Military Policies and Nuclear Strategy, RAND Corporation, P-3730, 1967; Communist China's Military Polities, Doctrine and Strategy: A Lecture Presentedat the National Defense College, Tokyo, September 17, 1968, P-3960; Communist China and Nuclear, Warfare, RAND Corporation, P-1894, 2004.

[277]Alice Langley Hsieh, Communist China's Strategy inthe Nuclear Era.Englewood Cliffs, N.J.: Prentice-Hall, 1962.

[278]Morton Halperion, Chinese Nuclear Strategy: The Early Post-Detonation, Asian Survey, Vol.5 No.6 (June 1965).

[279]Morton Halperion, China and the Bomb, New York: Frederick A.Praeger, 1965.

[280]William R.Harris, Chinese Nuclear Doctrine: The Decade Prior to Weapons Development (1945-1955), The China Quarterly, No.21 (January-March 1965), pp.87-95.

[281]Morton Halperion, China and Bomb: Chinese Nuclear Strategy, The China Quarterly, No.21 (January-March 1965), pp.74-86.

[282]Hungdah Chiu, Communist China's Attitude towards Nuclear Test, The China Quarterly, No.21 (January-March, 1965)

[283]Jonathan D.Pollack, Chinese Attitudes towards Nuclear Weapons, 1964-1969, The China Quarterly, No.50 (April-June, 1972), pp.241-271.

[284]Gordon H.Chang: JFK, China and the Bomb, the Journal of American History. Vol.74, No.4 (March, 1988), pp.1287-1310; Friends and

Enemies: the United States, Chinaand the Soviet, 1948-1972, Stanford University Press, 1990。梅寅生譯：《敵乎？友乎？：中美蘇關係探微（1948—1972）——美國分化中蘇聯盟內幕》，金禾出版社有限公司，1992年版。

[285]McGeorge Bundy: Dangerand Survival: Choicesaboutthe Bomb inthe Fifty years.NY, Random House, Inc, 1988；麥喬治·邦迪著，褚廣友等譯：《美國核戰略》，世界知識出版社，1991年版，第715頁。

[286]John Wilson Lewis and Xue Litai, China Builds the Bomb, Stanford University Press, 1988； 約翰·劉易斯、薛理泰著，李丁等譯：《中國原子彈的製造》，原子能出版社，1990年版。

[287]約翰·劉易斯、薛理泰：《對中國核政策與核戰略的評估》，《全球核態勢評估報告（2010/2011）》，時事出版社，2011年版，第64—76頁。

[288]Foreign Relations of United State, (FRUS), 1961-1963, VoL XXIII, China; FRUS, 1964-1968, Vol.XXX, China; FRUS, 1969-1972, Vol.XVII, China; FRUS, 1973-1976, Vol.XVIII, China.

[289]William Burr Edited.The United States, China and the Bomb，這是國家安全檔案館第一份電子簡報；William Burr and Jeffrey T.Richelson Edited. The United States and the Chinese Nuclear Program, 1960-1964; William Burr Edited. The Chinese Nuclear Weapons Program: Problems of Intelligence Collection and Analysis, 1964-1972. http://www.gwu.edu/~nsarchiv/

[290]James G.Hershberg Edited. Selected recently declassified

U.S.government documents on American policy toward the development of atomic weapons by the People's Republic of China, 1961-1965.

[291]William Burr, The Kissinger Transcripts: The Top Secnet Talks with Beijing and Moscow, The New Press, 1998。威廉·伯爾著，龐偉譯，《基辛格祕錄》，遠方出版社，1999年版；威廉·波爾著，傳建中譯，《季辛吉祕錄》，台北：時報文化出版企業股份有限公司，1999年版。

[292]http://www.foia.cia

[293]Allen, John, Jr., John Carver, and Tom Elmore. Editors, Tracking the Dragon: National Intelligence Estimates on China during the Era of Mao, 1948-1976.Washington, D.C.Executive Office of the President, Central Intelligence Agency, Office of the Director, National Intelligence Council, 2004.

[294]http://nsarchive.chadwyck.com/marketing/index.jsp

[295]William Burr and Jeffrey T.Richelson, A Chinese Puzzle, The Bulletin of the Atomic Scientist, July/August, 1997; Whether to "Strangle the baby in the Cradle" -The United States and the Chinese Nuclear Program, 1960-1964, Internatioal Security, Vol.25, No.3 (Winter 2000/01).

[296]Lyle J.Goldstin, When China was a "Rogue State": The Impact of China's Nuclear Weapons Program on US-China Relations during the 1960s, Journal of Contemporary China, 2003, 12 (37), November, pp.739-764.

[297]Michael D.Swaine, China's Nuclear Weapons and Strategy (Detailed Outline)。麥克爾·D·斯溫的《中國核武器與大戰略》，

《冷戰國際史研究》第二輯，2006年版，第79—91頁。

[298]杰弗里·里奇爾森：《蘭利奇才：美國中央情報局科技分局內幕》，中信出版社，2002年版。

[299]Jeffrey T.Richelson, Spying to the bomb: American nuclear intelligence from Nazi Germany to Iran and North Korea, W.W.Norton & Company, 2007.

[300]Rosemary Foot, The Practice of Power: US Relation with China since1949, Clarendon Press, Oxford, 1995.

[301]Michael Lumbers, Piercing the Bamboo Curtain: Tentative Bridge-Building to China during the Johnson Years, New York: Manchester University Press, 2008.

[302]三船惠美：《瓦解中蘇同盟：美國對中國核開發的戰略》，《冷戰國際史研究》第二輯，世界知識出版社，2006年版，第92—107頁。此外在日語論文中，還有許奕雷：《肯尼迪政府和中國核武器開發》，《國際關係研究》，第23卷第1號，2002年7月，第79—85頁；許奕雷：《中國的核武器開發》，《國際關係研究》，第22卷第2號，2001年9月，第109—129頁。

[303]中共中央文獻研究室編：《周恩來年譜（1949—1976）》，中央文獻出版社，1997年版；《周恩來外交文選》，中央文獻出版社，1990年版；《周恩來軍事文選》，人民出版社，1997年版；金沖及主編：《周恩來傳》，中央文獻出版社，1998年版；周均倫主編：《聶榮臻年譜》，人民出版社，1999年版；《聶榮臻回憶錄》，解放軍出版社，1986年版；《聶榮臻軍事文選》，解放軍出版社，1992年版；《聶榮臻傳記》編寫組：《聶榮臻

傳》，當代中國出版社，1994年版；王焰主編：《彭德懷年譜》，人民出版社，1998年版；王焰：《彭德懷傳》，當代中國出版社，1993年版；東方鶴：《張愛萍傳》，人民出版社，2000年版；《張愛萍軍事文選》，長征出版社，1994年版；《宋任窮回憶錄》，解放軍出版社，1994年版。

[304]吳躍農：《毛澤東與中國第一顆原子彈爆炸》，《文史精華》，2003年第12期，第4—12頁；中國核工業總公司黨組：《周恩來與中國核工業》，《中共黨史研究》，1998年第1期，第4—10頁；聶力：《山高水長：回憶父親聶榮臻》，上海文藝出版社，2006年版；張勝：《從戰爭中走來：兩代軍人的對話》，中國青年出版社，2008年版；劉杰：《中國原子能事業的決策者和組織者——紀念周恩來誕辰90週年》，《光明日報》，1988年3月3日；袁成隆：《憶中國原子彈的初製》，《炎黃春秋》，2002年第1期，第24—27頁；張蘊鈺：《親歷中國首次氫彈試驗》，《百年潮》，2007年第4期，第17—21頁；劉柏羅：《從手榴彈到原子彈——我的軍工生涯》，國防工業出版社，1999年版；王箐珩：《金銀灘往事：在中國第一個核武器研製基地的日子》，原子能出版社，2009年版；王菁珩：《中國核武器基地揭祕》，《炎黃春秋》，2010年第1期，第24—29頁；李旭閣：《原子彈日記（1964—1965）》，解放軍文藝出版社，2011年版。

[305]葛全能編著：《錢三強年譜》，山東友誼出版社，2002年版；王文華：《錢學森實錄》，四川文藝出版社，2001年版；葛能全：《錢三強與中國原子彈》，《中國科學院院刊》，2005年第1期；張勁夫：《請歷史記住他們——關於中國科學院與「兩彈一星」的回憶》，《人民日報》，1999年5月6日，第1版；科學時報

編：《請歷史記住他們——中國科學家與「兩彈一星」》，暨南大學出版社，1999年版。

[306]李覺：《當代中國的核工業》，中國社會科學出版社，1987年版；謝光主編：《當代中國的國防科技事業》上冊，當代中國出版社，1992年版；張鈞：《當代中國的航天事業》，中國社會科學出版社，1986年版；吳玉昆、馮百川：《中國原子能科學研究院簡史（1950—1985）》（1987年未刊行）。

[307]《關於發展原子能事業、反對使用核武器文獻選載（1955年1月—1965年5月）》，《黨的文獻》，1994年第3期，第13—27頁。

[308]Chong-pin Lin, China's Nuclear Weapons Strategy: Tradition within Evolution, Lexington Books, 1988。林中斌著、劉戟鋒等譯：《龍威：中國的核力量與核戰略》，湖南出版社，1992年版。

[309]朱明權、吳蓴思、蘇長和：《威懾與穩定：中美核關係》，時事出版社，2005年版。

[310]王仲春：《核武器核國家核戰略》，時事出版社，2007年版。

[311]胡禮忠：《中國的核試驗與中美核關係：中美學術界的相關研究評述》，《歷史教學問題》，2008年第3期，第86—90頁。

[312]戴超武：《朝戰時期美國對中國的核打擊政策》，《青島大學學報》，1992年第1期。

[313]趙學功：《論艾森豪威爾政府在朝鮮戰爭中的核訛詐政策》，《南開學報》，1997年4期，第43—49頁。

[314]鄧峰：《艱難的博弈：美國、中國與朝鮮戰爭的結束》，《世界歷史》，2010年第4期，第13—21頁。

[315]趙學功：《核武器與美國對第一次台灣海峽危機的政策》，《美國研究》，2004年第2期，第100—115頁。

[316]楊明偉：《創建、發展中國原子能事業的決策》，《黨的文獻》，1994年第3期，第28—34頁。

[317]李俊亭：《使中國挺直腰板的戰略性抉擇——為紀念中國核武器的誕生而作》，《當代中國史研究》，2005年第2期，第55—58頁。

[318]沈志華：《援助與限制：蘇聯與中國的核武器研製（1949—1960）》，《歷史研究》，2004年第3期，第110—131頁。

[319]戴超武：《中國核武器的發展與中蘇關係的破裂（1954—1962）》，《當代中國史研究》，2001年第3期，第76—85頁；2001年第5期，第62—72頁。

[320]張振江、王琛：《美國和中國核爆炸》，《當代中國史研究》，1999年第3期，第25—31頁；詹欣：《試論美國對中國核武器研製的評估與對策（1961—1964）》，《當代中國史研究》，2001年第5期，第86-94頁；郝雨凡：《從策劃襲擊中國核設施看美國政府的決策過程》，《中共黨史研究》，2001年第3期，第40—145頁；李向前：《六十年代美國試圖對中國核計劃實施打擊揭祕》，《百年潮》，2001年第8期，第23—33頁。

[321]詹欣：《美國情報部門對中國核武器計劃的評估與預測（1955—1967）》，華東師範大學學報，2007年第3期，第19—24頁；詹欣：《中國導彈計劃與美國情報部門的評估（1955—

1976）》，《中共黨史研究》，2008年第1期，第66—74頁；詹欣：《美國情報部門對中國人造地球衛星研製與發射的評估》，《當代中國史研究》，2011年第4期；沈志華、楊奎松主編：《美國對華情報解密檔案（1948—1976）》，詹欣主編（中國軍事卷），東方出版中心，2009年版；詹欣：《管中窺龍：美國情報部門對中國尖端武器計劃的評估》，沈志華、梁志主編：《窺視中國：美國情報機構眼中的紅色對手》，東方出版中心，2011年版，第112—140頁。

[322]陳長偉：《中國第一顆原子彈爆炸前後的美台關係》，《百年潮》，2006年第5期，第59—62頁。

[323]朱明權：《中國首次核爆炸試驗前後的美台衝突》，《復旦學報（社會科學版）》，2008年第5期，第3—41頁。

[324]詹欣：《試析美國對台灣研製核武器的對策》，《冷戰國際史研究》第三輯，2006年版，第129—140頁．《中國社會科學文摘》，2007年第4期。

[325]朱明權、潘亞玲：《約翰遜時期的美國對華政策（1964—1968）》，上海人民出版社，2009年版，第211—275頁。

[326]劉子奎、王作成：《美國政府對中國發展核武器的反應與對策（1961—1964）》，《中共黨史研究》，2007年第3期，第44—53頁；劉子奎：《肯尼迪、約翰遜時期的美國對華政策》，社會科學文獻出版社，2011年版，第1—59頁。

[327]張曙光：《美國對華戰略考慮與決策（1949—1972）》，上海外語教育出版社，2003年版，第249—281頁。

[328]劉洪豐：《20世紀60、70年代美國對中國核武器研製對策

調整》，《華東師範大學學報》，2003年第2期。

[329]陳東林：《核按鈕一觸即發——1964年和1969年美國、蘇聯對中國的核襲擊計劃》，《黨史博覽》，2004年第3期，第4—10頁。

[330]王成至：《美國決策層對1969年中蘇邊界衝突的判斷與對策》，《社會科學》，2006年第5期，第129—136頁。

[331]何慧：《美國對1969中蘇衝突的反應》，《當代中國史研究》，2005年第3期，第66—74頁。

[332]詹欣：《美國對華核戰略與1969年中蘇邊界衝突》，《中共黨史研究》，2011年第10期，第76—84頁。

[333]張曙光：《接觸外交：尼克松政府與解凍中美關係》，世界知識出版社，2009年版，第260—289頁。

[334]核工業部神劍分會編：《祕密歷程——記中國第一顆原子彈的誕生》，原子能出版社，1985年版；《祕密歷程——記中國第一顆原子彈的誕生》（修訂版），原子能出版社，1993年版。

[335]董學斌、賈俊明：《倚天：共和國導彈核武器發展紀實》，西苑出版社，1999年版。

[336]梁東元：《原子彈調查》，解放軍出版社，2005年版；《596祕史》，湖北人民出版社，2007年版；《中國飛天大傳》，湖北人民出版社，2007年版。

第二編　美國核戰略與國家安全

核轟炸、調查報告與美國國家安全政策

　　1945年8月6日和9日，美國向日本的廣島和長崎投擲了兩顆原子彈，成為在戰爭中第一個也是唯一一個使用原子彈的國家，不久第二次世界大戰全面結束。如何準確評估核子武器在戰爭中的作用？它對戰後國家安全戰略的影響到底是什麼？成為戰後初期美國決策層所關注的重點。學術界在研究美國核戰略 [1] 的起源時，往往過多關注美國在日本投擲原子彈的動機、原子彈在日本投降的作用等問題上 [2]，但在分析戰略轟炸調查團關於評估原子彈的影響報告存在明顯不足。 [3] 事實上，戰略轟炸調查團報告所提建議——核子武器具有侷限性，不應過於依賴於它，戰後在發展核力量的同時仍需加強常規軍事力量的建設——頗為長遠，但並沒有受到重視。

　　戰後大多數美國人都沉醉在核壟斷的優勢之中，試圖用核力量來威懾潛在的敵人，儘可能獲取最大的利益。一方面，杜魯門（Harry　S.Truman）斥巨資對核子武器進行進一步的研發，保持美國的核壟斷地位，另一方面在核子武器的使用上擁有最終決定權。美國內部對核子武器的研發並無太大異議，但在核子武器使用上卻爭論頗多。雖說NSC30號文件做出贊成當戰爭爆發時可使用核子武器的決定，但考慮到所涉及的太多問題，認為只有總統才有權處理。美國對蘇聯的核威懾，其作用並不明顯，反而激發了蘇聯研製核子武器的進程。1949年蘇聯成功進行核試驗，美國的核壟斷地位被打破。美國政府內部開始探討研製氫彈的問題，希冀在技術上再

次超越蘇聯。與此同時，美國重新審查國家安全戰略，其觀點回歸到戰略轟炸調查團報告的建議：當前要緊的不是發展更多更好的核子武器，而是全面提升常規軍事力量。

雖說研究冷戰初期美國核戰略的著作不勝枚舉，但從對日本核轟炸、對蘇聯進行核威懾，到最終核壟斷被打破，開始制定新的國家安全戰略，仍存在研究的空間。 [4]

一、對日本核轟炸與戰略轟炸調查團報告

美國戰略轟炸調查團的建立，其評估目標最初是針對德國的。從1943年始，美國空軍對德國進行了多次戰略轟炸，摧毀其多座城市，限制其發動戰爭的能力。隨著歐洲戰場局勢的逐漸明朗，1944年11月3日，美國總統羅斯福（Franklin D.Roosevelt）指示戰爭部長組建戰略轟炸調查團（USSBS），其任務是對德國城市轟炸效果進行公正的、專家性的研究，並為評估作為軍事戰略工具的空中力量的重要性與潛力，計劃美國未來軍事力量的發展以及決斷未來國防經濟政策奠定基礎。 [5] 到1946年末，戰略轟炸調查團共完成一份總結性報告和二百多份附屬報告。

歐洲戰事結束之後，盟軍開始把重心轉移到太平洋戰場。隨著美國在日本的廣島和長崎投擲了兩顆原子彈，1945年8月15日，杜魯門總統要求戰略轟炸調查團評估對日本核轟炸的效果，其任務是「準確地估量原子彈的影響——不要用帶感情的語言來描繪，而是用測量器來準確地測量。」[6] 戰略轟炸調查團文職人員約300名，軍官350名，軍士500名，其軍人60%來自陸軍，40%來自海軍。陸軍和海軍在人員、設備、交通與資訊方面儘可能提供援助。 [7] 1945年9月末，他們來到日本開始進行實地調查。除了評估原子彈的影響以外，調查團還對日本整體戰略計劃、捲入戰爭的背景、接受無條件投降的內部爭論與談判、平民的健康與士氣情況和日本民防機構的效率進行了研究。

從1945年10月到12月，調查團廣泛調查了特殊地點的轟炸景象、民防、士氣、傷亡、社群生活、設施與交通、工廠以及國民經

濟和政治影響，最終於1946年公布了研究報告。報告共分四部分，除簡要以外，還包括原子彈的效果、原子彈是如何爆炸的以及結論。該報告用較多的篇幅敘述了美國在廣島和長崎投擲原子彈所帶來的破壞，並對當天的氣象、城市建築物的構成進行分析，評估光輻射、衝擊波以及核輻射的效果。

與當時大多數人所想像的那樣——原子彈具有無限的力量——相反，該報告的口吻出奇的冷靜。作為報告的主要撰寫人，保羅·尼采（Paul H.Nitze）是第一批近距離觀察原子彈對城市所造成破壞的美國官員，但他並沒有被這種破壞所嚇倒。他認為原子彈是可以並可能再次使用的武器，在日本所見之破壞與在歐洲並沒有什麼特別的不同，「由一架飛機投擲的原子彈在廣島所造成的破壞不過相當於210架B-29轟炸機投擲燃燒彈所造成的破壞。」[8]因此在報告全文，滲透著他對核子武器的理解，他認為原子彈只不過是又一種武器，也許具有更大的破壞力，但與其他炸彈並無本質的區別。[9] 調查團在實地察訪中，印象最為深刻的是廣島的恢復跡象。他們得知城市的大部分鐵路系統從8月8日——也就是轟炸的兩天後——開始運營，電力在8月7日就已在部分地區恢復。正是上述數據奠定了報告的基調。

對於調查團來說，報告的目的不是簡單評估核轟炸的效果，而是為未來美國國家安全戰略提供決策依據。當時縈繞在他們腦海的一個問題是「如果轟炸的目標是美國城市，那麼該怎麼辦？」經過大量走訪調查，最終報告建議：

首先，建造掩蔽所。調查團發現，在長崎即使靠近零爆點，仍有幾百人迅速躲進地下掩體得以存活。而充足的預警時間，可以最大化地確保居民的生存。調查團甚至發現，在零爆點幾百英里以內

的地區，掩體能夠抵擋伽馬射線的輻射。例如在廣島，離零爆點約3.6平方英里的混凝土建築裡的居民沒有顯現出受到輻射的影響。因此他們認為充足的掩體能夠大量降低輻射所造成的傷害。

其次，分散重要工業和醫療設施。調查團認為，廣島和長崎之所以被選為轟炸的目標，就是因為人口與活動的集中。但長崎的死亡率是廣島的一半，其原因在於長崎居住區的分散。此外，在長崎投擲的原子彈受到山川、河流的影響，而原子彈對廣島襲擊所釋放的能量卻是最大的。從兩座城市的工廠所遭受破壞的比較中，也再一次印證了分散的重要性。調查團發現所有位於廣島周邊的工廠都遭到了嚴重的破壞，而在長崎最南端的工廠和船塢幾乎未受損傷，但位於原子彈襲擊山谷中的工廠遭到了嚴重的破壞。至於醫療機構，大多集中在市中心，而不是分散開來，因此破壞嚴重，僅有一些早先從廣島搬遷到偏僻山村的醫療設施能夠在被轟炸的最初幾天進行有限的醫療救助。因此調查團建議重要的生產地區不必由單一的權力部門或交通渠道來掌管，必要物資也不必由缺少足夠能力的工廠生產，重要物資的生產——無論是民用還是軍用——更不必侷限在幾個或以地域為中心的工廠。國家的大多數地區應被鼓勵儘可能實現平衡的經濟發展，這樣可以避免敵人使用原子彈來摧毀美國的生產能力。

最後，進行積極防禦。調查團認為，雖然上述防禦性手段可以減輕原子彈的破壞程度和傷亡率，但是沒有一個防禦性的手段能夠單獨、長久地保衛美國，最多可以透過部分地攻擊敵人來降低損失和保留國家機構的功能。因此在調查團看來，積極防禦的任務就是防止敵人使用核子武器進行突然襲擊。[10]

正是由於對核子武器侷限性的認識，調查團建議美國仍需加強

常規軍備的建設。尼采認為原子彈並沒有使戰爭過時，相反它卻增大了戰爭的賭注，並使爆發另一場珍珠港事件的危險大大增加了。因此他建議美國進行軍事研究和開發計劃，這樣在武器和戰術方面，美國不僅僅跟上時代的潮流，而且還領先任何潛在的進攻者。他認為防止戰爭的最好辦法就是為下一場戰爭做準備。[11]

然而在當時看來，戰略轟炸調查團報告的內容太激進了。二戰剛剛結束，所有的人都嚮往恢復和平時期的生活，沒有多少人會對防範原子彈襲擊感興趣，尤其美國還處於核壟斷的地位。因此，調查團關於評估原子彈影響的報告並沒有得到決策層的重視，它的建議被束之高閣。

二、核壟斷背景下的美國核戰略

　　如果說尼采在戰略轟炸調查團報告中所提出的建議，是為防範潛在的敵人，那麼到了1947年，這個敵人的輪廓就越來越清楚。這樣擺在美國決策者面前的一個問題是：美國是否可以利用核威懾來遏制蘇聯？

　　與尼采不同的是，作為當時在決策層中占有重要地位的政策設計室主任凱南（George Frost Kennan）認為，原子彈並不具備任何軍事價值。如此大規模殺傷力的武器，其最根本的弱點在於無法將攻擊對象的平民目標與軍事目標分離開來，這種對戰場殺傷毫無分別的武器，完全無法服務於任何現代軍事戰略。他認為美國的核優勢只是短暫的，蘇聯終究不會甘於落後——特別是對外部威脅十分敏感的史達林根本不會接受生活在美國核威脅的陰影之中——而必定大力研發蘇聯的原子彈。因此他建議美國放棄核壟斷，將對核能源的和平利用納入到國際管制機制上，以消除克里姆林宮的疑懼。[12] 實際上凱南在其著名的「長電報」和《X文章》中都沒有涉及核子武器問題，在其國家安全戰略中也沒有把核戰略納入到他所考慮的範疇之內。

　　杜魯門最初也認為核子武器沒有什麼軍事價值。在他給原子能委員會主席李林塔爾（David Lilienthal）的信件中，談到「不到萬不得已不應該再次使用這個東西。下令使用這種我們以前從來沒有過如此可怕的武器，是一件可怕的事情。你必須懂得這並不是一種軍事武器。它是用來消滅婦女、兒童和沒有武器的老百姓的，並沒有什麼軍事上的用途。因此我們必須把它與步槍和其他普通武器區

別對待。」 [13] 所以杜魯門在戰後反對由軍事部門控制原子能的梅——約翰遜提案，認為原子能計劃及其執行應當由文官控制，政府應當壟斷原料、設備和生產過程。 [14] 也就是總統擁有對核子武器使用的最終決定權。關於杜魯門對待核子武器的看法，學術界持有爭議。許多學者認為當初杜魯門在日本使用原子彈的主要目的就是對付蘇聯，這也是核威懾的最早案例。 [15]

但無論怎麼說，隨著美蘇在柏林問題的對峙，核威懾戰略開始納入到杜魯門的考慮範疇之內。1948年6月24日，蘇聯對柏林進行全面封鎖。面對蘇聯咄咄逼人的態勢，6月26日，杜魯門同意了軍方建議，向德國派遣2個B-29轟炸機中隊，即曾在日本投擲原子彈的那種飛機。7月中旬，又向英國林肯郡基地派駐了2個中隊。 [16] 雖然為了保險起見，所有派出的戰略轟炸機沒有一架是經過改裝可以攜帶原子彈的，不過它所製造的假象，就是美國打算使用核子武器。沒有證據說明這種策略到底對史達林的判斷產生過什麼影響，但美國的一些官員認為史達林在柏林問題沒有更加激化矛盾，似乎是出於對美國核力量的懼怕。

從1948年始，由於捷克斯洛伐克事件和柏林危機，加深了美國與蘇聯之間的矛盾，如何使用核子武器的問題越來越迫切的擺在了美國政府面前。1948年4月2日，國家安全委員會第9次會議開始考慮一旦發生戰爭使用核子武器的問題。 [17] 5月19日，陸軍部長羅伊爾（Royall）在致國家安全委員會的備忘錄中，建議「為確保所有部門對美國安全的各個方面負有責任有一個清晰的理解，有必要對美國一旦發生戰爭使用核子武器的意圖進行判斷，並制定一項高層決定」。他談到陸軍部已根據核子武器制定了自己的戰爭計劃，但是他對使用核子武器仍存有一些疑惑，特別是在道義方面。因此

他建議許多其他因素必須考慮在內。此外，為防止美國遭受突然襲擊而行動遲緩，他認為必須對核子武器的最終使用權加以明確，到底是參謀長聯席會議、總統還是政府內其他部門來負責。為了使美國在核戰爭中獲取最大的利益，他建議必須要考慮下面幾種因素：（1）指揮機構；（2）核子武器的監督與管制，（3）適當的核戰爭成為全面戰爭的計劃；（4）實施核攻擊的基地與維護；（5）對製造核子武器所需工業、人力和原材料進行適當的分配；（6）在軍隊中保持充足、適當的特殊機構與設備。最後，他建議國家安全委員會及其相關部門，考慮「一旦爆發戰爭，美國對核戰爭意圖的看法，包括使用時間和環境的考慮、針對目標的類型和特徵、國家軍事機構和所涉及其他政府相關部門的組織，以確保美國在核戰爭中獲取最大的利益」。[18]

根據羅伊爾備忘錄的建議，6月17日國家安全委員會第13次會議決定：指示國家安全委員會成員準備一份文件，對一旦爆發戰爭，美國對核戰爭意圖的看法，包括使用時間和環境的考慮、針對目標的類型和特徵進行分析。7月1日，在國家安全委員會第14次會議上，國家安全委員會提到了羅伊爾關於委員會應該盡快對此問題採取行動的建議，並指出國防部長福萊斯特（James Forrestal）希望在國家安全委員會採取行動之前，與總統就此問題進行討論。根據福萊斯特的日記，他於7月28日與馬歇爾、羅伊爾和布萊德利（Omar Nelson Bradley）討論了一旦爆發戰爭使用核子武器的問題，並於9月10日與國務卿討論了這份文件。[19]

這份以「美國核子武器政策」（NSC30）為題的文件，開宗明義認為「使用核子武器的決定，是一項最高決策」，「在未來衝突的性質還只能粗略預見的情況下，就預先規定或禁止使用某種武

器，看來不太謹慎」。究其理由，文件認為，首先「如果戰爭本身無法避免，企圖透過建議限制使用某種武器就能防止在戰爭中使用這種武器，看來是毫無意義的」；「如果做出一旦戰爭爆發將使用核子武器的決定，不論這種決定是否明確，以做出這種決定的危險性來衡量，在目前都將一無所得」。其次，公眾輿論因素。文件認為「對如此重要的問題進行考慮或做出決定，即使結論很明確，也等於把一個生死攸關的道德問題擺在美國人民面前，而目前這個問題對安全的全部影響還不明顯」。第三，國際輿論因素。文件認為美國關於使用核子武器問題的討論一定會傳到蘇聯人那裡，但蘇聯絕不會相信美國在必要時不考慮對他們使用核子武器。第四，盟國因素。文件認為盟國目前的安全感，主要是因為美國擁有原子彈。「如果美國在人道的立場上決定不使用原子彈，可能會受到世界上激進組織的稱頌，也將贏得蘇聯集團的喝采，但美國必將遭到西歐每個公民的徹底譴責，因為美國這樣做顯然會威脅到西歐脆弱的安全」。第五，時機因素。當聯合國就原子能監督問題進行辯論的時候，單方面做出關於使用核子武器的決定是否合適，也是文件所考慮的一個問題。「因為在原子能領域，即使那些從技術角度來看極為必要的關於有效監督的決定，原子能委員會都始終未能獲取蘇聯的同意，那麼原子能委員會關於要求所有國家在原子能領域進行合作的問題的性質核範圍，他們就更不能接受了」。最後，蘇聯及其衛星國的態度。文件認為在當前蘇聯拒絕在原子能問題上合作的情況下，美國試圖禁止或消極地限制使用核子武器，都會導致巨大災難。文件還對使用核子武器的時機做出了分析，認為「核子武器用於攻擊哪種類型和特徵的目標，基本上應在制定總戰略的計劃時從軍事上做出選擇。但在這一點上，必須進一步要求將政治責任與軍事責任結合起來，從而保證戰爭的指揮將盡最大可能推動實現美國

國策的基本和長遠的目標」。

基於上述分析，文件規定：「當戰爭爆發時，國家軍事建制（National Military Establishment）必須做好迅速、有效使用包括原子彈在內的所有武器，」「萬一爆發戰爭，使用核子武器的決定將由總統做出。」但考慮到上述因素，「目前美國不應就使用或不使用核子武器和在什麼情況下使用或不使用核子武器做出決定。」[20]

關於NSC30號文件，國務院遠東司司長巴特沃斯（Butterworth）認為，這事實上等於贊同使用核子武器。他在1948年9月15日的備忘錄中寫道：「核子武器應在何時使用，比如在戰爭爆發時，一開始就轟炸敵國境內主要人口中心還是先轟炸小的重要交通中心和特種工業中心，這個問題不能根據人道主義原則來回答，而應根據對本國的長遠利益來做出切實的衡量來回答。」[21] 9月16日，在國家安全委員會第21次會議上，國家安全委員會同意NSC30號文件的第12、13段（NSC Action No.111）。[22]

而事實上，在當時無論是在美國政府內部還是在盟國，對使用核子武器問題大多持支持態度。福萊斯特在一次宴會上發現，所有人一致認為如果戰爭打了起來，美國人民不但不會顧慮重重，懷疑使用原子彈是否合適，而且將期待政府使用這一武器。邱吉爾甚至說，美國想把這件武器的破壞力減到最低限度是個錯誤，這樣做會給俄國人以危險的鼓勵。[23]

這一時期，軍方就使用核子武器對蘇聯進行打擊，制定了一系列作戰計劃。[24] 根據這些計劃，美國把「最首要目標群」定為「蘇聯城市中的工業區」，如能將其摧毀，「就會使蘇聯的工業和控制中心癱瘓，從而大大削弱其武裝部隊的進攻與防禦力量」。空

中戰略攻勢將以一系列空襲開始，主要使用原子彈，時間為30天左右，共襲擊70個目標地區，其中居民2800萬左右。這些居民將約有10%喪生，另有15%受傷。 [25] 不過這份計劃過於依賴核閃電戰，並沒有得到福萊斯特的認可，1948年底，他指示聯合評價委員會重新評估核轟炸效果，1949年5月11日，空軍中將哈蒙（Harmon）完成了對蘇聯實施核打擊可能性效果的預測報告，該報告假設美國用33枚原子彈在30天襲擊蘇聯70個戰略目標的效果：蘇聯工業生產能力將下降30%—40%；270萬人死亡、400萬人傷殘。儘管如此，美國仍無法阻止蘇軍聯占領西歐、中東、遠東的重要地區。與大多數人見解相反的是，報告認為除非輔之以巧妙的宣傳和政治措施，否則使用核子武器可能在政治上起反作用。「對於大多數蘇聯人民來說，原子彈轟炸正好證實蘇聯的排外宣傳，使他們更加憎惡美國，團結起來，增強鬥志」。 [26]

其實，哈蒙報告與尼采的戰略轟炸調查團報告相似，都對原子彈的效果抱有一定的疑慮。不過在當時這種觀點沒有太多市場，大多人認為核子武器具有無限的破壞力，由於蘇聯在歐洲的常規力量上占有優勢，原子彈就是克服美蘇軍力不平衡的最佳手段。可以看出核壟斷在美國國家安全戰略構想中占有重要的位置，然而好景不長。

三、NSC68號文件與美國核戰略的發展

1949年9月3日，美國一架遠距離偵察飛機收集到了放射性空氣樣本，經過科學家的分析研究，確信在8月26到29日間，蘇聯在亞洲大陸某處進行了核試驗的時候，美國朝野上下大為震驚。不久作為直接負責遠距離偵察系統的空軍參謀長霍伊特·范登堡（Hoyt Vandenberg）將軍向杜魯門詳細彙報了蘇聯核試驗的細節，更使他感到吃驚。為避免公眾的恐慌，9月23日，杜魯門發表公開聲明：「我們所獲得的證據表明，在過去的幾個星期中，在蘇維埃社會主義共和國聯盟進行了一次原子爆炸……自從人類首次解放原子能以來，其他國家在這種新力量上的發展是意料之中的事。我們過去一直就估計到這個可能性。」[27]

核壟斷地位的喪失加劇了美國的不安全感，杜魯門政府開始尋求對政策進行調整，以改變當前不利的局面。一方面在核技術領域，迅速做出了擴大原子能生產能力的決定，即透過數量競爭來維持美國的核優勢，同時加緊考慮研發氫彈的決定；另一方面調整當前國家安全政策，從整體上加強對蘇聯的遏制。

按照杜魯門在1949年成立特別委員會的指示，特別委員會經過一番磋商與研究後，於1950年1月31日提交給杜魯門一份報告，建議：「（1）總統指示原子能委員會立即著手測定製造核融合核武的技術可行性，研製工作的規模和速度由原子能委員會和國防部共同決定；發射核融合核武所必需的軍械和運載工具也應同時開始研製；（2）總統指示國務卿和國防部長，考慮到蘇聯研製分裂炸彈和核融合核武能力的可能性，重新審查我們在和平與戰爭時期的目

標以及這些目標在我們戰略計劃中的影響。」 [28] 杜魯門只用了七分鐘會見的時間就批准了這份報告。

不久參謀長聯席會議請求杜魯門批准「立即全力研製氫彈以及氫彈所需的生產與運載工具」的建議， [29] 杜魯門將這一建議送交特委會審查。3月9日特委會在給杜魯門的報告中認為美國能在1951年內進行氫彈裝置的初步試驗，如果初步試驗成功，整個裝置可能在1952年末準備好進行試驗。 [30] 翌日，杜魯門簽署了命令，宣布氫彈的研究是最緊急的任務，要求加強在這個領域的研究，同時指示原子能委員會立即做出大量生產的計劃。至此，迅速發展氫彈已經成為一項官方政策。 [31]

以此同時，國務院政策設計室主任尼采向國家安全委員會提交了一份報告，全面分析新形勢下的美國國家安全戰略，這就是著名的NSC68號文件。

關於美國核戰略，文件從對美蘇核能力的軍事評估進行比較入手。其核心認為蘇聯的軍事實力已經對「自由世界」構成了嚴重威脅，蘇聯極有可能擁有數量眾多的原子彈和足夠的運載能力，在未來四年，蘇聯將獲得能對英國和西歐諸國發動突然襲擊的巨大打擊能力，以及將若干對美國極為重要的中心地區足以摧毀的軍事能力。如果這些地區遭受到嚴重的破壞，美國至少在經濟資源動員方面的優勢將大大削弱。「考慮到可能出現的意外情況和我們沒有比目前制定的方案更有效的反抗，蘇聯對我實施決定性先發制人的打擊的可能是不能排除的」。 [32]

然而同蘇聯相比，美國的軍事力量嚴重不足。由於核戰爭的初期採取主動行動與出其不意打擊的益處很大，「而一個生活在鐵幕後面的警察國家，由於其保障安全與決策高度集中的巨大優勢，更

加可能將主動行動與實施突然襲擊的益處發揮至頂點」。

尼采在文件中再次提出他在戰略轟炸調查團報告中的觀點：美國不僅僅要發展更多更好的核子武器，還要全面提升常規軍事力量。因此他建議美國必須「大大增加陸海空三軍的總力量，加強防空和民防計劃」。如果蘇聯按計劃於1954年發動進攻，那麼上述力量可以確保自由世界承受住蘇聯第一次突然的核打擊，同時也能保證自由世界繼續實現既定目標。不過在NSC68號文件中，尼采發展並改進了他對核子武器的看法。他不再更多的強調核子武器的侷限性，而是認為二者同為重要。因此文件建議優先考慮研發核融合核武。「如果蘇聯搶在美國之前發展了核融合核武，那麼整個自由世界面臨的蘇聯壓力將極大地增加，美國遭受攻擊的危險也隨之而增加；如果美國先於蘇聯發展核融合核武，那麼美國暫時有能力向蘇聯施加更多壓力」。

基於上述比較，文件認為在開發核子武器方面，「如果能從和平時期的國家軍備中有效地銷毀核子武器，那麼將符合美國的長遠利益」；「如果這種銷毀沒有實現，除了盡快增強我們核能力之外，別無選擇」。「不管哪種情況，都迫切需要我們和盟國盡快把陸海空三軍的總力量加強到一定程度，使我們在軍事上不那麼多地依賴核子武器」。

至於是否要對蘇聯使用核子武器，文件進一步發展了NSC30號文件的觀點。它提出「美國只有在目的明確、形勢緊迫、我國絕大多數人民都會同意的情況下，才能使用武力」。具體而言，「除非是作為對侵略的反抗，而且侵略的性質又是如此的清楚，使人非相信不可，以至於我國絕大多數人民都同意使用武力。一旦戰爭爆發，我們使用武力必須是為了迫使對方接受我們的宗旨，其規模也

必須和我們可能遇到的任務相一致」。文件假設，「如果與蘇聯發生大戰，必須預見：各方都會以自認為最能達到目的的方式來使用核子武器。從面對蘇聯我們進攻時我們存在的弱點著眼，只有在蘇聯首先使用核子武器之後，我們才應該使用核子武器實施報復」。但是文件指出，「如果在戰爭中，蘇聯始終不使用核子武器，我們還是不能確定我們能否保證朝實現這些目標的方向不斷前進」。只有美國獲得了制空權和核優勢後，才能遏制蘇聯，不讓它使用核子武器。

　　按照上述觀點，文件再次提出兩種假設：「如果1954年蘇聯的原子能力發展到了我們現在所預期的水準，一旦戰事爆發，那就很難想像蘇聯領導人會限制不使用核子武器，除非他們感到有充分的把握，可用的手段達到他們的目的；」「如果蘇聯使用核子武器我們作為報復，或者我們為了達到目的而別無選擇，這都要求核子武器襲擊的戰略和戰術目標必須適當，使用的方式也必須符合我們那些目的。」文件對製造氫彈持支持態度，「如果氫彈證明是可用的，並將大大增加我們的基本力量，我們就應該生產和儲存這種武器」。但同時也坦言，「我們對氫彈的潛力瞭解不夠，關於在達到我們目的的戰爭中，我們的作用如何，目前還不能做出判斷」。

　　文件明確反對凱南的放棄首先使用核子武器的選擇。因為「目前的形勢是，我們在常規武器方面準備得比較差，如果這樣一宣布，就會被蘇聯理解為我們承認有很大的弱點，而在我們的盟國看來，那就清楚地表明，我們打算丟棄他們」。文件還認為「這麼一個宣言是否會受到克里姆林宮足夠的重視，在他們決定是否襲擊美國時，會把它當作重要因素來考慮，是值得懷疑的」。確切地說，蘇聯在決策時，重視的是對手的軍事實力，而非對手是否宣布過對

軍事能力的使用方式。因此，當美國「不用打仗也能達到目的，或即使遇到戰爭，也不必為了戰略或戰術目的而動用核子武器」時，才能採取此選擇。

關於原子能管制問題。文件對核子武器進行協商一致的、可以核查的雙邊限制前景感到悲觀。首先，它認為「如果戰爭是長期的，那麼無論什麼樣的國際管制都不能阻止核子武器的生產和使用。即使最有效的國際管制，其本身也只能（1）保證核子武器已從和平時期的國家軍備中銷毀；（2）在違反規定時，立刻提出通知。實質上人們也只是期望有效的國際管制，能在得到違反規定的通知之後，到核子武器在戰爭中使用之前，確保有一定的時間而已」。

其次，即使這種管制制度能夠保證在得知違反規定與在戰爭中可能使用核子武器之間，有一段時間間隔，但間隔的長短是由許多不確定因素來決定的。例如拆毀現有的核彈頭儲備、銷毀保護性外罩和發射裝置，這些措施本身並不能對爭取時間提供什麼保證。因為保護性外罩和發射裝置極易生產，甚至可以在私下祕密進行，而武器裝配根本就花不了太多時間。如果能用某種方式消除現存的分裂物質，並對將來生產分裂物質進行有效的管制，那麼戰爭才可能不會以突然核打擊的方式開始。文件認為儘管有效地管制原料生產和儲備可以進一步延長無核打擊時間，但是當前蘇聯已經掌握了生產核子武器的技術，可能除了氫彈或別的級別新式武器以外，他們從違反國際管制協議到生產出核子武器之間的時間，將比1946年所估計的要短。

第三，其警告是否能延長無核打擊時間仍由許多因素來確定。文件認為在缺乏誠信的情況下，能否制定什麼制度確保發出警告，

仍值得懷疑。只有「原料和分裂物質歸國際所有，危險設備也歸國際所有並加以監督使用，國際核查專家隨時隨地對蘇聯各地進行不受限制的檢查」，才會對蘇聯祕密違約的行為進行控制。文件還認為「隨著科學技術的發展，單個反應爐的體積和能源消耗都會減少，成功生產運行地可能性將會增加」，那麼會「大大增加祕密製造核子武器來獲取絕對性優勢的危險性」。

第四，必須考慮加入國際管制所付出的代價問題。文件認為「如果有可能就有效的國際管制達成協議，美國在核子武器儲備和生產能力上的犧牲，要比蘇聯大得多」。因此只有「當建立起一個令人滿意的監督機制，包括開放本國領土，以便國際檢查，這才有可能使對蘇聯的影響超過美國」。此外，如果國際管制涉及到銷毀一切大型反應爐，由此中止了核能的某些和平利用，那麼蘇聯可能會提出，「它在這方面做出的犧牲要比美國大，因為蘇聯更需要新的能源」。

第五，蘇聯的態度問題。文件認為當前最主要的困難是美國無法確保雙方都真誠地遵守這個協議，特別是防止蘇聯對它有較大可能的破壞。

最後，國際管制與蘇聯的制度相牴觸。文件認為這是蘇聯拒絕接受聯合國計劃的主要原因。迄今為止聯合國所有有關軍控的計劃都不成功，清楚地表明：單靠檢查核設施是不能保證管制的；世界範圍的原子能活動，從礦產資源的開發到分裂物質的最終使用都由國際組織所掌握和實施。這是美國和自由世界其他國家所需要的，但蘇聯卻不能接受。國際組織在實施核監控時能否不受蘇聯直接或間接的影響同等重要，因為蘇聯把不在它控制下的任何國家都看成是受到美國控制的，如果不是實際控制，也是暗中控制。那麼凡是

美國和非蘇聯世界所堅持的任何立場，蘇聯都予以反對。因此，文件最終認為除非蘇聯的政策發生決定性的變化，否則美國就不得不認為蘇聯缺乏誠意。

基於上述觀點，文件認為「除非克里姆林宮的設想遭到了慘敗，使蘇聯的政策發生了真正、劇烈的變化，否則我們不可能期望透過協商能制定一個有效的國際管制計劃」。[33]

NSC68號文件是一份傳奇性的文件，在冷戰史中占有重要的地位。它以其表面冷靜的現實主義口吻，開宗明義高唱民主，結論亦堅信歷史將站在美國的一方。許多史學家認為它是「冷戰時期重要歷史檔案之一」，「是其後二十年間美國進行冷戰的藍圖」，[34] 同時奠定了美國核戰略的基礎。

四、結論

當1946年戰略轟炸調查團報告公布之時，美國處於絕對的核壟斷地位。雖說研究任務只是評估原子彈轟炸日本效果，但其長遠目的卻是為防範未來的核打擊而提供建議。此時日本已經投降，潛在的敵人尚未明朗，但從轟炸效果及其特性來看，報告已經認識到核子武器的侷限性，為防患於未然，需要加強常規軍備建設，不要過分依賴核子武器。但問題在於，原子彈的破壞力過於強大，往往遮蔽了它本身的不足。因此在戰後初期，核壟斷的優勢地位一度影響著美國的國家安全戰略構想。

戰後隨著美國與蘇聯矛盾的加劇，如何使用核子武器的問題越來越迫切的擺在了美國政府面前。儘管在政府內部仍持有大量異議，但對蘇聯採取核威懾卻是主流。一方面，在行政體制上，國家

安全委員會為解決核子武器使用的指揮和控制機制，制定第一份以「美國核子武器政策」為題的官方文件（NSC30號文件），明確只有總統有權處理使用核子武器問題；另一方面，軍方開始制定一系列以蘇聯為假想敵的戰爭預案，均把核子武器作為戰爭應急計劃的基礎。然而對蘇聯核威懾，作用並不明顯，反而激發了蘇聯研製核子武器的進程。1949年蘇聯成功進行核試驗，美國的核壟斷地位被打破。

核壟斷地位的喪失使得美國國家安全政策發生了本質的變化，像過去那樣過分依靠核子武器已經不適應當前的形勢了，在繼續保持核子武器的數量和質量的同時，必須加強常規軍備的建設，增加軍備開支。NSC68號文件的這些觀點似乎又回歸到戰略轟炸調查團的建議，其實這並不奇怪，因為兩份文件的主要撰寫人都是保羅·尼采。雖然文件倡導大規模發展常規力量並遭到了許多人的質疑，但由於韓戰的爆發，最終得到了杜魯門的批准。當然杜魯門在使用核子武器問題上也越來越謹慎，他確立了「把核子武器作為阻止蘇聯威脅的威懾手段，只有在威懾失效和發生同蘇聯的全面戰爭時，才把核子武器當作戰爭的工具」這一原則，此後歷屆美國政府也都遵循了上述原則。[35]

（原文載《中國社會科學報》，2010年1月28日，第7版，刊登有刪節。）

美國對華核戰略與1969年中蘇邊界衝突

　　1969年中蘇邊界衝突，無論對中蘇關係還是中美關係，都產生了重大的影響。有關這段歷史，近些年國內外學術界已有相當多的論著，它們主要集中在衝突的起源、過程以及對中蘇、中美關係影響的討論上， [36] 大多數學者都認為1969年中蘇邊界衝突對中美關係的轉變產生了重要的影響。但問題是，如果中蘇邊界衝突僅僅維持在常規武器的對峙上，這種影響還會有這麼大嗎？當中國在進行第一次核試驗之前，美國決策層多次探討對中國的核設施進行外科手術式軍事打擊，蘇聯並不積極，為什麼僅僅過了5年，當蘇聯轉而試探對中國核設施進行核打擊時，美國決策層反而開始反對？美蘇中都是有核國家，那麼核因素在三者之間到底起扮演了什麼樣的角色，這是本文試圖尋找的答案。

一、尼克森政府對中國核力量的最初認知

儘管尼克森上台伊始，便指示其國家安全顧問重新審查對華政策問題， [37] 但其步驟是謹慎的，在核戰略方面更是沿襲了詹森政府對華政策。1969年2月6日尼克森要求國防部副部長大衛·普克德對飽受爭議的「哨兵」反彈道導彈系統進行聯席複查，中國核威脅論仍然是「哨兵」系統存廢的主要爭論之一。支持者認為，到1970年代初中國估計將擁有約10枚洲際彈道導彈，如果沒有「哨兵」系統的保護，美國在中國使用10枚洲際彈道導彈的第一次軍事打擊下將會導致高達700萬人口的傷亡；而反對者則認為在可預見的將來美國在戰略進攻力量方面對於中國將具備有效的威懾，推遲部署並不會危及美國的國家安全。 [38]

與此同時情報部門也對中國戰略武器計劃進行評估，為高層決策提供參考。這份文件是尼克森政府關於中國戰略武器計劃的第一份評估報告，所以在總則方面對中國戰略武器計劃進行了回顧。文件的基調仍然強調中國核威脅論，認為（1）戰略武器系統的開發在中國一直被置於最優先的地位。儘管在過去的十年裡遇到了經濟與政治危機，但是該計劃仍然得以繼續進行，中國已經進行了許多適當的研究與開發，並建立許多必備的生產設施來支持正在進行中的重要戰略武器計劃；（2）中國已具備了地區性核打擊能力，其現在擁有幾枚可由兩架噴氣式中型轟炸機運載的核融合核武；（3）隨著中國生產噴氣式中型轟炸機並開發戰略導彈及其相配的核融合彈頭，在未來幾年這種有限的能力將得以適當的增長。中國可能將於1969年或1970年開始部署中程彈道導彈，到1970年代中期將能達到80至100枚的水準；（4）關於洲際彈道導彈，如果中國最

早在1972年末達到初始作戰能力的話，其數量到1975年可能在10至25枚之間；（5）中國可能近期將使用經改造過的中程彈道導彈作為發射工具發射衛星。

不過與詹森政府時期的評估相比，該文件還用較多的筆墨分析了中國戰略武器計劃所面臨的問題。他們認為（1）未來中國戰略武器計劃的速度、規模和範圍仍有許多不確定的因素。中國在開發和製造現代武器系統上所花費的時間要比幾年前所預測的要長。因為中國缺少在複雜的現代武器系統上取得快速進步所必需的廣泛的技術和經濟基礎。這種局勢還會由於國內政治局勢騷亂、困惑和不確定而加劇，甚至一定程度地被延長；（2）由於中國領導人難以取得尖端武器計劃的生產與部署和發展工農業關係二者之間的平衡，因此中國設計者可能認識到，他們不可能與超級大國的核打擊能力相抗衡。這將導致中國放棄初期導彈系統的大規模部署，而希望從擁有相對較少的導彈和飛機上獲得重要的威懾作用和政治影響；（3）由於中國戰略部隊相對較弱，中國肯定會認識到對鄰國和超級大國使用核子武器必將冒中國遭受毀滅性打擊的風險。整體而言這份文件在分析中國戰略武器計劃的有限性同時，繼續強調了中國核威脅論。[39]

2月底大衛·普克德完成報告，並建議尼克森繼續進行反彈道導彈計劃，但需要略加修改。對此，季辛吉表示贊同。儘管他認為部署的主要原因是「用我們願意限制反彈道導彈系統，來換取蘇聯願意限制進攻性武器」，但他也承認完全否定一次偶然襲擊的可能性或將有更多國家掌握核能力的前景，在他看來是極其不負責任的。中國只是第一個可能成為這樣的國家；別的國家還會跟上來。如果沒有任何防禦，一次偶發的發射就可以造成巨大的損害，甚至一個

核小國也能夠訛詐美國。[40] 3月5日，國防部對詹森時期的「哨兵」計劃提出了一個改進的版本，即「衛兵」計劃。其目標表面上是（1）提供針對蘇聯和中國的地區防禦；（2）為國家指揮機構提供正對蘇聯進攻的防禦；（3）保護陸基進攻性武器「民兵」導彈，以確保遭受第一次打擊後的報復能力。[41] 但實際上兩屆政府在部署反彈道導彈的理由上仍然是一樣的：即看來取得某種保護以防較小的核國家的意外襲擊或蓄意進攻是明智的，而不要企圖建立一個防禦蘇聯的龐大民防體系，因為這將會引起武器控制問題和預算問題。3月14日尼克森批准了這項計劃，並聲明「中國對中國人民的威脅以及一次意外進攻的危險是不能忽視的。批准這一計劃，就會使得在70年代發生中國的進攻時，或者來自其他任何方面的意外進攻時，把美國遭受的損失減少到最低限度」。更為嚴重的是，尼克森進而暗示美國和蘇聯在遏制中國方面有著共同的利益，「蘇聯像我們一樣，不願意使他們的國家暴露在潛在的中國共產黨的威脅之下。因此我認為，哪一國也不會贊同放棄這整個計劃，特別是在中國人的威脅存在期間。」[42]

　　為了進一步有效地防範中國的核威脅，7月14日，尼克森指示國家安全委員會就美國在亞洲的核戰略問題進行跨部門研究（NSSM-69）。該指令要求在以下四個方面進行研究：（1）美國對中國的戰略核能力。即列出在哪種可能的情況下美國將會對中國實施核打擊，包括對中國可能的目標體系和美國打擊這些目標所需的核力量進行研究，還涉及美國的戰略力量配置、行動計劃、所要求的指揮和控制系統和運作程序以及有關戰略充足的定性問題等；（2）美國在太平洋地區的戰術核能力。要求對美國在太平洋地區的戰術核能力角色，包括可能的中國襲擊和對盟國與非盟國以其他形式的襲擊進行威懾和防禦等情況進行審查；（3）核保護問題。

這項研究主要分析美國面對中國的核威脅，對盟國和非盟國所要承擔義務的政治情況；（4）核武禁擴問題。這項研究要求對上述三個領域中所產生可能核擴散的效應和對擴大「核武禁擴條約」執行面的潛在影響進行分析。 [43] 值得注意的是，該研究在強調美國對中國核威脅關心的同時，也進一步關注中國的核計劃與核武禁擴二者之間的關係。

有學者披露，尼克森和季辛吉曾考慮默許蘇聯對中國西北地區的核基地實施外科手術式的打擊，徹底解除對中國不負責任地動用核子武器的擔憂，其根據就是這份研究報告指令。甚至說季辛吉的下屬（未透露姓名）在冷戰結束後承認當時美國政府考慮了所有方案，包括默許蘇聯或與其合作攻打中國核設施的方案。以此說明當時尼克森政府更加傾向於「聯蘇抑中」，而並非眾所周知的「拉中抑蘇」的基本路線。 [44]

確實，直到1969年上半年，尼克森政府與詹森政府在對華政策方面並無本質的區別，仍然在各種場合強調中國核威脅論。但僅從一份研究指令就推斷出美蘇聯手或默許蘇聯對中國核設施進行打擊未免過於草率。這項指令原計劃要求在9月30日之前提交報告，但基礎研究直到1970年7月才完成，而提交到高級評估小組進行討論已經是1971年3月的事情了。 [45] 至於為什麼拖了這麼久？除了官僚機構互相推諉以外，也一定與中蘇邊界衝突有關。

二、核陰影籠罩下的中蘇邊界衝突與美國的對策

　　1969年3月2日與15日，中蘇邊界爆發武裝衝突，美國情報部門最初認為這場衝突是由中蘇雙方長期以來角逐對珍寶島的控制權所致，並且判斷是由中方引發了最初的衝突，但預測近期內不會發展為更大規模的武裝衝突。　[46]　季辛吉在其回憶錄中也坦言在當時「我們仍然主要關心越南問題，而不能對我們不瞭解其根源、而且其意義要經過好幾個星期才能看清楚地事態發展做出反應。……然而尼克森和我都認為，中華人民共和國是一個更富侵略性的共產黨國家，我們認為，更可能是北京挑起了戰鬥」。　[47]　至於中國之所以進行「挑釁」，情報部門推測主要出於以下幾個目的：（1）讓蘇聯在國際共產黨代表大會上難堪；（2）向蘇聯表明中國人無所畏懼；（3）吸引世界輿論並試探蘇聯的戰略意圖；（4）透過強化外部威脅來減少文革造成的分裂和權力結構的混亂。　[48]　這一時期美國基本處於觀望狀態，並認定中國是衝突的挑起者。

　　但隨著中蘇邊界衝突的加劇，美國的態度發生了微妙的變化。首先在地域方面，中蘇邊界衝突的擴大促使美國政府改變原有中國是挑釁者這一判斷。5月2日與6月10日新疆邊界地區開始爆發武裝衝突，中蘇之間的邊界衝突似有升級之勢。季辛吉說「在新疆發生的敵對行動打翻了我心中對誰是可能的進攻者的天平」。當他看了一份詳細的地圖時，「發現新疆事件發生的地點離蘇聯的鐵路終點只有幾英里，而離中國的任何一個鐵路終點卻有幾百英里。這使我認識到，中國軍事領導人不會選擇在這樣不利的地點發動進攻。此後我對問題的看法就不同了」。　[49]　但問題是，如果蘇聯是挑釁者並對中國進行全面入侵，顯然一個完全被削弱的中國並不符合美

國的利益，可是如何利用當前中蘇分歧，卻是一個戰略上的問題。7月3日尼克森指示季辛吉，就當前美國如何從戰略上利用中蘇分歧進行分析（NSSM-63）。指令要求從美中蘇三角關係的角度探討中蘇分歧的廣闊意義，特別是一旦中蘇發生軍事衝突美國可能的對策進行分析，此外也要研究當前在中蘇持續緊張但並未導致武裝衝突的情況下美國可能的對策。[50]

其次，中蘇邊界衝突的核因素加速了中美緩和。早在中蘇邊界衝突剛剛爆發時，便出現了蘇聯打算攻擊中國核設施的流言。3月末、4月初柯西金的女婿等人訪美時試探說蘇聯將要摧毀中國的核設施；7月義大利共產黨領導接到來自於蘇聯的信件，詢問如果蘇聯對中國核設施進行軍事打擊，義共的立場是什麼；此後蘇聯和美國的報界也開始有零星的報導。[51] 針對這一時期的流言，8月12日情報部門完成了關於中蘇關係的國家情報評估，特別對蘇聯企圖進攻中國核設施和導彈設施的可能性進行了分析。報告在開篇對3月以來中蘇邊界衝突進行了簡單的描述，認為當前中蘇關係改善的可能性極小，而未來爆發大規模戰爭的可能性是存在的。對於中國的核威脅，蘇聯可能認為即使少量的中國導彈也會改變戰略形勢，隨著力量的增長，中國在使用地面部隊上會更少受到約束。當前蘇聯已經採取了一系列政治、外交和軍事措施，但是最具有吸引力可能是先發制人地發動常規空襲，以摧毀中國的核設施和導彈設施。不過報告也認為中蘇雙方都會比較謹慎，中國不可能對蘇聯採取主動進攻，蘇聯也不希望與中國陷入一場曠日持久的大規模衝突。[52] 8月14日，國家安全委員會在加州聖克萊門特召開會議討論中國問題，但並未做出任何決定。不過在這次會議上尼克森以他革命性的理論卻使內閣成員大吃一驚，他說蘇聯是更具有侵略性的一方，如果聽任中國在一場中蘇戰爭中被摧毀，那是不符合美國利益

的。季辛吉後來對此做出評論「一個美國總統宣稱一個共產黨大國、一個我們與之沒有任何聯繫的長期以來的敵人的生存，對我們具有戰略利益，這是美國外交政策的一件大事」。[53]

　　按照尼克森7月3日的指令，除了組建以副國務卿理查德森為首，包括國務院、國防部、國家安全委員會和中央情報局各部門代表在內的特委會來完成這份報告以外，季辛吉也請求蘭德公司著名中國問題專家艾倫·惠廷提供對美國如何從戰略上利用中蘇分歧這一問題的看法。8月16日惠廷連夜趕寫了一份題為《中蘇敵對及其對美國政策的啟示》的報告，雖然惠廷已不再是官方人員，也無法看到最新的國家情報評估，但其觀點卻與其極為相似。他認為當前蘇聯的軍事部署和政治行為表明蘇聯對中國的核設施和導彈設施進行軍事打擊的可能性在增加，而對美國國家利益最大的威脅可能是雙方要使用核子武器。為此，他建議美國政府應該：第一，阻止蘇聯進攻中國；第二，阻止在中蘇戰爭中使用核子武器；第三，盡最大可能確保中國將蘇聯視為唯一的敵人。但是由於中美之間當前處於敵對狀態，美國實現這些目標手段有限，於是他提出四點建議：（1）美國總統向中蘇兩國領導人致函，表達美國的立場和對中蘇關係緊張的關切；（2）停止在華間諜活動；（3）如果蘇聯攻擊中共，那麼美國應該把中國問題提交聯合國處理；（4）解除對華貿易制裁。惠廷的建議很符合季辛吉的胃口，特別把中蘇邊界衝突的核問題與美國的國家利益聯繫在一起，從戰略角度分析中美蘇三角關係，正是近來尼克森和季辛吉所考慮的問題。[54]

　　自3月以來有關蘇聯打算對中國核設施進行軍事打擊的流言已有一段時間，但均是來自於第三方，美國從未在正式外交場合直接從蘇聯得到確切的相關訊息，直到8月18日，在蘇聯駐美使館的午

餐會上，蘇聯駐美使館二祕鮑里斯·達維多夫突然詢問美國國務院負責北越問題的特別助理威廉·史蒂曼，如果蘇聯進攻中國並摧毀中國的核設施，美國將做如何反應？如果中國在其核設施遭到蘇聯打擊下尋求美國的幫助，那麼美國的態度是什麼？是否會利用此坐收漁翁之利？ [55] 關於蘇聯試圖軍事打擊中國核設施，他還提出了5項理由：（1）中國的核能力在不遠的將來會對蘇聯構成威脅，因而必須在數十年內消除這種能力；（2）對中國的打擊將削弱毛澤東的統治，使持不同政見的高級官員和黨的幹部得以升遷；（3）中國因為擔心蘇聯發動更大規模的進攻而不大可能進行反擊，此外毛的地位被削弱會阻止他捲入與蘇聯的戰爭；（4）蘇聯的行為不會影響美國，事實上消除了中國的威脅反而使其從中受益；（5）如果蘇聯不採取行動，中國將會悄悄地發展核力量而不引起外界的警覺。這是蘇聯官員首次試探美國官員對蘇聯軍事打擊中國核設施的態度，由於達維多夫已在美工作多年，是個美國通，並且同國務院及其相關機構建立了廣泛的聯繫，在以往與美國官員交往時，他會經常提出一些想法和假設來試探美國的反應。因此在美國看來，很難說他提出軍事打擊中國核設施是個人行為，但是否完全依照指令行事也不能確定。 [56]

關於蘇聯是否真正計劃對中國核設施進行軍事打擊，學界爭論較大。當前尚無蘇聯官方檔案得以證實，我們只能從美國檔案進行間接地推斷，在蘇聯官方存在著對中國核設施進行軍事打擊的討論，至於這種討論是否真正升級為軍事計劃，未來還需要蘇聯檔案的佐證。不過大多數學者都引用1978年叛逃到美國的蘇聯聯合國副祕書長安·舍普琴科的回憶錄，談到當時在政治局多次研究了這一問題。 [57] 國防部長安德烈·格列奇科積極主張無限制地使用核子武器「一勞永逸地消除中國威脅」的計劃，而另外一種則主張用有

限數量的核子武器進行一種「外科手術式的攻擊」，摧毀其核設施。其實這兩種主張並無本質區別，都贊成對華使用核子武器，不同僅僅是使用核子武器的數量而已。不過贊成這兩種手段的人並不多，即使後一種手段，國防部第一副總參謀長尼古拉·奧加爾科夫也表示反對，他認為太過冒險，因為中國幅員遼闊、人口眾多，有豐富的游擊戰知識和經驗，一兩顆原子彈難以奏效，反而會使蘇聯陷入一場如美國在越南那樣的沒完沒了的戰爭。因此在轟炸中國問題上，蘇聯政治局分歧嚴重而陷入了僵局，有好幾個月不能就此做出決定。由於格列奇科的主張是以美國不會積極地反對蘇聯的懲罰性行動而會把它「吞下去」為前提的，於是蘇聯外交部、KGB和軍事情報局開始探聽華盛頓對一場核打擊可能做出的反應。蘇聯駐華盛頓使館奉命非正式地向美國中級官員進行了瞭解。 [58] 如果舍普琴科的回憶錄可靠的話，那麼這就是8月18日達維多夫向史蒂曼進行試探，不是個人行為而是依照指令的最有利證明。但是一些俄羅斯學者對舍普琴科的回憶錄有所懷疑，俄羅斯科學院遠東研究所研究員烏索夫認為，蘇聯在當時並沒有真正的核打擊中國的計劃，只是想逼迫中國回到談判桌前，核打擊的消息是蘇聯有意散布出去的。 [59] 而原遠東研究所所長基塔連科甚至認為根本不存在此事，是舍普琴科根據中央情報局需求編造的。 [60] 中國的一些學者也持支持蘇聯學者的看法，認為「中蘇兩國領導人當時對於戰爭可能性的判斷是錯誤的。值得注意的是，雙方都是為了應付對方的進攻而備戰，迄今還沒有任何檔案材料證明，雙方任何一方制定過進攻對方的計劃」。 [61] 還有中國學者認為「蘇聯自試驗成功核彈和洲際導彈後，遇到國際危機時便經常炫耀其威力」，「1969年6月以來，美國媒體和官員講話中一再傳出蘇聯可能對華實施核打擊，甚至說蘇方官員對美做過試探。此時正值尼克森剛擔任總統，

決心從越南乃至亞太地區採取軍事收縮，並考慮實施聯華抗蘇德戰略，在此背景下放出這類消息，自然含有恫嚇中國以促其對美國接近的目的」。[62]

　　無論是否真正存在蘇聯軍事打擊中國核設施的計劃，中蘇關係緊張加劇卻是不爭的事實。8月25日，季辛吉在聖克萊門特召開華盛頓特別行動小組，即國家安全委員會緊急計劃和危機處理小組委員會的會議，要求他們制定一個在中蘇爆發戰爭的情況下美國政府的應急計劃。[63] 8月28日國家安全委員會官員威廉·海蘭德向季辛吉提交了一份文件，對美國立場進行分析。他提出當前美國有兩種選擇，一種是不偏不倚的政策，另一種是偏向中國，他認為這兩種選擇均不可取。如果美國對蘇聯打擊中國核設施保持中立，並繼續與蘇聯進行一系列的談判，如有關中東問題的雙邊和四國談判、限制戰略武器條約談判（SALT）、海床條約談判等，那麼勢必會被中國認為是美國對蘇聯軍事行動的默許，這與尼克森政府試圖改善與中國關係背道而馳；而偏向中國，則會導致蘇聯極大的敵意，使蘇美關係長期受到傷害。[64] 其實這裡面還暗藏一個涉及軍控的觀點，即超級大國在實施預防性核打擊方面的合作先例將使得任何形式的國際核軍控體制難以得到國際社會的普遍認可。[65]

　　同一天，國務院還組織一批中蘇問題專家就7月3日指令（NSSM-63）所形成的文件草案進行討論。這些專家包括鮑大可、高立夫、弗雷德·格林和馬歇爾·舒曼，他們基本同意文件的分析，但認為過於低估蘇聯先發制人的危險性，因為即使是一次非核軍事打擊也會給日本、亞洲其他地區乃至西歐帶來巨大的影響。專家們建議：首先美國政府應該公開聲明反對任何中蘇敵對行動的升級；其次與蘇聯人私下進行會談，闡述對中國進行軍事打擊所可能帶來

的負面影響。 [66]

　　專家們的分析進一步加深了季辛吉的擔憂。9月4日華盛頓特別行動小組繼續在聖克萊門特召開會議，討論美國政府的應急計劃。在這次會議上，季辛吉明確指出如果聽任蘇聯對中國使用核子武器，勢必造成這樣一種惹人厭煩的情形，即確立了一個大國可以使用核子武器解決爭端的原則。如果這個原則被確立，那麼對美國所造成的後果是無法計量的。因此季辛吉認為當前對於美國人來講，僅僅研究核子武器對健康和安全因素的影響是根本不夠的，還必須考慮到美國在歐洲核政策等因素。那麼美國政府當務之急是應向蘇聯人清楚地表明美國的擔憂，並勸阻他們不要貿然行事。 [67] 但並非每一個人都同意季辛吉的觀點。國務卿羅傑斯並沒有把蘇聯對中國核設施進行先發制人的打擊的可能性看得那麼嚴重，他認為近期蘇聯的各種試探，是一種好奇而不是信號。顯然蘇聯受到中國問題的困擾並正在進行艱難的抉擇，儘管不能排除蘇聯進攻的可能性，但是他不相信這種狀況會發生。因為如果蘇聯一旦進攻中國，它將不得不冒與中國進行全面戰爭的危險。羅傑斯認為中蘇爆發戰爭的可能性不超過50%。 [68]

　　雖然羅傑斯向尼克森闡述了國務院的觀點，但顯然並沒有得到認同。季辛吉仍然堅持自己的看法，認為蘇聯人（達維多夫）不會如此隨便地提出那樣的問題。 [69] 9月10日，國家安全委員會官員赫爾穆特·索南費爾特和約翰·霍爾德里奇在遞交給季辛吉的備忘錄中，進一步支持了季辛吉的觀點。認為如果美國不對蘇聯圖謀進攻中國核設施的行為做出明確的反應，將會被認為是美國默許了蘇聯的進攻計劃。為避免給人這種印象，應該制定一個統一的原則，即美國反對蘇聯對中國進行先發制人的軍事打擊。 [70]

在季辛吉眼裡，蘇聯透過各種渠道試探美國的反應，根本不是好奇，而是一種明確的信號，雖然不能說這就意味著蘇聯要對中國核設施進行軍事打擊，但它加深了美國政府對這一問題的擔憂，特別在使用核子武器方面。美國正在尋求與中國改善關係以擺脫在越南的困境，而默許蘇聯對中國進行核打擊，勢必給緩和中美關係帶來負面影響。但此時中美之間並無正常官方溝通渠道，除了在媒體上明確自己的態度以外，似乎也沒有更多的辦法。就在季辛吉一籌莫展之時，中蘇關係出現了改善的跡象。

三、中蘇邊界衝突的緩和與美國把中國納入到核軍控體制的戰略啟動

9月11日，蘇聯部長會議主席柯西金在率隊參加胡志明葬禮回國途中，在北京機場與周恩來進行了會談。在這次會談中，針對近來關於蘇聯試圖對中國核設施進行核打擊的傳言，周恩來說「你們說我們想打核大戰，我們的核子武器的水準，你們最清楚。你們說，你們要用先發制人的手段摧毀我們的核基地，如果你們這樣做，我們就宣布，這是戰爭，這是侵略，我們要堅決抵抗，抵抗到底。」[71] 最後雙方一致同意，首先簽訂一個維持邊界現狀、防止武裝衝突、雙方武裝力量在邊界爭議地區脫離接觸的臨時措施協議，並進而談判解決邊界問題。[72] 9月18日，周恩來致信柯西金，建議雙方承擔不使用武力、包括不使用核武裝力量進攻對方的義務。[73] 9月26日，柯西金覆函周恩來，蘇方已採取了實際措施使邊境局勢正常化，並任命以庫茲涅佐夫為首的代表團準備與中方進行談判。[74] 顯然中蘇雙方已從一觸即發的大規模武裝衝突中退卻了下來。

關於周恩來與柯西金在北京機場的會談，對於美國人來說非常突然，尼克森是從報紙中才得知這個消息的，並召見季辛吉詢問他的看法。因為無法掌握更多的訊息，季辛吉只能從會見的聯合聲明進行分析。他認為聲明中並沒有使用過去描述這種會談的標準形容詞「兄弟般的」，表明雙方仍然存在著嚴重的分歧。至於尼克森詢問雙方的會談是否表明中蘇之間的緩和，季辛吉並不同意，他認為這是雙方嚴陣以待，以準備下一回合的鬥爭。9月16日《倫敦新聞晚報》刊登了一名與蘇聯官方有著密切聯繫的記者的一篇文章，似

乎進一步驗證了季辛吉的觀點,該記者在文章中談到了蘇聯對設在新疆羅布泊的中國核試驗基地進行空中襲擊的可能性,並指出「過去一年的事態發展證明了蘇聯恪守這樣一個理論,即社會主義國家為了自身的利益或者那些受到威脅的國家的利益,有權干涉彼此的事務」。[75] 為了應對中蘇之間可能爆發的戰爭,9月17日在華盛頓特別行動小組會議上,小組成員對涉及到美國國家利益的具體情況進行分析,例如如何增強美國偵察飛機對中蘇邊界的偵察?如果蘇聯對中國沿海和香港港口進行封鎖,美國將如何應對?一旦中蘇爆發戰爭,美國在北越問題上的戰略對策是什麼等等?[76]

雖說中蘇之間的爭吵自9月11日以來開始降溫,但在季辛吉看來這也許是大舉入侵的前奏。9月29日他在給尼克森的備忘錄中,回顧了近一段時間蘇聯的活動,並指出他非常關心美國對這些試探的反應。他認為「蘇聯對他們的對華政策可能還不確定,而我們的反應可能影響他們的打算。其次蘇聯可能利用我們在中國和世界上造成這樣一種印象,即我們正在祕密協商,而且很可能對他們的軍事行動處之泰然」。因此他認為美國應該清楚地表明沒有玩弄這些策略。[77] 然而在尼克森還沒有來得及就這些建議採取具體行動的時候,10月7日中國政府發表聲明,準備與蘇聯就邊界問題進行談判,10月20日中蘇兩國邊界談判在北京復會,中蘇敵對態勢得以進一步緩和。不過對於季辛吉來說,他仍持懷疑態度,認為程序性的協議改變不了淵源深遠的緊張關係。

11月10日華盛頓特別行動小組最終完成了關於中蘇發生重大武裝衝突美國對策的報告。報告共提出了14點應急措施,但最為重要的還是關於美國如何阻止蘇聯對中國進行核打擊。報告建議美國「應該公開強調其公正、不捲入的立場,敦促中蘇雙方不要使用核

子武器,透過談判恢復和平,並採取步驟避免任何挑釁行動。如果敵對行動由蘇聯挑起,那麼美國應該表達強烈的關注;如果使用核子武器,那麼美國應該強烈譴責這種行為。這些觀點應該私下地告之蘇聯人與中國人。如果中蘇之間發生常規武裝衝突,美國不會顯著地改變對蘇聯的雙邊談判立場。但是如果蘇聯使用核子武器,那麼美國至少將延期限制戰略武器的談判。」這份報告制定於中蘇戰爭一觸即發之時,但完成時中蘇之間已開始進行外交談判和後撤邊界軍事人員。與同一時期關於美國從戰略上利用中蘇分歧進行分析的NSSM-63報告相比,該報告主要針對的是在中蘇之間爆發核戰爭的情況下美國的對策,因此具有應急的特點。[78]

雖然由於中蘇邊界局勢的相對緩和,這些措施已失去了實施的意義,但是此次危機還是使得美國決策者著實緊張了一陣。事實上除了反對蘇聯對中國使用核子武器以外,尼克森政府也害怕蘇聯此番核訛詐會逼迫中國反應過度,促使其加入核軍備競賽,那樣美國將面臨更複雜的環境,而此時美國情報部門完成的一份對中國戰略武器計劃的評估正是這一時期的產物。該報告在論調上與2月27日的國家情報評估並沒有什麼不同,仍然在強調中國威脅論的同時指出所面臨許多不確定的因素。但是在分析中國在發展戰略武器方面所遇到的諸多技術、資源和國內等因素以外,特別詳細分析了蘇聯對中國核設施進行核威脅給中國戰略武器計劃帶來的影響。報告認為「蘇聯軍隊的大規模集結和近來邊界尖銳的衝突,已經增大了北京對蘇聯可能對中國採取一些重大軍事行動的擔心」。對於蘇聯的威脅,報告認為中國可能選擇有三:一是中國的恐懼可能刺激他們採取緊急行動以盡快部署;二是推遲部署,至少是推遲那些對蘇聯構成明顯威脅的武器,否則會增加蘇聯採取先發制人的軍事打擊;三是改善其地面部隊的機動性和火力,在儘可能不引人注意的情況

下在常規武器水準上與蘇聯發生衝突。報告並沒有對中國將做哪種選擇做出明確的判斷，但認為中蘇對抗將可能繼續成為影響中國戰略武器計劃的重要因素。[79]

此後，隨著中蘇邊界衝突的緩和，美國政府逐漸開始考慮把中國納入到核軍控機制上來。

四、結論

尼克森剛剛上台時，雖說有改善與中國關係的意願，但在具體行動操作上極其謹慎，其對華核戰略與前任詹森並無本質上的區別，仍然在強調中國核威脅的情況下繼續對其進行遏制，這一時期美國在對華政策上方法似乎並不多。那麼中蘇邊界衝突確實為中美關係的改善提供了一個機會，然而最初美國並沒有意識到，美國還理所當然地把中國作為衝突的挑釁者，並不想更多的捲入中蘇之間的衝突。不過隨著中蘇矛盾的激化，特別是有關蘇聯打算對中國核設施進行先發制人的核打擊的流言逐漸增多，甚至在官方渠道蘇聯外交官員開始對美國進行試探，這時美國政府才開始意識到，這是一個千載難逢的機會，美蘇中三角關係初露端倪。如果中蘇邊界衝突僅僅維持在常規武器的對峙上，尼克森政府不會如此嚴重關注，畢竟中蘇關係惡化已有十年，中蘇邊界糾紛也不是一天兩天的事情。但是美蘇中都是有核國家，核因素的存在使得中蘇邊界衝突變得與以往不一樣了。如果聽任蘇聯對中國進行核打擊，那麼完全被削弱的中國並不符合美國的利益，同時會被中國視為美蘇勾結，對中美關係的改善帶來負面影響。如果蘇聯僅僅是試探來逼迫中國重回談判桌前，那麼這種核訛詐也可能會使得中國加入到核軍備競賽，為正在準備與蘇聯進行裁減軍備談判的美國帶來極其複雜的局

面。因此中蘇邊界衝突為中美關係的改善提供了一個機遇，但是核因素卻是加速美國調整對華政策的催化劑。

（原載《中共黨史研究》，2011年第11期）

美國對台灣研製核子武器的對策

　　有關冷戰時期核子武器的研製、核擴散與防止核擴散一直是學術界關注的重大課題。作為冷戰體制一極的核大國——美國，對於那些試圖研製核子武器的國家或地區，其外交決策迥然相異，頗為耐人尋味。本文以台灣祕密研製核子武器為個案，利用美國國家安全檔案，分析台灣的動機以及美國的對策，進而探討冷戰時期美國針對其盟友研製核子武器問題所採取的政策的特點。

　　台灣試圖研製核子武器是公開的祕密。自1960年代中期以來，台灣就透過「以民掩軍」的方式，祕密研製核子武器，並取得了初步的進展。然而由於國際社會，特別是美國的施壓，台灣被迫公開放棄核子武器的研製。不過鑒於美國與台灣之間的特殊關係，美國就核子武器問題對台灣的核查猶如一場「貓捉老鼠的遊戲」，[80]美國從未動過真格，台灣也從未放棄研製核子武器的夢想。

一、台灣研製核子武器與美國的干預

在國際社會中，一個行為體要研製核子武器，通常與其不利的安全環境相關聯。由於核子武器超級毀滅力量所帶來的威懾性，越來越吸引那些透過常規武器不能改變現狀的行為體，利用核子武器改變其劣勢。

1964年10月16日中國大陸成功進行第一次核試驗是台灣試圖研製核子武器的重要原因。儘管中國大陸擁有核子武器一事的政治意義要遠遠大於其軍事意義，但還是給台灣帶來了巨大的恐慌。蔣介石在與美國駐台灣大使館官員萊特的會談中，談到中國大陸的核爆炸是一次具有深遠意義並給亞洲帶來不可想像的心理影響的事件。[81] 台灣外交部長沈昌煥則從普通人的角度指出了台灣百姓害怕中共只需三枚原子彈就能夠摧毀基隆、台北和高雄的焦慮心態。 [82]

眾所周知，美國早在1954年12月就與台灣簽署了《共同防禦條約》，把台灣納入了其保護圈。時任艾森豪（Dwight D.Eisenhower）政府的國務卿杜勒斯（John Foster Dulles）曾聲稱如果中國大陸要解放台灣，一旦發動進攻，美國就採取「報復行動」，「就應該有某種自由在我們選擇的地方，用我們選擇的方式，用機動部隊進行報復」。 [83] 然而隨著中國大陸軍事實力的不斷增長，特別是成功研製核子武器後，海峽兩岸的軍力平衡開始被打破。台灣早在中國大陸核試驗之前就積極慫恿美國，對大陸核設施進行軍事打擊。1963年9月10日，蔣經國訪問美國，在與總統國家安全事務助理麥克喬治·邦迪（McGeorge Bundy）的會談中，談到希望能與美國合作，使用各種手段摧毀中國大陸核設施並最終遏

制其核爆炸。為打消美國關於此種行動可能引起美中之間大規模軍事衝突的顧慮，蔣經國一再聲明台灣承擔全部政治責任，僅僅希望美國能在運輸和技術方面提供援助 [84] 。翌日，蔣經國拜見甘迺迪（John F. Kennedy），在積極向他推薦台灣反攻大陸計劃的同時，特意具體談到空投突擊隊的一個目標就是襲擊中國大陸核設施及其導彈基地。 [85] 事實上，對中國大陸的核設施進行軍事打擊一直是美國政府考慮的一項政策，他們認為如果要選擇軍事手段，無非有以下幾種方式：公開的常規武器打擊、與中國大陸的叛亂組織合作及進行祕密的軍事打擊、由國民黨軍隊進行轟炸和空投國民黨部隊。然而上述手段都有不可協調的矛盾，很難令人滿意，特別是後兩種利用台灣力量打擊中國大陸核設施的設想，美方認為幾乎不可能實現。由此可以看出，美國對台灣實力的不信任。 [86] 在採取什麼手段對付中國大陸核子武器的問題上，美國政府經過多方論證、斟酌，最終採取務實態度，放棄了對中國大陸發動先發制人的單方面軍事行動的打算，轉而希望能與蘇聯合作，如聯合對中國大陸的核試驗進行警告、或達成聯合採取預防性軍事行動的協議等來限制其影響。 [87]

對於美國方面的這種態度，台灣頗為失望與不滿。中國大陸成功進行核試驗後，蔣介石、宋美齡及其他台灣官員更是利用各種場合叫嚷「中共的主要目的就是摧毀台灣及其國民黨」，因此「在當今最大的威脅是中共而不是蘇聯」。他們強調中國大陸核試驗「不僅僅對於亞洲周邊國家，而且對於美國來說也是一個威脅」。多次建議美國「使用常規力量在中國大陸擁有危險的核力量之前，摧毀他們的核設施」。 [88] 不過，由於此時美國政府主流派認為中國大陸的核能力與美國不能相提並論，如中共先發制人發動襲擊無異於自殺，故美國沒必要為襲擊中國大陸核設施而冒險，台灣慫恿美

國軍事打擊中國大陸核設施的政策以失敗告終。

鑒於中國大陸已擁有核子武器,美國又並未如台灣所願軍事打擊大陸核設施,蔣介石決定在繼續維繫與美國盟友關係的同時,「自力更生」研發核子武器,以扭轉其劣勢。1965年7月,蔣介石命令國防部次長唐君鉑籌建中山科學研究院和核能研究所,並撥款1.4億美元,用於核子武器和陸海空三軍各軍種武器裝備的研發。

只是在台灣內部,對於這項核計劃卻存有爭議。著名科學家吳大猷曾寫信給蔣介石,指出該計劃有幾個致命的不足,「首先是對核子武器研製經費過於低估;其次是必須冒著與美國衝突的風險;最後是高估了研製成功的機會」。「如果再算上彈道導彈的研製經費,總體上絕非台灣所能承擔得起的」。因此吳大猷認為該計劃不符合台灣的安全利益。 [89] 作為台灣核計劃的組織者,唐君鉑也認為台灣發展核子武器的全部理念是不現實的,已經超出台灣的能力。台灣大學歷史系教授許倬雲則指出了台灣面臨的困難,認為首先台灣未能尋找到一個可為其提供核原料的來源國,其次中山研究院在發展導彈能力上陷入困境,最後中山研究院試圖從海外吸引一些科學家回來研發核計劃受到挫折。 [90] 對於上述反對意見,蔣介石並未聽取,只是同意把台灣核計劃歸民用原子能機構來負責,繼續推動核子武器的研發。

考慮到核子武器的敏感性,台灣決不敢公開研製,因此唐君鉑決定採用以色列研製核子武器的模式,即假借民用之名,從當時世界核能較為先進的國家獲取技術援助。然而由於台美之間的密切關係,台灣尋求研製核子武器的企圖並未躲過美國政府的偵察。1966年3月,美國駐以色列大使館發現在2月中旬,台灣核能研究所所長鄭振華及其助手前往以色列,參觀其核設施。這是關於台灣試圖從

外界獲取幫助研製核子武器的最早記錄。但是，以色列考慮到美國的因素並未答應台灣的要求，因此台灣從以色列獲取核設施援助的目的沒有實現。 [91]

不久，關於台灣試圖從外界尋求幫助研製核子武器的情報越來越多，但大多來自於聯邦德國。3月末美國駐聯邦德國大使喬治·麥吉（George C.McGhee）得知台灣正在試圖與西門子公司談判，將花費5000萬美元購買一個多目的50兆瓦重水反應爐。雖說聯邦德國政府內部對於出售反應爐一事頗有爭議，但總體來講持反對態度。聯邦德國外交部一方面要徵求美國政府的意見，另一方面還要考慮到與蘇聯和中國的關係，因此態度消極；而聯邦德國科技部雖曾對此表示支持，卻堅持以把這筆交易置於國際原子能機構的安全保障體制之下為前提，只有台灣與國際原子能機構簽署安全保障協定，才允許出口反應爐。 [92] 4月7日，美國駐歐洲使團也瞭解到台灣準備購買西門子公司反應爐的情況，並從商業競爭角度建議美國政府慎重處理此事。 [93] 4月8日，國際原子能機構一行四人調查團來到台灣，準備為兩處450兆瓦的民用反應爐選擇位置。但是台灣核能研究所的官員卻突然要求調查團為台灣另一處200兆瓦反應爐的選址提供建議，據說此反應爐由高等學府（如新竹清華大學和台灣大學）以及其他相關部門組成的財團贊助。作為調查團的美方成員約翰·麥考倫（John McCullen）拒絕了台灣的請求，他懷疑此財團背後的軍方背景，並認為這個反應爐與聯邦德國相關。 [94] 上述情報分析表明，台灣正在祕密尋求聯邦德國的幫助研製核子武器。

鑒於問題的嚴重性，4月23日，美國國務院正式做出決定，強烈反對台灣購買聯邦德國的反應爐，除非聯邦德國政府堅持讓台灣做出向國際原子能機構申請安全保障協定的明確承諾；同時勸說聯

邦德國政府與台灣進行公開的交易，以免導致誤解和猜疑。 [95] 針對美國政府施加的壓力，台灣國民黨政權不得不在核計劃方面有所收斂。1967年2月16日，鄭振華向美國保證，台灣將簽署協議購買西門子公司50兆瓦重水反應爐，並把該協議置於國際原子能機構的安全保障檢查機制之下。同時，鄭振華辯解擬購買的反應爐是用來作為商業電力能源使用的，它與核子武器研究沒有任何關聯，台灣原子能委員會也沒有參與購買核反應爐。 [96] 由於台灣方面的上述承諾，美國認為，既然台灣已表示以與國際原子能機構簽署安全保障協定為交易的一個條件，那麼就可以先排除其購買反應爐具有研製核子武器的目的。不過，美國仍然希望能掌握台灣和平使用核能計劃的全部資訊。 [97] 至此，台灣購買反應爐所引起的危機暫時告一段落。

　　總之，台灣自1960年代中期投入大量人力、物力、財力祕密研製核子武器以來，一面對臨巨大的困難。箇中原因，除其自身問題以外，主要還是有來自於美國的壓力。60年代美蘇雙方為減少由對抗而引發核戰爭的危險，經過談判簽署了一系列關於核問題的條約，包括1968年7月1日簽署的《核武禁擴條約》，建立核武禁擴體系，其目的就在於阻止核俱樂部成員的擴大。也即是說，除五個核大國外，其他任何國家和地區都不能擁有核子武器。儘管台灣是美國的盟友，美國的政策也仍然是堅決反對其研製核子武器、其民用核能必須置於國際原子能機構的安全保障之下。

　　實際上，就台灣方面而言，雖然在核計劃的實施問題上陷入了前所未有的窘境，但卻從未放棄其研製核子武器的野心。而就美國方面說來，儘管多次對台灣進行打壓，卻也並未動真格。簡而言之就是，台灣做而不說，美國壓而不罰。

二、美國干預的加強及其侷限

　　1960年代末國際形勢發生巨大變化，美國整體實力相對削弱。為對抗蘇聯，尼克森（Richard M.Nixon）上台後開始著手調整對華政策，由過去的敵視、遏制到接觸並與之合作，台灣在美國國家安全戰略中的地位急劇下滑。1969年台灣曾試圖從美國購買核廢料等的後期處理設備，但遭到了尼克森政府的反對，台灣開始加快研製核子武器的步伐。1969年7月在加拿大核能公司的幫助下，台灣自行研製的反應爐開始建造，並將於1973年4月正式運行。到1972年為止，以民用能源為目的，台灣利用來自美國、法國、德國和其他國家提供的設備，建造了一座小型後處理工廠、一個鈽化學試驗室和一個用來加工天然鈾的工廠，其用來研製核子武器的設備已初具規模。[98]

　　針對台灣在核能領域日益活躍的活動，1972年11月16日美國中央情報局做了一份評估，文件認為自1960年代末以來，中華民國政府開始在台灣進行一項獲取和運轉核能的野心勃勃的計劃。但是有證據表明發電並不是台灣在核能領域唯一熱衷的興趣。未來台灣將會繼續朝向設計與製造核子武器的能力而努力，但是當前台灣的意圖是開發製造與試驗核裝置的能力。文件估計這種能力到1976年能夠達到，此後兩三年是更可能的時段。中央情報局認為台灣繼續進行核子武器的製造與儲備，還將依賴與美國的關係、中華人民共和國的立場和台灣自身狀況等因素。文件認為迄今為止，在過去的幾年台灣對一連串的國際顛覆採取謹慎和小心的反應表明其並不打算冒險激怒北京或疏遠美國和日本。因此中央情報局認為雖然台灣似乎決定保持其武器選擇的不受限制，但是他們懷疑這種決定是否將

進行試驗或者製造和儲備未經試驗的裝置。 [99]

然而11月20日，聯邦德國大使館科技顧問亞伯博士（Dr.E.Abel）向美國方面透露，聯邦德國政府正在考慮由德國公司提供給台灣後處理設備（並不是全部設備），以及簽署為這個設備進行設計和建造的協議。 [100] 這個情報令美國政府頗為吃驚，他們從中看到台灣不僅違背承諾繼續試圖研製核子武器，而且其計劃的野心似乎也越來越大，畢竟後處理設備是向核子武器邁進的一個重要標誌。美國政府由此判定這個後處理設備是用來製造核子武器的，或者至少給人造成了這樣一種印象，於是決定對台灣和聯邦德國政府施壓，要求其取消這項交易。 [101] 1973年1月15日，美國駐台灣大使馬康衛（Walter McConaughy）約見台灣外交部長沈昌煥，正式告訴台灣，美國反對其購買聯邦德國後處理設備，希望台灣方面能夠認真予以考慮。但是在勸說中，美國方面並不明確表示其反對台灣擁有核子武器的態度，而是委婉地說明，基於經濟原因，台灣於當前購買聯邦德國後處理設備是不適宜的；建議其可以在美國或其他國家進行後處理，這樣一方面可以確保台灣能源的需求，另一方面比在台灣投資後處理設備更為節省。 [102] 這種做法彰顯了美國對台灣核計劃應對措施的侷限性。沈昌煥為此辯解說，台灣既無意圖，也無能力研製核子武器，購買後處理設備的主要目的是確保為其核電廠提供可靠、充足的能源。對此，馬康衛警告說：「一個微不足道的、小型後處理設備」可能會危及台灣核工業，甚至台灣的經濟。 [103]

面對美國政府的反對，2月8日，台灣行政院院長蔣經國不得不對外宣布台灣決不會發展核子武器，並希望美國在民用核能方面能夠提供幫助。 [104] 美國駐台大使為此表揚台灣做出了一個精明

的、審慎的決定。據此，美國壓制台灣研製核子武器的政策似乎取得了成效。只是好景不長，僅僅一天之後，美國就從英國方面獲得了一份關於台灣研製核子武器的評估材料，該文件顯示，台灣正在向為其將要完成的重水研究用反應爐提供3萬公斤天然鈾一事尋求建議，這一數量的鈾足夠使加拿大提供給台灣的40兆瓦反應爐運行三年，而民用核能根本無需如此巨量的天然鈾。由此，美國判定台灣仍然在祕密研製核子武器。 [105]

在數次反對台灣研製核子武器計劃無效之後，美國政府決定加強干預的力度。1973年3月20日，負責遠東事務的助理國務卿幫辦里查·史奈德（Richard Sneider）約見鄭振華，重申美方對於台灣購買聯邦德國後處理設備一事的關注，並提議派調查組考察台灣核研究狀況。鄭振華表面上表示歡迎，內心卻知道來者不善。他解釋說「台灣沒有向朋友隱瞞任何核祕密，台灣把其所有核研究反應爐、核科學與發展設備都置於國際原子能機構的安全保障機制之下」。「至於核能研究所建造的後處理設備，其能力極小，每年僅生產300公斤的鈽。」 [106] 不過這時在美國政府內部，對於派遣調查組一事仍有爭論，爭論的分歧主要在於對台灣核能力與核意圖的不同理解。國務院國際科技事務局反對派遣調查組，他們認為台灣現在僅擁有一個加拿大幫助建造的40兆瓦研究用反應爐在運行，如果台灣想從反應爐中盡快獲取鈽，必須不間斷地全力運轉並經常使用後處理來除掉已用過的燃料。即使最大的努力，反應爐用一年時間生產的鈽也只能製造出一個試驗性核子武器。如果按照上述計劃運轉的話，台灣是不太可能對其核計劃保守祕密的。如果台灣僅為研究而運轉反應爐，其全部能量僅夠運行數小時，根本不可能長期運行。在這種情況下，台灣為研製核子武器生產鈽還需很長一段時間，因此無需派遣調查組到台灣瞭解情況。而國務院情報與研究局

則持不同意見，他們雖然同意國際科技事務局關於台灣製造核子武器還需要一段時間的觀點，但認為其核技術已經取得了巨大的進步，因此當前派遣一個調查組去考察是有必要的。[107]

美國國務院在分析上述爭論後，決定支持史奈德提出的派遣調查組的建議。至於派遣的名目，當然要冠冕堂皇地確立為是討論未來5年內台灣與美國的核合作問題。而實際上，國務院要求調查組成員儘量與瞭解台灣核計劃的官員和科學家進行談話並參觀所有敏感的地區，[108] 以求切實摸清其核計劃實施的真實情況。關於調查組到台灣進行核查的具體情況，至今尚未有美國解密文件具體說明，但從台灣已故新聞界元老魏景蒙關於「美國這個代表團在台灣中止了台灣的核子武器發展計劃，在場的『中科院』軍方人士目睹此場景，悲憤欲絕，但卻無可奈何」的回憶記述看，這個調查組的最初目的基本達到了，即反對台灣試制核子武器，但可以在美國的幫助下和平使用核能。[109] 幾個月後，鄭振華到美國討論和平使用核能問題。在涉及後處理問題時，原子能委員會官員亞伯拉罕·傅里曼（Abraham Friedman）再次強烈警告，如果台灣繼續進行後處理的話，那麼將危及台灣的整體核能計劃。[110]

至於說到台灣未來是否不再會祕密研製核子武器的問題，美國似乎並不樂觀。不久，在美國為英國提供的台灣核子武器發展報告中便曾預測說：「儘管設備已經關閉，但完全可以相信一些有助於核子武器發展的基礎研究，如金屬流體力學研究，可能已經在幾個非核國家進行。我們不排除台北未來可能根據政治氣候和對軍事情況的考慮，而再度決定發展核子武器」。[111]

1970年代中後期，隨著尼克森—福特（Ford）政府對中國政府承諾逐漸減少美軍在台灣的軍事存在，美國開始撤走在台灣的核子

武器儲備。台灣為此面臨嚴重的安全困境，其擁有核子武器的心情也更加迫切。[112] 1976年5月，國際原子能機構按慣例對台灣核設施進行全面檢查，發現500克鈈不翼而飛。鑒於事態的嚴重性，國際原子能機構的總檢察長蘭道夫·羅米奇（Randolph Roemmich）率團親自檢查。9月14日，蔣經國約見美國駐台大使，向美國解釋台灣的核政策是不研製核子武器，並辯解購買的反應爐是基於和平使用的目的。為了向美國表示清白，台灣決定將採取兩個步驟：1.所有後處理研究，無論是和平的或其他的，都將被終結。2.準備一份台灣不研製核子武器的書面備忘錄。美國警告說，如台灣再次違反這一承諾的話，必將影響美國與台灣的原子能合作。[113] 9月20日，美國參議院外交委員會軍備管制、國際組織與安全協定小組舉行有關美國對台灣核能政策的聽證會，據負責亞太事務的助理國務卿恆安石（Arthur W.Hummel Jr.）說，台灣曾正式保證「決無任何核子武器或核爆炸裝置的意圖，亦未有任何與後處理有關之活動」。[114]

　　1977年卡特（Jimmy Carter）就任總統之後，防止核擴散成為其外交政策三項重點之一，美國進一步加強了對台灣的核查力度。1月17日美國國務院中國科科長李文率團一行七人到台灣進行核查，重點檢查核能研究所，特別對台灣研究用反應爐的性能及容量適合生產武器級的鈈原料表示嚴重關切。對於核查的結果，美國政府並不滿意。一個月後，美國提出六條限制條款要求台灣迅速改善：1.將所有核設施開放供美國政府隨時抽查；2.所有反應爐已使用的核廢料，應依雙方協議條件處理；3.應結束從事任何燃料轉化提煉鈈與鈾的設施；4.所有目前擁有的鈈，應有償轉移給美國；5.將不從事任何涉及核爆炸能力的計劃；6.台灣研究用反應爐應停止運轉。[115]　這是美國政府自關注台灣祕密研製核子武器以來最嚴厲的一

次決策。之所以如此，是由於當時的卡特政府認為台灣已具備製造核子武器的人才、技術及資源，為防患未然，決定儘早消除台灣製造核子武器的能力。 [116] 不過，美國方面提出的條件雖然苛刻，其主要目的還是針對核子武器的，對於台灣的民用核能則未加限制。

雷根（Ronald Reagan）政府上台後，改變卡特政府的核能政策，對於民用核能的後處理不再阻止。由此，台灣在80年代先後與美國、英國、法國和南非合作，購買了大量核燃料，並先後修建了3座核電站，6座核反應爐，65個核設施，裝機容量達到514.4萬千瓦。 [117] 正是在這種情況下，台灣研製核子武器的野心再次被激發。然而，1988年1月9日，台灣核能研究所副所長張憲義竊取核子武器計劃機密文件叛逃美國，台灣仍在祕密研製核子武器的內幕隨之曝光。這件事導致美國政府迅速派團赴台進行核查，同時拆除了那裡價值18.5億美元的重水反應爐。台灣祕密研製核子武器的夢想，至此再次破滅。

三、結論

透過對台灣研製核子武器及美國因應政策的考察和分析，我們可以得出以下幾點認識：

首先，美國在防止核擴散政策方面持有雙重標準。在冷戰時期，美國透過各種組織、運用各種手段最大限度地遏制蘇聯及其共產主義集團，特別是對於蘇聯集團的核子武器領域，更是嚴格控制；而對於自己的盟友，美國卻大多採取相對和緩的手段。自1960年代中期美國發現台灣祕密研製核子武器以來，美國對台灣核政策

主要表現在兩個方面，一是在和平使用核能方面進行合作；另一方面是限制不得從事濃縮鈾的提煉以及核廢料後處理。這兩個方面是相互關聯的，即美國以和平使用核能為誘餌，脅迫台灣放棄研製核子武器，同時透過台灣放棄核子武器的研製，加強美國與台灣在民用核能方面的合作。縱觀冷戰時期美國對台灣的核政策，其效果並不顯著，雖說美國多次向台灣施壓，並派遣核查小組，甚至拆掉其核設施，但是台灣研製核子武器的野心從未放棄。以此導致美國屢次警告，台灣屢次再犯。這種現象究其原因，還是與美國在防止核擴散領域所持的雙重標準有關。

其次，美國對台灣的核政策服從於美國的整體對華政策。台灣祕密研製核子武器時正是美國對華政策發生重大變化的時期，中美關係的改善促使美國政府加強對台灣研製核子武器的控制，這一點在尼克森、福特和卡特三屆政府時期尤為顯著。雖然雷根政府對台灣有所放鬆，但是並未超出其前任對台核政策的尺度。不過，從另一個角度看，美國一方面以與台灣合作發展民用核能為由壓其放棄研製核子武器；一方面卻並無懲罰措施跟上，而且對台灣核設施的核查也極不徹底。這一情況實際彰顯了美國政府的一種意圖，即利用台灣研製核子武器一事，達到「以台制華」的目的。

概而言之，美國政府對台灣研製核子武器的決策反映了冷戰時期美國對其部分盟國研製核子武器的政策的特點，即以冷戰體製為大架構，以提供核保護傘為前提，與盟國進行民用核能合作，脅迫其放棄研製核子武器。但是考慮到遏制共產主義集團的目的，美國對這些盟國的所作所為又睜一眼閉一眼。正是這種矛盾心態導致了冷戰時期防止核擴散政策的失敗，並且進而威脅到了後冷戰時代。

（原載《冷戰國際史研究》第三輯，2006年版）

美國、印度與中國第一次核試驗

　　核子武器是人類歷史上設計、製造和使用過的最具威力性的武器，其破壞性可以在瞬間大規模殺傷對手，迫使對手屈服。縱觀冷戰時代，核子武器發展史也是核擴散的歷史，一部從超級大國向第三世界擴散的歷史，當前的北韓核危機和伊朗核危機不過是歷史的延續。那麼國家為什麼需要核子武器？為什麼明知國家間的核大戰會對人類生存造成極大威脅而仍執意開發？國家安全到底在發展核子武器計劃中造成多大的作用？

一、美國對印度核計劃的關注與擔憂

　　印度在核領域探索較早，早在1945年就組建後來被稱為「印度核工程搖籃」的塔塔基礎研究院（Tata Institute of Fundamental Research），1948年8月15日印度制定並通過了《原子能法案》，正式成立原子能委員會，直到1954年8月2日被新成立的原子能部所取代。到1960年代初，印度已建成一個研究中心、三個研究反應爐、一個燃料製造工廠、一個重水工廠和一個輔助設施，事實上已經初步具備發展核子武器的能力。[118]

　　自1950年代末始，美國開始關注印度的核計劃。1958年情報部門就認為印度已經在核能領域開始實施了一項小規模的計劃，其目的是培訓必要的科學技術人才、用於醫學、農業和工業的本國放射性同位素生產、核能的長期發展。當然情報部門也認識到印度核計劃的侷限性，認為印度會尋求外界的經濟和技術援助，特別是英聯邦國家。由於尼赫魯（Jawaharlal Nehru）一直追求和平的核計劃，因此他們判斷當前印度不會尋求製造核子武器。不過有意思的是，在這份評估報告中並沒有談及中國的核計劃，卻認為在亞洲對印度核計劃構成挑戰的卻是日本。[119] 但是隨著美國對中國核計劃偵查的不斷深入，美國情報部門已開始關注中國的核計劃對其周邊鄰國的影響。在1960年的一份國家情報評估（NIE）中，他們認為中國擁有核子武器將會增強其對外政策的強硬，特別是對其周邊鄰國。那麼對於印度來說，如果尼赫魯政府被一個具有較少中立傾向的政府所取代，其政府很可能將實施核子武器計劃。[120] 整體而言，這一時期美國政府認為印度開發核能是以和平為目的的。

从1961年1月20日甘迺迪（John F.Kennedy）上台開始，美國政府加強與印度的關係。甘迺迪改變艾森豪政府時期不能容忍印度的不結盟立場，以此換取印度親美的傾向，並促使印度成為美國遏制中國的戰略夥伴，進而成為進攻蘇聯的基地和設施的保障。因此在美國的全球戰略中，印度具有一種特殊的突出地位。[121]

儘管尼赫魯自1947年以來在各種公開場合發表講話，譴責核子武器違反人類精神，呼籲為反對這種殘忍的武器而鬥爭，並把朝向徹底廢除所有核子武器作為印度的既定目標。但是關於印度的核計劃，他不得不多次做出解釋，「我們已經很清楚地宣布，即使我們有能力製造核子武器，我們對此也無興趣。任何情況下，我們不會把核能用於毀滅性目的，我希望這將是所有未來政府的政策」。[122]

然而伴隨著中國在核領域的進展及其潛在的影響，美國對印度核計劃的關注不可避免地增多起來。1961年6月29日國務院在給駐波昂、開羅、哥本哈根、可倫坡、喀拉蚩、倫敦、新德里、渥太華、巴黎和孟買領館的指令中，要求他們收集有關印度核能計劃以及對於核子武器發展意圖的情報。[123] 根據這些使館所蒐集的新情報，9月21日美國情報部門認為中國的核試驗將會在印度保守派和軍方中間激發這樣一種觀點，即如果印度避免要麼屈服於中國的壓力，要麼被迫陷入完全依賴於西方援助的境地，就必須發展自己的核能力。儘管如此，美國情報部門仍然認為印度不太可能進行核子武器計劃，除非具備以下幾個條件：其一印度領導者堅定地確信不可能達成一個廣泛的裁軍協議；其二中國的對外政策越來越好戰；其三尼赫魯被右翼國大黨政府所取代。當然即使印度開始實施核子武器計劃，反核的聲浪也會非常強烈。情報部門最後估計如果

印度在未來一兩年內開始核子武器計劃的話，那麼到1968—1969年將具備小規模分裂核能力。 [124]

11月7日，尼赫魯訪問美國。在甘迺迪和尼赫魯的會談中，核擴散並不是主要話題，甘迺迪也只是簡單地介紹與蘇聯談判部分禁止核試驗條約的準備情況，並對蘇聯的態度感到失望。甘迺迪也與尼赫魯談到了法國和中國準備進行核試驗的問題，認為正是缺少一個禁止核試驗的條約，才使得核試驗從一個國家向另一個國家擴散。甘迺迪在這次談話中並沒有談到印度的核計劃，但卻暗示希望印度能作為一個和平製造者。 [125]

實際上從現有解密檔案來看，直到1962年下半年在印度政府公開場合，反對發展核子武器，和平利用核能仍是主流。然而1962年印度在中印邊界之戰中戰敗，導致印度內部對核政策展開了第一次大辯論。1962年12月印度人民聯盟在議會中正式要求印度政府改變現有政策，發展核子武器以對抗中國。但印度總統拉達克里希南（Dr.Sarvepalli Radhakrishnan）予以反駁，「我們不想為了摧毀目的而開發核能。」 [126] 1963年3月，議員拉馬錢德拉·貝德在議會辯論中把發展核子武器提升到國家存亡的高度，說「只有那些希望看到俄國人或中國人統治印度的人才會反對發展核子武器，希望懇請總理充分利用我們在原子能領域的研究」。 [127] 對此尼赫魯回應說「如果他們明天進行核試驗，我們也不打算製造核子武器，儘管我們在核科學領域比中國先進得多」。 [128]

美國對印度政府內部關於核計劃的討論極為關注。情報部門認為印度面對中國這樣一個核大國，可能會加強其軍事防禦，但是未必尋求核能力，從現有情況來看印度仍將堅持不結盟政策。但是如果印度面臨中國攻擊的威脅，那麼其會進一步加強與西方的軍事關

係以及實施一項有限的核子武器計劃。 [129] 對於情報部門的估計，甘迺迪並不放心。6月3日在與到訪的印度總統拉達克里希南會談中，主動詢問未來中國核試驗對印度的影響。拉達克里希南說直到目前為止印度的核政策沒有改變，仍然不尋求開發核子武器。不過他也談及印度原子能委員主席巴巴曾說過如果印度想要發展核子武器的話，會在12月內實現。至於中國的核試驗，拉達克里希南說印度人的恐慌無疑會增大。 [130]

雖說再次從印度官方得到不尋求開發核子武器的口頭保證，但美國的擔憂卻從未減退。6月28日，情報部門繼續對當前核子武器擴散的情況進行評估，這份文件在評估印度核計劃方面與兩年前的報告（NIE 4-3-61）並無太大差別，仍然強調中國的核試驗將會給印度帶來巨大的壓力。所不同的是情報部門已注意到印度政府的內部爭論，認為這些爭論可能導致印度採取某些行動。但是他們並不認為印度會立即做出開發核子武器的決斷，尤其是他們正在得到美國的軍事援助。文件最後認為當前印度會持續開發自己的核能力，最終達到一個在相對較短的時間內製造武器的速成核子武器計劃。 [131] 因此從這份關於核擴散的國家情報評估來看，美國對印度核子武器計劃的擔憂在加劇。

儘管到1963年底，尼赫魯仍然在各種場合重申反對和平利用核能的理念，並對中國核子武器計劃不屑一顧，認為在核試驗和真正擁有核子武器之間中國還有很長的道路要走，讓印度人民不要恐慌。並強調印度在核技術方面領先於中國，印度的政策是禁止製造核子武器，因此不會製造核子武器。 [132] 但是印度核計劃的進展卻是不爭的事實。

1964年2月24日，在國務院情報與研究局副局長丹尼

（Denney）給魯斯克的備忘錄中，對印度核計劃的發展狀況進行了全新的評估。他認為當前印度除了兩座小型研究性反應爐以外，還擁有一座40兆瓦的、由加拿大援建的研究性反應爐。從這座核反應爐和鈽分離工廠最近的新情況來看，未來四至六個月內印度能夠製造出武器級別的鈽。儘管他並不認為印度已經開始進行核子武器計劃，但是如果其在5月進行鈽分離，那麼可能在未來一至三年組裝出一枚初級的核裝置。關於中國核試驗對印度的影響，丹尼認為雖然從心理上和政治上來說印度發展核子武器計劃還有許多障礙，但是中國的威脅卻使這些障礙逐漸消散。當然他還是堅持認為印度不太可能進行核試驗，除非國內國際局勢發生變化。 [133] 5月14日，美國情報部門對印度核計劃再次進行評估，認為加拿大援建的反應爐已經開始運轉，其反應爐燃料每6個月將更換一次，這將適合生產武器級別的鈽。雖然與以前一樣，強調沒有跡象表明印度進行核子武器計劃，但卻認為要求開發核子武器的政治環境要比過去強烈了許多。 [134]

5月27日尼赫魯去世，6月2日拉爾·巴哈杜爾·夏斯特里（Lal Bahadur Shastri）繼任印度總理，印度的國內政治環境發生了變化。雖說他繼續堅持尼赫魯時期的和平利用核能，反對發展核子武器的政策，但是其聲望遠不如一言九鼎的尼赫魯，在國內不斷要求改變其核政策的情況下，印度核政策處於一個非常微妙的時期。

面對迫在眉睫的中國核試驗， [135] 美國政府進一步加強與印度的溝通，並探尋他們對中國核試驗的看法以及印度核計劃的動向。不過在處理如何與印度政府分享情報時，發生了分歧。美國駐印度使館幾個月來一直與印度官員就中國核試驗問題交換意見。駐印度大使鮑爾斯（Bowles）在與夏斯特里、國防部長查萬

（Chavan）和副總理德賽（Desai）等印度會談中，向他們透露了中國不僅僅在開發核子武器而且也正在試驗可攜帶核彈頭的中程彈道導彈，並指出如果這些武器都開發完畢的話，那麼印度將會面臨三種抉擇：一是印度可能採取類似於美國處理古巴導彈危機的政策，對中國提出最後通牒，要麼把核設施從西藏地區遷移出去，要麼面臨印度空軍的軍事打擊。顯然這種政策比較冒險；二是印度開發自己的核威懾力量。不過這種措施不僅與印度在聯合國承諾的義務相違背，而且也會在技術上和財力上都處於不利地位。因為中國僅僅使用幾枚短程彈道導彈就可以襲擊印度北部的大城市，而印度卻要許多遠程導彈才能達到對等的中國目標；三是印度在得到美國提供的核保護傘的情況下保持沉默。為進一步與印度官員討論中國核子武器計劃對印度的影響，鮑爾斯致函中央情報局局長麥肯，建議他們的簡報小組與印度政府討論中國的核設施以及潛在的能力，但是麥肯擔心如果讓印度知道太多有關中國的核計劃，會促使他們發展自己的核子武器。對此鮑爾斯並不以為然，他認為與印度談論當前處境越多，就越能勸說他們認清對中國的核威懾實際上超出了自己的能力。即使美國不提供給印度這些情報，印度也會從蘇聯那裡得到。與此同時會給印度這樣一種印象，要麼是美國情報人員不稱職，要麼是有意封鎖重要情報。[136]

實際上中央情報局局長麥肯的擔憂不無道理，自尼赫魯去世以來，印度國內要求改變當前核政策的呼聲日益高漲，巴巴多次在公開場合誇口說印度可以在18個月內研製出核子武器。[137] 如何對待印度核子武器計劃問題已不可避免地擺在了美國政府的面前。1964年10月13日，美國核子武器能力委員會（Thompson Committee）提交一份關於印度核問題的報告。該報告從政治、經濟、技術三個方面對夏斯特里政府的核政策進行分析，並針對印度

有可能開發核子武器，委員會提出了四種應對措施：一、援助印度開發核子武器能力；二、透過經濟和其他制裁阻止印度發展核子武器能力；三、加強印度以和平為目的的核開發政策；四、對印度核政策不施加任何影響。那麼美國該採取那一種措施呢？委員會提出的方案一與方案四不符合美國的國家利益，而即使印度走上了開發核子武器的道路，美國也要與之保持關係來制衡中國，所以方案二也不妥，因此委員會建議採納方案三。同時委員會還就執行方案三提出了一些具體措施，包括與印度領導人進行高層會談、加強在和平利用核能方面的合作、努力創造一個防止印度或其他國家開發核子武器的國際環境、與其他政府進行商談、美國與蘇聯提供給印度安全保障等，並希望大家就這份報告提出意見。 [138] 然而三天後，印度的核外部環境發生了巨大的變化。

二、印度對中國核試驗的反應與美國的對策

　　10月16日，中國在羅布泊成功地進行了第一次核試驗。夏斯特里立即發表聲明，對中國進行核試驗予以譴責，「中國的爆炸對維持世界和平是一個衝擊」，原子彈是「對人類的威脅」，希望全世界「愛好和平的聲音」在抗議中抒發出來，並能喚醒「世界良知」。[139] 幾天後，夏斯特里召集內閣成員開會繼續討論中國核試驗問題，他說「印度政府不贊成模仿中國發展和試驗核子武器的例子」，「印度政府不會改變已有的核政策，請印度人民不要對和平喪失信心」，同時他建議巴巴對此採取一些新的、顯著的抗議手段。[140]

　　關於印度對中國核試驗的譴責，美國並不吃驚，但重要的是印度做如何反應，這是美國政府一直以來所關心的事情。10月21日情報部門認為印度是否開始實施核子武器計劃，主要取決於一些內外部因素，包括中國核計劃的範圍與速度、中蘇關係的變化以及外部的安全保證等。但從整體而言，美國情報部門判斷未來幾年印度決定開發核子武器計劃的機率要超過當前。畢竟對於一個適度的核子武器計劃方面來說印度有一定的基礎，例如它的鈽分離工廠。如果印度進行核子武器計劃的話，到1970年將擁有約12枚2萬噸級的核子武器，此後隨著反應爐能力的增加，其生產分裂物質的能力也會隨之增加。[141]

　　與此同時，按照美國核子武器能力委員會的要求，國防部長麥納馬拉（McNamara）向魯斯克轉交了一份參謀長聯繫會議（JCS）的意見，參謀長聯繫會議對美國提供給印度安全保證以阻遏中國的

核打擊的建議表示支持，但是反對任何為了印度的利益而疏遠巴基斯坦的做法。他認為由於委員會提出的只是一般性的建議，並不是具體的軍事行動方案，因此需根據美國的利益靈活反應。但是參謀長聯席會議並不支持蘇聯的安全保障，主要還是害怕蘇聯對印度軍隊的影響。 [142] 而原子能委員會就與印度合作和平利用核能也提出了建議，其核心認為透過增強印度科學的威望以勸阻其不要發展核子武器計劃，合作計劃包括作為燃料鈽的再循環、民用核爆炸項目和反應爐的建設等。 [143]

就在美國政府內部就印度對中國核試驗的反應進行評估甚至做出預案時，有關印度的核政策該向何處去的辯論也如火如荼的在印度展開。10月23日印度對外事務部高級官員特里維迪（Trivedi）與美國駐印度使館官員會談時承諾和平利用核能，反對開發核子武器的立場，並重申夏斯特里在開羅不結盟會議的講話。當然他也承認當前印度所面臨的壓力，然而他堅信這些壓力不足以使印度改變和平利用核能的政策。 [144] 然而10月24日巴巴在印度發表廣播講話，全面支持改變當前印度核政策。他說「原子彈會給那些擁有適當數量的國家一種威懾力量，反對來自更強一些的國家攻擊」，針對發展核子武器會削弱印度經濟的說法，他說「一次一萬噸級的核爆炸，僅花費35萬美元或175萬盧比，而一次二萬噸級的核爆炸，也就花費60萬美元或300萬盧比」。在他看來發展核子武器並不像別人想像的那樣昂貴。 [145] 此外，在印度官方和民間，這樣的討論也越來越多。

針對這一情況，國務院指示駐印度使館在近期與印度官員會談中，試圖探查更多有關印度核計劃的情報、尋找在多邊武器控制方面與印度的共同利益以及在他們決定不發展核子武器計劃方面給予

支持。 [146] 10月29日，駐印度大使鮑沃斯在給國務院的電報中，對自中國核試驗後有關印度政府、議會、媒體和大眾對核計劃的爭論做了簡要的介紹，他認為在可預見的未來印度領導人會繼續堅持不發展核子武器的立場，當前情緒化的、不理智的、不負責任的言論會隨著時間推移慢慢平靜下來。他預測未來幾週或幾個月印度將進入一個更為冷靜的階段，印度人主要是尋求國際上的安全而不是國家主義的政策。 [147]

為打消美國政府的猜忌，11月3日印度駐美國大使尼赫魯（B.K.Nehru）在與美國軍控與裁軍署署長福斯特（William C.Foster）會談時，重申了印度政府在核政策的立場。他向福斯特表明印度政府在中國核試驗之前就做出了不發展核子武器的正式決定，當前仍然堅持原有政策不會改變。他承認印度政府現在面臨巨大壓力，要求其發展核子武器以抵消中國核試驗給南亞地區帶來的心理優勢。對於印度政府所處困境，福斯特予以理解，並從經濟資源的利用和世界安全的角度，他認為當前最好的辦法就是印度在不擴散領域做出表率。為安撫印度大使，福斯特提到了美國政府正在推動的《核武禁擴條約》，這一下引起了尼赫魯大使的興趣，為此福斯特簡明扼要地介紹了一下情況，並勸說印度政府在聯合國大會推動核武禁擴上施加影響。 [148] 實際上尼赫魯大使代表政府的承諾並不能打消美國的疑慮，反而使美國看到了印度政府的猶豫不決，此時美國情報部門更是火上加油地預測，如果印度核子武器計劃所需的鈽金屬工廠現在開工的話，那麼到1965年秋天就能夠運轉。 [149]

11月末印度政府在對待核問題所面臨的國內壓力越來越大，夏斯特里開始思考一個萬全之策，即在不大規模修改尼赫魯時期核政

策的同時最大限度地保障印度的安全。11月23與24日，印度議會就核政策進行了兩天激烈的辯論。27日夏斯特里在與巴巴會談後發表了一個講話，全面支持他的和平發展核科學的方案，「我不能對未來說什麼，我們目前的政策是不製造核子武器，但可以開發以建設為目的的核能源」，這是夏斯特里在印度核政策立場上發生的一次重要的改變。 [150] 換句話說，如果說尼赫魯時期的印度核政策是堅決不發展核子武器的話，那麼現在則變為不發展核子武器但保留核選擇權，即使是進行核試驗，也是「和平的核爆炸」。除此之外夏斯特里公開尋求核大國（美國和蘇聯）提供給印度核保護傘，以抵禦中國可能的軍事打擊。12月4日夏斯特里訪問英國，在與英國首相威爾森會談中承認所面臨的國內壓力，儘管他辯稱不想開發核子武器計劃，但是中國的核試驗已經打破了亞洲的實力平衡，他希望核大國能夠提供給印度核保護傘。 [151]

對於夏斯特里的建議，美國政府興趣並不大，因為在10月16日詹森的聲明中，指出那些不試圖開發核子武器的國家，如果他們向美國尋求支持免受核訛詐的威脅，他們會得到幫助。但是當前印度核政策正在發生巨大的變化，美國對此頗有疑慮。因此在12月12日國務院給駐印度使館的指示中，建議進一步瞭解夏斯特里對待核政策的真實想法。不過國務院認為可以在恰當的時機給予印度科學技術上的幫助來增強它的威望。 [152] 12月30日按照國務院的指示，美駐印度大使鮑爾斯向印度對外事務部部長史瓦蘭·辛格（Swaran Singh）表明美國對向印度提供安全保障的顧慮，其原因主要有二：一是不想向印度施加影響迫使他們與美國建立一種他們不想建立的關係，其實也就是美國在提供給非盟國安全保障上會遇到許多障礙；二是向印度進行核援助會導致蘇聯的不安。 [153]

這裡值得一提的是印度核問題並非個案，除五個核大國以外當時具備潛在核能力的國家還有許多。面對日益緊迫的核擴散問題，11月1日詹森授權成立以前任國防副部長羅斯威爾·吉爾帕特里克（Roswell L.Gilpatric）為主席的應急小組，希望就美國防止核子武器擴散這一宏觀問題提出建議，該小組亦被稱為吉爾帕特里克委員會。該委員會在經過三次全體會議之後，於1965年1月21日向總統正式提交了一份全面報告。開宗明義，報告認為核子武器的擴散對美國的安全構成了日益嚴重的威脅，在控制核子武器的前景上，世界正朝向不可逆的方面發展。那麼防止未來核子武器的擴散就需要各國齊心協力，只有付出最大的努力才有希望成功阻止或延遲核子武器的擴散。委員會在針對無核國家的擴散問題上，把印度放在首位，並提出如下建議：（1）為換取印度不發展核子武器計劃的承諾，美國應該向印度保證，如有針對印度的核打擊，美國將採取行動，但應該儘量避免做出正式擔保；（2）美國應該用合理的、經濟上站得住腳的科技項目幫助印度建立聲望，否則印度可能會透過發展核設施贏得聲望；（3）在印度仍然是一個無核國家的前提下，支持其在聯合國發揮更大的作用；（4）一旦印度決定發展核子武器，美國應該重新考慮對其的經濟和軍事援助。[154] 吉爾帕特里克委員會的建議雖然並沒有得到內閣成員全部同意，但其核心卻指導了此後的美國核武禁擴政策。

2月末，美國情報部門再次對印度核計劃的現狀做出判斷，儘管仍然強調印度核計劃是以和平為目的，但卻比以往的判斷更為悲觀。他們認為由於中國核試驗所帶來的壓力，印度正在決定開展核子武器計劃的初期準備工作。除非印度認為其需求的國家安全保障能夠足夠地保護其安全，否則在未來的幾年內印度決定研發核子武器的機會就要大於當前。[155] 應該來說，美國情報部門的判斷還

是基本準確的,僅僅過了1個多月,4月5日夏斯特里指示巴巴組建以和平為目的的核爆炸研究設計小組,至此印度核政策最終發生了改變。

三、結論

印度為何要發展核子武器?是外部威脅?是國內政治需要?還是其他因素?美國學者斯哥德·薩根在分析國家發展核子武器的原因時,曾歸納為三種模式:第一種為安全模式,認為當國家面臨嚴重的外部威脅時,國家會尋求發展核子武器來保證自己的安全,如果不面臨這樣的威脅,他們就會願意維持非核國家地位。因此核擴散的歷史就是一個戰略反應鏈,當一國發展了核子武器,就會迫使其他國家也發展核子武器,核競賽就此產生;第二種為國內政治模式,強調核子武器不僅僅是維護國家安全的重要工具,而且對實現國內政治目標也具有重要意義;第三種為規範模式,認為核子武器的獲得是國家現代性和身分的一種象徵。 [156]

印度發展核子武器的藉口主要是中國的核試驗對它構成了威脅。印度在1962年的中印邊界衝突中戰敗確實給印度人民帶來巨大的心理影響,因此中國成為核俱樂部的一員不可避免地在印度造成了恐慌。但是中國發展核子武器主要是針對美國核訛詐的,是具有防禦性質的。中國在核試驗的當天就做出了「在任何時候、任何情況下,都不會首先使用核子武器」的承諾, [157] 中國也從未在核領域對印度進行過威脅,甚至呼籲包括印度在內的世界各國政府「召開首腦會議,討論全面禁止和徹底銷毀核子武器問題」, [158] 但印度的反應卻是負面的。客觀來說,國家安全因素確實是一個方面,但並不是唯一的;中國核試驗也在印度國內引起了一場

關於核政策的大辯論，給剛剛上台不久而根基不穩的夏斯特里政府帶來了巨大的壓力，雖然夏斯特里仍然堅持尼赫魯的和平開發核能、反對發展核子武器的核政策，但是其權威遠不如尼赫魯，其核政策改變不可逆轉；此外印度發展核能事業比較早，但印度核計劃最初是以民用為主的，並非核子武器，直到英吉拉·甘地時期，她把核能力作為現代世界大國的標準之一，並於1969年開展一個為期10年的核能計劃，為1974年印度「和平核爆炸」奠定了基礎。

從理論上來說，無論是對於盟國還是非盟國，美國的核武禁擴政策都是一樣的，即在最大限度保持自己核力量的同時，防止其他國家擁有核子武器，但在實際運用上卻往往偏離方向。為遏制中國的核計劃，美國軍方和政府都曾有向印度進行核援助而搶在中國之前進行核試驗的方案，雖沒付諸實施，但很能說明冷戰時期美國在遏制戰略和核武禁擴政策上平衡上的困境。美國為了維持在南亞的影響，把印度作為美國遏制中國的戰略夥伴，進而成為進攻蘇聯的基地和設施的保障，因此最初對印度的核計劃並不算太關注，隨著中國核計劃的發展，印度國內展開對其核政策激烈的辯論，美國雖表示擔憂，但仍然堅持加強與印度在和平利用核能上的合作。即使中國核試驗後，印度走向所謂的「和平核爆炸」的發展之路，美國也未實施更具有約束力的政策。正因為此，印度最終走向核子武器發展之路，是由各種因素交織在一起而導致的。

重新思考這段歷史，我們發現核子武器發展史也是一部從超級大國向第三世界擴散的歷史，當前這一進程仍在繼續，它不僅僅改變了許多國家的發展進程，也對人類的生存構成了巨大的威脅。回歸無核世界遙遙無期，有核國家如何更好地利用核資源，減少核戰爭的可能性，不威脅、不恐嚇、不擴散，仍然是任重而道遠。

美國與北韓核問題的歷史分析

　　2006年10月9日，北韓宣布成功進行了地下核試驗，北韓核問題再次成為國際社會關注的焦點。眾所周知，北韓核問題並非始於冷戰後，它有著深刻的歷史背景及其根源，然而綜觀當前已發表的學術論文，大多集中在1990年代以來的第一次北韓核危機、第二次北韓核危機以及當前的六方會談，而著重研究冷戰結束前後，特別是1980年代初到1990年代初期北韓核問題的論文並不多見。故本文主要利用已解密的美國國家安全檔案，探討1980年代初到第一次北韓核危機結束這段時期，美國情報部門是如何對北韓核計劃進行評估，以及雷根政府、布希政府和柯林頓政府對北韓核問題的政策及其演變，冀圖對這一課題的研究進行有益的歷史分析。

一、美國對北韓核問題的關注

據說北韓核計劃的最初動力並非來自於蘇聯，而是來自日本。當朝鮮半島還是日本的殖民地時，許多優秀的年輕科學家留學日本。1950年代北韓開始實施核計劃時，他們成為該國科學精英的核心，被譽為北韓核計劃之父的已故科學家李升基就曾在京都大學獲得化學工程學位。第二次世界大戰結束後，日本將開採和處理鈾的設備遺留在北韓的山區，北韓很快就對這些設備加以利用，並向蘇聯出口鈾。[159]

但真正對北韓核計劃提供實際幫助的卻是蘇聯。1956年2月28日，北韓與蘇聯簽署了《關於聯合組建核研究所協定》，這是有關北韓試圖進行核技術開發的最早記錄。根據協議，1956年大約有250名北韓科學家派到蘇聯杜布納聯合核研究所工作和學習。1959年9月7日，北韓與蘇聯又簽署了《關於雙方和平利用原子能的協定》，至此蘇聯開始對北韓予以實際的核援助。[160] 經過北韓科學家的不懈努力，到1980年代初，北韓已擁有6個核研究所，2座研究反應爐，6座鈾礦，3座二氧化鈾轉化廠，一座天然鈾燃料元件製造廠，1座核電試驗堆和1個核廢料儲存場。[161] 從已掌握的資料來看，二十多年間在蘇聯的幫助下，北韓在核技術方面取得了初步的進展，但同時也引起了美國的密切關注。1960年代美蘇雙方為減少對抗所引發核戰爭的危險，經過談判簽署了一系列關於核問題的條約，包括1968年7月1日簽署的《核武禁擴條約》，建立核武禁擴體系，其目的在於阻止核俱樂部成員的擴大。也就是說，除五個核大國外，其他任何國家都不能擁有核子武器。因此當共產主義國家北韓的核計劃越來越活躍時，美國對此極為敏感，北韓的核計劃僅

僅是和平利用核能嗎？還是另有所圖？

　　從1980年代初開始，美國情報部門開始密切關注北韓核計劃的研發。1982年美國中央情報局發現北韓寧邊核研究中心正在建造一座核反應爐，其性能與蘇聯在1960年代向北韓提供的2兆瓦核反應爐極為相似。至於蘇聯是否參與建造，情報部門普遍表示懷疑，因為如果蘇聯參與必將導致國際原子能機構的檢查，而對於這個反應爐的目的，當時他們認為這些鈈原料並不是為了北韓核子武器計劃。 [162] 1983年5月，美國中央情報局再次做出評估，認為北韓不可能正在研發核子武器，因為他們「並不相信北韓擁有足夠的設施或必要的原料來發展和試驗核子武器」。 [163] 看得出在1980年代初，美國中央情報局雖然密切關注北韓核計劃的進展，但顯然對此不屑一顧，因為他們認為北韓在研製核子武器方面仍然存在技術上的障礙與原料上的缺乏。到了1980年代中期，隨著北韓核技術的進步，美國中央情報局在關注北韓核計劃詳細方案的同時，越來越發現北韓似乎在朝向研發核子武器的方向發展。1984年美國情報部門發現在北韓境內不僅正在建造一座新的反應爐，而且首次發現一個冷卻塔在建造，他們分析這個反應爐可能是一個以天然鈾為原料，以石墨為慢化劑的石墨慢化氣冷堆，其燃耗率較低，經分離可以提取高含量的鈈239——可供製造核子武器使用的武器級鈈。 [164] 從上述情報分析來看，北韓從1982年到1984年間，在核技術方面取得了突破性的進展，美國情報部門認為其已經不僅僅是為了獲取能源，它還具有更為野心的目標。

　　韓戰結束後，美國長時間對北韓實行遏制政策，但是收效甚微。從1980年代起，美國開始積極調整朝鮮半島政策，轉變過去的單純遏制政策，在維持朝鮮停戰協議的同時，促使中國、美國、北

韓和南韓舉行四邊會談，然後逐步將蘇聯和日本納入，舉行六邊會談，最後促成美國與日本承認北韓，蘇聯與中國承認南韓。由於北韓的堅決反對，這一構想在當時難以推行。雷根上台後，在繼續維持並加強駐韓美軍、不單獨與北韓舉行會談的同時，進一步調整對朝政策。 [165] 對於情報部門的評估，雷根政府反應並不積極。其主要原因在於，一方面雷根政府不相信北韓已經擁有研製核子武器的能力，另一方面在於冷戰的框架下，不得不考慮北韓的兩個盟國——中國與蘇聯——的立場。因此在政策選擇上，雷根政府在不放棄對北韓的軍事威脅的同時，希望與中國和蘇聯合作，不讓北韓獲得敏感性的核材料，並最終把北韓納入到核武禁擴體系。

中國是北韓的傳統盟國。1980年代初隨著中國的改革開放，如何積極開展對外活動，最大限度拓展國際交流空間，為現代化建設創造良好的外部環境也擺在了當時中國政府決策者的面前。正是在這一背景下，進一步緩和朝鮮半島的緊張局勢，促進南北兩方和談，也是中國的目標。 [166] 因此美國與中國對於朝鮮半島的和平穩定擁有共同的利益。而蘇聯對北韓過去的核援助已經是公開的祕密，儘管在1970年代蘇聯減少了對北韓的援助，但它對北韓的影響仍然是巨大的。1985年美國國務卿舒茲在日內瓦與蘇聯外長葛羅米科舉行會談，明確向蘇聯提出美國對北韓核計劃的擔憂，建議能與蘇聯合作阻止北韓獲得敏感的核原料。 [167] 由於檔案的缺乏，現在我們還無法瞭解蘇聯與北韓就核問題進行怎樣的磋商，但是就1985年12月底北韓簽署了《核武禁擴條約》一事來看，蘇聯在勸說北韓加入核武禁擴體系方面造成了關鍵性的作用，同時作為條件，蘇聯同意幫助北韓建造一個民用核反應爐。 [168]

總之，在1980年代上半期，隨著北韓核計劃的進展，美國情報

部門的評估有著一個演變的過程，即從不相信到開始懷疑北韓正在研製核子武器。在政策選擇方面，雷根政府在不放棄敵視北韓的情況下，試圖與中蘇合作，把其納入到核武禁擴體系中來。雖然在蘇聯的勸說下，北韓簽署了《核武禁擴條約》，但是離真正的加入核武禁擴體系，還有很大的距離，不過北韓畢竟邁出了第一步。

二、美國對北韓施壓的加劇

根據《核武禁擴條約》第三條第四款的規定，非核國家加入《核武禁擴條約》必須在18個月內與國際原子能機構簽署《安全保障協定》。然而到1987年4月末，美國情報部門對北韓在規定期限內簽署《安全保障協定》表示懷疑，不僅如此，他們還發現北韓正在抓緊實施其核計劃。美國情報部門認為在1980年代初發現的石墨慢化氣冷反應爐已於1986年建造完成，他們推測其目的既可能是民用，解決其能源短缺問題；也可能是軍用，因為它已具備分離出足夠製造核子武器的鈽的能力。[169] 5月28日，也就是最後期限的前一個多月，情報部門再次判定北韓不會履行承諾，在規定的時間內與國際原子能機構簽署《安全保障協定》。雖然從情報分析來看，美國情報部門並不相信北韓現在已擁有一個積極的核子武器計劃，但是北韓不簽署《安全保障協定》確實給東北亞帶來嚴重的安全隱患，尤其是對南韓。[170]

1988年南韓公開宣稱北韓在未來幾年內會擁有核子武器。對於南韓的表態，美國情報部門持謹慎態度。他們認為北韓已啟動了一個在金剛山的水電站計劃和正在建造遍及全國的熱電廠，同時蘇聯還幫助北韓建造一個核電站。從上述情況來看，至少是北韓的部分核計劃是為了開發新能源。不過情報部門也發現北韓正在寧邊建造一個核材料後處理廠，一旦其完全投入使用，該處理廠能夠每年從北韓的3個核反應爐產生的燃料中分離足以製造30枚核子武器的鈽。儘管「沒有跡象表明北韓正在試圖尋求核子武器的可能」，但並「不能排除這種可能性」。[171] 到底北韓的核計劃是民用還是軍用，或二者兼而有之，中央情報局一直出言謹慎，不過他們卻是

越來越相信北韓的核計劃不僅僅是為了解決其能源短缺問題。1989年春，情報部門發現寧邊反應爐曾停轉7天，這種情況使得美國頗為擔憂，因為停轉很可能意味著北韓為了分離鈽。因此他們判定北韓正在迅速地擴大其核計劃。 [172]

1989年7月29日《華盛頓郵報》發表關於北韓核計劃的文章，認為「北韓的新核設施已擁有了提取鈽的能力」。8月4日，朝中社對此予以否認，說該報導是「徹頭徹尾的、毫無根據的謊言」、是「不知羞恥的錯誤宣傳來誤導公眾」。並申明北韓「不研製、不試驗、不儲備或引進核子武器」和「不允許在其領土上為這種武器建造基地」。這是北韓首次打破沉默，公開否認其正在研製核子武器。 [173] 對於北韓的公開否認，美國政府並不感到驚訝，但是如何有效解決北韓核問題一直是擺在美國面前的難題。雖說在1980年代中期，美國透過與中國、蘇聯的接觸，勸說他們利用其影響敦促北韓簽署《核武禁擴條約》，但是北韓卻一直拒絕與國際原子能機構簽署《安全保障協定》，且其核計劃甚至有擴大趨勢。

1980年代後期，國際社會處於大動盪、大轉變時期，美國政府把更多的精力放在處理蘇聯、東歐的政治變革上，無暇顧及北韓核問題。儘管從1988年10月31日開始，在中國政府的幫助下，美國與北韓在北京進行祕密外交談判，就北韓核問題進行磋商，但進展不大。 [174] 然而隨著冷戰的終結，亞太地區安全環境發生了明顯的變化，防止大規模殺傷性武器的擴散成為美國關注的核心問題，布希政府加強了對北韓核問題的施壓力度。在軍事上，美國加強駐韓美軍的實力，對北韓進行威脅。在外交上，美國利用各種機會與有關各方斡旋，對北韓施加壓力。1990年底，美國與日本、南韓進行協商，最終一致同意敦促北韓儘早與國際原子能機構簽署《安全保

障協定》，接受國際原子能機構的監督。同時美國希望中國能夠施加影響，1991年6月美國副國務卿巴斯洛姆訪問中國，向中方提出了美方對北韓核問題的關注，特別是北韓在簽署《核武禁擴條約》5年後，仍然拒絕與國際原子能機構簽署《安全保障協定》，甚至不承認自己的核計劃，美國對此表示憂慮。美方還向中方提出，有清晰的證據表明北韓自1987年以來一直在寧邊原子能研究中心，建造一座能夠分離武器級別的鈽的核反應爐，而且還在建造一個核材料後處理廠。儘管美國判斷到1990年代中期，北韓並不一定能夠研製出核子武器，但為了防患於未然，當前必須儘早處理好這種潛在的危險。鑒於此，巴斯洛姆在與中方會談時，希望中方能夠勸說北韓履行《核武禁擴條約》的義務，早日與國際原子能機構簽署《安全保障協定》。不過美方卻不希望把美國在南韓的安全部署與北韓履行《核武禁擴條約》相掛鉤。[175]

　　1991年9月，布希政府正式表明立場，公開譴責北韓正在研製核子武器，聲稱必須對北韓核設施進行檢查。對於美國的指控，北韓予以否認，說北韓沒有製造核子武器的意圖和能力，表示並不反對對北韓進行核查，但同時指責美國在南韓部署核子武器威脅其安全，要求對南韓進行同樣的核查，並撤走美國在南韓部署的核子武器。9月27日布希政府以退為進，宣布美國將撤走部署在南韓的核子武器，以迫使北韓答應國際原子能機構對其進行核查。12月8日，南韓總統盧泰愚正式宣布部署在南韓的美國核子武器已經全部撤完。為表現合作的誠意，北韓於12月31日同南韓達成了《朝鮮半島無核化宣言》，同意不試驗、不製造、不接受、不擁有、不儲備、不部署或使用核子武器。1992年1月30日，在幾乎超過期限5年後，北韓與國際原子能機構簽署了《安全保障協定》，並同意接受核查。

按照《安全保障協定》的要求，1992年5月4日，北韓向國際原子能機構提交了一份長達150頁的清單，初次申報自己擁有的核設施及其設備。儘管透過中央情報局對北韓10年的偵察與評估，美國已部分掌握北韓的核實力，但這份清單所列之內容仍使美國及其國際原子能機構的官員大吃一驚。在這份清單中，美國第一次瞭解到北韓擁有一座由蘇聯援助的反應爐及其附屬設備；除此之外，清單還列出了一座5兆瓦的石墨反應爐、一座核原料裝備廠、一個放射化學實驗室（據美方分析是一個核材料後處理廠）、兩座正在建造的分別為50兆瓦、200兆瓦的核反應爐，以及即將由北韓自行設計的第三座核反應爐。從北韓所列清單來看，美國分析這些核反應爐與1950年代英國的核反應爐極為相似，既可發電又可製造出核子武器所需的鈽。如果50兆瓦核反應爐在1995年建造完成的話，那麼每年能夠生產40—50公斤的鈽，足夠5—10枚核彈頭的使用。除了這份清單外，為表明自己的清白，北韓還向國際原子能機構展示了一小部分（不到100克）的鈽，並聲明這些鈽是從5兆瓦反應爐釋放出、但已損壞的燃料棒提煉出來的，這些鈽是他們的全部，而且只在1990年進行過一次後處理過程。[176]

　　如果說雷根政府還是簡單的依賴與中蘇合作，把北韓納入到核武禁擴體系中來，那麼到了布希政府時期，這種合作機制無論在合作國家的數量上還是在合作的力度上，無疑都在擴大。冷戰結束後，伴隨著國際格局的巨大變化，布希政府對於亞太政策相應做了部分調整。對於北韓核問題，布希政府試圖與中國、蘇聯、日本和南韓的合作，把北韓納入核武禁擴的體制上來，使其放棄核計劃進而最終實現北韓半島無核化。這一點在布希政府時期的國務卿貝克1991年11月訪問南韓、中國和日本，曾談到他對北韓核問題的看法時暴露無疑。他當時曾說「美國應該朝向建立一個美國、日本、中

國和蘇聯的合作體制，對北韓實施政治壓力，使其履行協議並簽訂《安全保障協定》。」[177] 從美朝雙邊祕密會談到多邊合作機制構想的最終形成，解決北韓核問題向前邁進了重要的一步，然而由於美朝雙方根深蒂固的矛盾，使多邊合作機制構想成為現實仍然步履維艱。

三、第一次北韓核危機

　　從1992年5月到1993年2月，國際原子能機構對北韓已申報的核設施進行6次不定期的核查。經過核查，國際原子能機構分析北韓一定進行過多次的後處理，其分離鈽的數量也應該多於申報的數量。與此同時柯林頓政府提出，透過衛星偵察，在寧邊地區有兩處軍事基地可能隱藏可疑物資，北韓並未申報。鑒於此，國際原子能機構要求對上述兩個地區進行進一步核查，但北韓以軍事基地為由拒絕。1993年2月25日，國際原子能機構通過一項決議，要求北韓在一個月內做出答覆，接受國際原子能機構的對其寧邊地區進行特別檢查。美國也聲稱，如北韓拒絕特別檢查，則將此問題提交聯合國安理會解決。面對美國的壓力，北韓於3月12日發表聲明，宣布退出1985年12月加入的《核武禁擴條約》。4月1日，國際原子能機構理事會將北韓核問題提交聯合國安理會，5月10日，聯合國安理會以13票贊成，2票棄權，敦促北韓允許國際原子能機構人員對其核設施進行特別檢查，並重新考慮退出《核武禁擴條約》一事，否則將予以制裁。對此，北韓反應強烈，聲稱如制裁將使南韓變成「一片火海」。至此第一次北韓核危機形成。

　　針對北韓核問題的迅速惡化，柯林頓政府改變了雷根和布希政府不單獨與北韓舉行公開會談的政策，於1993年6月2日舉行了自韓戰結束以來首次公開的高級會談，最終北韓宣布暫停退約，緊張的半島局勢一度緩和。然而自第二輪高級會談後，北韓仍然拒絕國際原子能機構的檢查，並於1994年6月13日宣布斷絕與國際原子能機構的關係。為化解危機，美國前總統卡特於6月16日訪問北韓，與金日成就北韓核問題進行會談，會後北韓正式通知美國將凍結其核

計劃的主要部分，美國於是同意將在7月舉行第三輪高級會談。儘管7月8日金日成去世，但美國與北韓雙方都表示願意在卡特與金日成會談的基礎上，繼續進行對話。

　　1991年10月21日，美國與北韓最終簽署了《朝美核框架協議》。協議要求：（1）華盛頓和平壤同意建立由美國領導的國際組織，為北韓建設兩座輕水反應爐，以取代北韓的石墨反應爐，為北韓提供能源；美國牽線在2003年前為北韓建造兩座裝機總容量為2000兆瓦的輕水堆核電廠。（2）在輕水反應爐建設期間，為緩解朝方因凍結核設施造成的能源危機，美國同意每年向北韓提供50萬噸重油，直至輕水反應爐核電廠完工。（3）北韓同意凍結並最終拆除其石墨反應爐以及其它相關的核設施，即不再向一座5兆瓦的核反應爐重新添加核燃料，停止兩座減速石墨反應爐的建設，封閉核燃料處理廠，並表示將拆除這些設施。（4）美國向北韓做出正式保證，不對北韓使用核子武器，北韓承諾將採取措施，實現朝鮮半島無核化，並表示將不退出《核武禁擴條約》。 [178] 至此第一次北韓核危機化解。

　　應該來說，面對北韓核危機，柯林頓政府採取了現實的態度，在不放棄對北韓敵視的前提下，靈活運用其政策，採用談判和派遣特使的方法，透過改善朝美關係、向北韓提供經濟、技術援助等一攬子計劃作為補償，誘使北韓放棄核計劃，最終簽署了《朝美核框架協議》。然而這種誘使的方法是以美國付出有形的東西來換取北韓的承諾為代價，再加上彼此雙方固有的互為猜忌，其效果並不好。但是有一點值得肯定的是，柯林頓政府打破過去不與北韓進行公開的單獨談判的政策，為未來的多邊合作機制打下了基礎。

四、結論

　　綜觀從1980年代初美國情報部門開始關注北韓核計劃到1994年10月第一次北韓核危機結束,我們可以得出以下幾個結論:

　　首先,貫穿於這一時期的美國對北韓敵視政策從未改變。在冷戰期間,美國出於意識形態的敵對,把北韓作為東方陣營的一部分,對北韓實施嚴厲的遏制政策。冷戰後,在國際關係中意識形態因素逐漸讓位於地緣政治因素,美國在不放棄對北韓遏制的同時,採用了有限的接觸政策,誘使北韓放棄核計劃,加入到核武禁擴體系中來,這就是人們經常所說的「遏制加接觸政策。」但是無論冷戰前、冷戰後,美國對北韓的敵視政策從未改變,改變的僅僅是手段。

　　其次,防止大規模殺傷性武器的擴散一直是美國對外戰略的重要組成部分。不過由於在冷戰時期,蘇聯是美國軍事戰略的主要假想敵,且擁有可以與美國媲美的核子武器,因此防止大規模殺傷性武器的擴散也主要是針對蘇聯。對於像北韓這樣的國家,美國在當時並未重視起來。冷戰後,隨著兩極格局的不復存在,蘇聯的繼承者——俄羅斯實力下降,再加上全球化日趨加強,美國的防止大規模殺傷性武器擴散政策發生了變化,開始重點防範那些對美國抱有敵意並擁有潛在的大規模殺傷性武器的國家。因此無論是布希政府還是柯林頓政府其對北韓的施壓力度要遠遠超過雷根政府時期。

　　最後,多邊合作機制是解決北韓核問題的最佳方案。從雷根政府拒絕單獨與北韓進行會談,到布希政府祕密在北京與北韓進行談判,再到柯林頓政府公開的與北韓進行談判,美國政府在處理北韓核問題的政策方面走了一條漫長而曲折的道路。儘管早在雷根政府

時期，多邊合作機制構想就已提出，但在冷戰背景下卻難以實現。因此在多邊合作機制形成之前，十多年來美國政府均是以武力相威脅的同時，或與相關國家（如中國、蘇聯、南韓和日本）進行單方面的合作，或直接與北韓談判，迫使北韓簽訂了《核武禁擴條約》、《安全保障協定》和《朝美核框架協議》，把其納入到核武禁擴體系中來，最終遏制北韓擁有核子武器。但由於美朝固有矛盾從未消除，北韓每一次簽署協議均沒有達到美國預期的目標，凸現單邊合作機制的侷限。

當前北韓核問題雖然困難重重，但是展望未來，多邊合作機制仍然是解決危機的最佳途徑。

（原載《東北師大學報》，2007年第2期）

註釋：

[1]核戰略由三部分組成：核威懾政策，又稱之為聲明政策，它是由總統、國防部長或其他決策人物公開向敵手、盟友及其他人明確宣布的有關核威懾的理論、政策和使用原則等綜合性政策；核力量運用政策，即美國於核威懾失敗時在核戰爭中實際運用核子武器的政策和計劃；核力量發展政策，即美國研究、發展、試驗和採購核子武器系統及戰略指揮、通信、控制及情報系統的計劃和項目。轉引自王仲春：《核子武器核國家核戰略》，時事出版社，2007年版，第101頁。

[2]有關美國學術界的觀點，可見高芳英的文獻綜述《美國史學界關於對日使用原子彈原因的論爭》，《內蒙古大學學報》，1999年第2期；作為受害方，日本學術界認為美國迫使日本投降是沒有必要使用原子彈的，其觀點見《美國為什麼選擇日本投擲原子彈》，《世界史研究動態》，1986年第8期；中國學術界的研究參

見趙文亮的《近20年來中國學界的原子彈轟炸及其相關問題研究》,《日本學論壇》,2006年第1期。

[3]David MacIsaac, Strategic Bombing in World War Two: The Story of the United StatesStrategic Bombing Survey, New York: Garland Publishing, 1976; Gordon Daniels, A Guide to the Reports of the United States Strategic Bombing Survey, London: Royal Historical Society, 1981; Gian P.Gentile, How Effects is Strategic Bombing? Lessons Learned from World War II to Kosovo, New York: New York University Press, 2001.

[4]Fred Kaplan, The Wizards of Armageddon, Stanford, CA: Stanford University Press, 1983; David A.Rosenberg, The Origins of Overkill: Nuclear Weapons and American Strategy, 1945-1960, in Steven Miller, ed., Strategy and Nuclear Deterrence, Princeton: Princeton University Press, 1984, pp.113-182; David A.Rosenberg, Nuclear War Planning, in Michael Howard et al., The Law of War: Constraints on Warfare in the Western World, New Haven: Yale University Press, 1994.

[5]U.S Strategic Bombing Survey, Summary Report (Pacific War), Washington, D.C.: GPO, 1946.Records of the Joint Chiefs of Staff, Part II, 1946-1953.The Par East.University Publications of America,, nc.1979. http://www.anesi.com/ussbs01.htm.

[6]Paul H.Nitze, From Hiroshima to Glasmost, New York: Grove Weidenfeld, 1989, p.42;沃爾特·艾薩克森、埃文·托馬斯:《美國智囊六人傳》,世界知識出版社,1991年版,第500頁。

[7]U.S Strategic Bombing Survey, The Effects of Atomic Bombs on Hiroshima and Nagasaki, Washington, D.C.: GPO, 1946. Foreword. http://ftp.ibiblio.org/hyperwar/AAF/USSBS/AtomicEffects/index.html;廣

島、長崎原子彈爆炸災難誌編輯委員會：《廣島、長崎原子彈爆炸寫實——社會、物理、醫學效應》，宇航出版社，1992年版，第556頁。

[8]U.S Strategic Bombing Survey, The Effects of Atomic Bombs on Hiroshima and Nagasaki, Washington, D.C.: GPO, 1946 .p.38.

[9]沃爾特·艾薩克森、埃文·托馬斯：《美國智囊六人傳》，世界知識出版社，1991年版，第505頁。

[10]U.S Strategic Bombing Survey, The Effects of Atomic Bombs on Hiroshima and Nagasaki, Washington, D.C.: GPO, 1946, pp.41-45.

[11]David Callahan, Dangerous Possibilities: Paul Nitzeand Cold War N.Y.: 1990,.

[12]John Lewis Gaddis, The Long Peace, New York: Oxford University Press, 1987, p.111；張曙光：《美國遏制戰略與冷戰起源再探》，上海外語教育出版社，2007年版，第104頁。

[13]利連撒爾：《利連撒爾日記，第二卷：原子能的年代，1945—1950》，紐約：哈勃和羅珀出版社，1964年版，第391頁，轉引自勞倫斯·弗里德曼：《核戰略的演變》，中國社會科學出版社，1990年版，第79頁。

[14]哈里·杜魯門：《杜魯門回憶錄》第二卷，生活·讀書·新知三聯書店，1974年版，第3頁。

[15]Gar Alperovitz, Atomic Diplomacy, Hiroshima and Potsdam: The Use of the Atomic Bomb and the American Confrontation with Soviet Power, NY: 1956.

[16]Marshall Memorandum, November28, 1948, FRUS, 1948, Vol.III, p.281.

[17]Note, FRUS, 1948, Vol.I, p.624.

[18]Memorandum by the Secretary of Army (Royall) to the National Security Council, May 19, 1948, FRUS, 1948, Vol.I, p.572.

[19]Note, FRUS, 1948, Vol.I, p.625.

[20]NSC 30: United States Policy on Atomic Weapons, September 10, 1948. FRUS, 1948, Vol.I, pp.624-628.

[21]Memorandum by the Director of the Office of Far Eastern Affairs (Butterworth), September 15, 1948.FRUS, 1948, Vol.I, p.630.

[22]Note, FRUS, 1948, Vol.I, p.625.

[23]沃爾特·米利斯：《福雷斯特爾日記》，倫敦：卡斯爾公司，1952年版，第457頁。轉引自勞倫斯·弗里德曼：《核戰略的演變》，中國社會科學出版，1990年版，第70頁。

[24]崔丕：《美國的冷戰戰略與巴黎統籌委員會、中國委員會（1945—1994）》，東北師範大學出版社，2000年版，第74頁。

[25]JCS1952/1, "Evaluation of Current Strategic Air Offensive Plans", December12, 1948, in Thomas H.Etzold and John Lewis Gaddis, eds.Containment: Documents on American Policy and Strategy, 1945-1950, P357-360.

[26]Harmon Report, "Evaluation of Effect on Soviet War Effort Resulting from Strategic Air Offensive", May 11, 1949, in Thomas H.Etzold and John Lewis Gaddis, eds.Containment: Documents on

American Policy and Strategy, 1945-1950, pp.362-363.

[27]Editorial Note, FRUS, 1949, Vol.I, p.540；哈里·杜魯門：《杜魯門回憶錄》第二卷，生活·讀書·新知三聯書店，1974年版，第365頁。

[28]Report by the Special Committee of the National Secretary Council to the President, Washington, January 31, 1950, FRUS, 1950, Vol.I, FRUS, 1950, Vol.I, p.517.

[29]Memorandum by the Executive Secretary of the National Security Council (Lay), Washington, March 1, 1950, FRUS, 1950, Vol.I, p.538.

[30]哈里·杜魯門：《杜魯門回憶錄)第二卷，生活·讀書·新知三聯書店，1974年版，第368頁。

[31]Report by the Special Committee of the National Security Council to the Prcsidcnt, ashington, March 9, 1950, FRUS, 1950, Vol.I, notes, p.542.

[32]NSC68: United States Objectives and Programs for National Security, April 14, 1950, FRUS, 1950 vol.1, pp.234-292.

[33]NSC68: United States Objectives and Programs for National Security, April 14, 1950, FRUS, 1950vol.I, pp.234-292; Ernest R.May, American Cold War Strategy: Interpreting NSC68, Boston: Bedford Books of St.Martin's Press, 1993.

[34]Walter La Feber, American, Russia, and the Cold War, 1945-1966, New York, 1967, p.90; American, Russia and the Cold War, 1945-1975, New York, 1976, p.97.

[35]John Lewis Gaddis, Long Peace: Elements of Stability inthe Postwer International System. International Security, Spring, 1986, pp.104-146.

[36]William Burr: Sino-American Relations, 1969: Sino-Soviet Border Conflict and Step Towards Rapprochement, Cold War History, 2001, Vol.1, No.3, pp.73-1 12; William Burr, ed.: The Sino-Soviet Border Conflict, 1969: U.S.Reactions and Diplomatic Maneuvers, A National Security Archives Electronic Briefing Book; Goldstein, Lyle J.: Return to Zhenbao Island: Who Started Shooting and Why it Matters, China Quarterly, December 2001, Issue 168；關於蘇聯的著作，可見Viktor M.Gobarev: Soviet Policy Toward China: Developing Nuclear Weapons 1949-1969, The Journal of Slavic Military Studies, 12/4 (1999), pp.43-47；關於德國檔案，可見Christian Ostermann, ed.: East German Documents on the Border Conflict, Cold War International History Project Bulletin, 6-7 (1995/96), 186-193；關於中國的論著，有徐焰：《1969年中蘇邊界的武裝衝突》，《黨史研究資料》，1994年第5期，第4—6頁；徐焰：《外來核威脅迫使中國發展核武器》，《文史參考》，2010年第8期，第48—51頁；李丹慧：《1969年中蘇邊界衝突：緣起於結果》，《當代中國史研究》，1996年第3期，第39—50頁；楊奎松：《中蘇邊界衝突與中國對美緩和》，《黨史研究資料》，1997年第12期；何慧：《美國對1969中蘇衝突的反應》，《當代中國史研究》，2005年第3期，第66—74頁；陳東林：《核按鈕一觸即發：1964年和1969年美國、蘇聯對中國的核襲擊計劃》，《黨史博覽》，2004年第3期，第4—10頁；王成至：《美國決策層對1969年中蘇邊界衝突的判斷與對策》，《社會科學》，2006年第5期，第129-136頁；張曙光：《接觸外交：尼克松政府與解凍中美關

係》，世界知識出版社，2009年版。

[37]NSSM 14: U.S.China Policy, February 5, 1969, Foreign Relations of the United States (FRUS), 1969-1972, Vol.XVII: China 1969-1972, p.8.

[38]Paper Prepared by the National Security Council Staff, Undated, FRUS, 1969-1972, Vol.XXXII: SALT 1969-1972, p.7.

[39]NIE 13-8-69: Communist China's Strategic Weapons Program, February 27, 1969, http://www.foia.gov/nic_china_collection.asp，全文見 Allen, John, Jr., John Carver, and Tom Elmore Eds., Tracking the Dragon :National Intelligence Estimates on China during the Era of Mao, 1948-1976, Washington, D.C.: Executive Office ofthe President, Central Intelligence Agency, Office ofthe Director, National Intelligence Council, 2004, p578.

[40]亨利·基辛格：《白宮歲月》第一冊，世界知識出版社，2003年版，第261—262頁。

[41]Henry Kissinger to Richard Nixon, "Issues Concerning ABM Deployment", 5 March 1969, National Archives, Nixon Presidential Materials Project, National Security Council Files, Box 843, ABM Memoranda.

[42]亨利·基辛格：《白宮歲月》第一冊，世界知識出版社，第216頁。

[43]NSSM 69: U.S.Nuclear Policy in Asia, July 14, 1969, FRUS, 1969-1972, Vol.XVII, p.48.

[44]Patrick Tyler, A Great Wall: Six Presidents and China, New York, Public Affairs, 1999, p.63。轉引自王成至：《美國決策層對1969年中

蘇邊界衝突的判斷與對策》，《社會科學》，2006年第5期，第129—136頁。

[45]Memorandum for Record of the Senior Review Group Meeting, March 12, 1971.FRUS, 1969-1972 ,Vol.XVII, pp.269-271.

[46]Central Intelligence Agency, Directorate of Intelligence, "Weekly Review", 21 March 1969, CIA Freedom of Information Release to National Security Archive.

[47]亨利·基辛格：《白宮歲月》第一冊，世界知識出版社，2003年版，第218頁。

[48]U.S.State Department, Bureau of Intelligenceand Research: Intelligence Note, "Peking's Tactics and Intentions Along the Sino-Soviet Border", June 13, 1969, National Archives, SN 67-69, Pol 32-1 ChicomUSSR.

[49]亨利·基辛格：《白宮歲月》第一冊，世界知識出版社，2003年版，第222頁。

[50]NSSM 63: U.S.Policy on Current Sino-Soviet Differences. July 3, 1969, FRUS, 1969-1972, Vol.XVII, p.42.

[51]Memorandum for the President from Secretary of State William Rogers, "The Possibility of a Soviet Strike Against Chinese Nuclear Facilities", 10 September 1969, National Archives, SN 67-69, Def 12 Chicom.

[52]NIE 11-13/69: The USSR and China, August 12, 1969, FRUS, 1969-1972, Vol. XVII, p.42。全文見Tracking the Dragon, pp.543-559; State Department cable 141208 to U.S.Consulate Hong Kong etc., August

21, 1969, National Archives, SN 67-69, Pol Chicom-USSR.

[53]President Nixon's Notes on a National Security Council Meeting, undated, FRUS, 1969-1972, Vol.XVII, p.67；亨利·基辛格：《白宮歲月》第一冊，世界知識出版社，2003年版，第228—229頁。

[54]Allen S.Whiting to Henry Kissinger, 16 August, 1969, Enclosing Report, "Sino-Soviet Hostilities and Implications for U.S.Policy", National Archives, Nixon Presidential Materials Project, Box 839, China.

[55]U.S.State Department Memorandum of Conversation, "US Reaction to Soviet Destruction of CPR Nuclear Capability", August18, 1969, National Archives, SN67-69, Def12 Chicom.

[56]State Department Cable 141208 to U.S.Consulate Hong Kong etc., August 21, 1969, National Archives, SN 67-69, Pol Chicom-USSR.

[57]楊奎松：《中蘇邊界衝突與中國對美緩和》，《黨史研究資料》，1997年第12期；陳東林：《核按鈕一觸即發：1964年和1969年美國、蘇聯對中國的核襲擊計劃》，《黨史博覽》，2004年第3期，第410頁。

[58]阿·舍普琴科：《與莫斯科決裂》，世界知識出版社，1986年版，第194-195頁。

[59]陳東林：《核按鈕一觸即發：1964年和1969年美國、蘇聯對中國的核襲擊計劃》，《黨史博覽》，2004年第3期，第4—10頁。

[60]徐焰：《外來核威脅迫使中國發展核子武器》，《文史參考》，2010年第8期，第48—51頁。

[61]李鳳林：《親歷中蘇（俄）邊界談判》，《百年潮》，2008年第7期，第30—34頁。

[62]徐焰：《外來核威脅迫使中國發展核子武器》，《文史參考》，2010年第8期，第48—51頁。

[63]亨利·基辛格：《白宮歲月》第一冊，第229頁。

[64]Memorandum from William Hyland ofthe National Security Council Staff to the President's Assistant for National Security Affairs (Kissinger), August28, 1969, FRUS, 1969-1972, Vol.XVII, pp.71-74.

[65]張曙光：《接觸外交：尼克松政府與解凍中美關係》，世界知識出版社，2009年版，第264頁。

[66]Memorandum from Miriam Camps, State Department Planning and Coordination Staff, to Under Secretary of State Elliot Richardson, "NSSM 63-Meeting with Consultants" August 29, 1969, FOIA Release to National Security Archive.

[67]Memorandum for the Record ofthe Washington Special Actions Group Meeting, September 4, 1969, FRUS, 1969-1972, Vol.XVII, pp.76-77.

[68]Memorandum for the President from Secretary of State William Rogers, "The Possibility of a Soviet Strike Against Chinese Nuclear Facilities", September 10, 1969, National Archives, SN 67-69, Def 12 Chicom.

[69]Memorandum from John Holdridge and Helmut Sonnenfeldt, National Security Council Staff, to Henry Kissinger, "The US Role in Soviet Maneuvering Against Peking", September 12, 1969, National Archives, Nixon Presidential Materials Project, National Security Council

Files, Box 710, USSR Vol.V 10/69。關於季辛吉不贊成羅傑斯的分析，見該文件空白處季辛吉手書的評語。

[70]同上。

[71]《周恩來與柯西金會談紀要》，1969年9月11日，轉引自楊奎松：《中蘇邊界衝突與中國對美緩和》，《黨史研究資料》，1997年第12期。

[72]中共中央文獻研究室編：《周恩來年譜》，中央文獻出版社，1997年版，第320—321頁。

[73]中華人民共和國外交部、中共中央文獻研究室編：《致柯西金的信》，1969年9月18日，《周恩來外交文選》，中央文獻出版社，1990年版，第462—464頁。

[74]中共中央文獻研究室編：《周恩來年譜》，中央文獻出版社，1997年版，第323頁。

[75]亨利·基辛格：《白宮歲月》第一冊，世界知識出版社，2003年版，第231—232頁。

[76]Minutes of the Washington Special Actions Group Meeting, September 17, 1969, FRUS, 1969-1972, Vol. XVII, pp.82-85.

[77]Memorandum From the President's Assistant for National Security Affairs (Kissinger) to President Nixon, September 29, 1969. FRUS, 1969-1972, Vol.XVII, pp.101-103.

[78]Washington Special Actions Group Report, November 10, 1969, FRUS, 1969-1972, Vol.XVII, pp.118-121.

[79]NIE 13-8/1-69: Communist China's Strategic Weapons Program,

October 30, 1969, FRUS, 1969-1972, Vol.XVII, pp.114-117.

[80]《錢復回憶錄揭露台灣發展核武和美周旋內幕》,《參考消息》,2005年3月1日,第8版。

[81]Telegram from the Embassy in the Republic of Chinato the Department of State, U.S.Department of States, Foreign Relations of the United States (hereafter cited as FRUS), 1964-1968, Vol.XXX China, Doc.59.

[82]Report of Meetings, FRUS, 1964-1968, Vol.XXX, China, Doc.62.

[83]杜勒斯:《杜勒斯言論選輯》,世界知識出版社,1959年,第143頁。

[84]Draft Minutes, FRUS, 1961-1963, Vol.XXII, China, Korea, Japan, Doc.185.

[85]Memorandum of Conversation, FRUS, 1961-1963, Vol.XXII, China, Korea, Japan, Doc.186.

[86]Paper Prepared in the Policy Planning Council, FRUS, 1964-1968, Vol.XXX, China, Doc.30.

[87]Memorandum for the Record, FRUS, 1964-1968, Vol.XXX, China, Doc.49.

[88]Report of Meetings, FRUS, 1964-1968, Vol.XXX, China, Doc.62; Memorandum from Robert W.Komer of the National Security Council Staff and the President's Special Assistant for National Security Affairs (Bundy) to President Johnson, FRUS, 1964-1968, Vol.XXX, China, Doc.69; Memorandum of Conversation, FRUS, 1964-1968, Vol. XXX, China,

Doc.103.

[89]《台灣發展核武器陰謀破產大曝光》，http://www.hnol.net/content/2005-03/31/content 2849959.htm.

[90]U.S Embassy Taipei, Air gram 1037, June 20, 1966, "Indications GRC Continues to Pursue Atomic Weaponry", New Archival Evidence on Taiwanese "Nuclear Intentions", 1966-1976, http://www.gwu.edu/~nsarchiv/NSAEBB/NSAEBB20.

[91]U.S.Embassy Tel Aviv, Air gram 793, March 19, 1966, "Nationalist Chinese Atomic Experts Visit Israel", New Archival Evidence on Taiwanese "Nuclear Intentions", 1966-1976.

[92]U.S Embassy Bonn, Cable 3292, April 15, 1966, "German Nuclear Reactor for Taiwan", New Archival Evidence on Taiwanese "Nuclear Intentions", 1966-1976.

[93]U.S Mission to the European Communities, April 7, 1966, "Possible German Reactor Export to Taiwan", Cable ECBUS 898, New Archival Evidence on Taiwanese "Nuclear Intentions"; 1966-1976.

[94]U.S Embassy Taipei, Air gram 813, April 8, 1966, "GRC Request to IAEA Team for Advice on Location of Reactor for Possible Use by Military Research Institute", New Archival Evidence on Taiwanese "Nuclear Intentions", 1966-1976.

[95]State Department to Embassies in Born and Taipei, Cable 2896, April 23, 1966, New Archival Evidence on Taiwanese "Nuclear Intentions", 1966-1976.

[96]U.S Embassy Taipei, Air gram 566, 21 February 1967, "GRC

Plans for Purchase of 50 Megawatt Heavy Water Nuclear Power Plant", with copy of agreement between Union Industrial Research Institute and Siemens copy attached. New Archival Evidence on Taiwanese "Nuclear Intentions", 1966-1976.

[97]State Department to Embassies Taipei and Bonn, Cable 16187, March 20, 1967, New Archival Evidence on Taiwanese "Nuclear Intentions", 1966-1976.

[98]Albright and Gay, "Taiwan：Nuclear Nightmare Averted", The Bulletin of the Atomic Scientists, (January-February 1998): 57.

[99]SNIE 43-1-72: Taipei's Capabilities and Intentions Regarding Nuclear Weapons Development, FRUS, 1969-1972, Vol.XVII, China, Doc.266.

[100]State Department Memorandum of Conversation, "German Inquiry Regarding Safeguards on Export of Parts to ROC Reprocessing Plant". November 22, 1972, New Archival Evidence on Taiwanese "Nuclear Intentions", 1966-1976.

[101]Memorandum from Leo J.Moser, Office of Republic of China Affairs, to Assistant Secretary for East Asian and Pacific Affairs Marshall Green, "Nuclear Materials reprocessing Plant for ROC", December 14, 1972; State Department to Embassies in Bonn, Brussels, and Taipei, "Proposed Reprocessing Plant for Republic of China", Cable 2051, January 4, 1973, New Archival Evidence on Taiwanese "Nuclear Intentions", 1966-1976.

[102]Embassy Taipei to State Department, "Proposed Reprocessing

Plant for Republic of China", Cable 0338, January 16, 1973, New Archival Evidence on Taiwanese "Nuclear Intentions", 1966-1976.

[103]Embassy Taipei to State Department, "Proposed Reprocessing Plant", Cable 685, January 31, 1973, New Archival Evidence on Taiwanese "Nuclear Intentions", 1966-1976.

[104]Embassy Taipei to State Department, "ROC Decided Against Purchase of Nuclear Reprocessing Plant", Cable 828, February 8, 1973, New Archival Evidence on Taiwanese "Nuclear Intentions", 1966-1976；陳仲志：《台灣核武發展歷程與未來》，http://www.chinesenewsnet.com/Main News/Opinion/2004.10.19.589.html.

[105]State Department Memorandum of Conversation, "Nuclear Programs in Republic of China", February 9, 1973, New Archival Evidence on Taiwanese "Nuclear Intentions", 1966-1976.

[106]State Department to Embassies in Taipei and Tokyo, "ROC Nuclear Research", Cable 51747, March 21, 1973, New Archival Evidence on Taiwanese'Nuclear Intentions", 1966-1976.

[107]Memorandum to Mr.[Richard] Sncider from Mary E.McDonnell, U.S.Department of State, Office of Republic of China Affairs, "Reported ROC Nuclear Weapons Development Program", April 7, 1973, New Archival Evidence on Taiwanese "Nuclear Intentions", 1966-1976.

[108]State Department to Embassy in Taipei, "ROC Nuclear Intentions", Cable 71458, April 17, 1973, New Archival Evidence on Taiwanese "Nuclear Intentions"，1966-1976.

[109]王衛星：《台灣祕密研製核子武器》，《環球時報》，

2000年9月22日，第9版。

[110]State Department Memorandum of Conversation, "ROC Nuclear Energy Plans", August 29, 1973, New Archival Evidence on Taiwanese, "Nuclear Intentions", 1966-1976.

[111]State Department Memorandum of Conversation, "ROC Nuclear Intentions", April 5, 1973, with Intelligence and Research (INR) Report on "Nuclear Weapons Intentions of the Republic of China" Attached, New Archival Evidence on Taiwanese "Nuclear Intentions", 1966-1976；王衛星：《台灣祕密研製核子武器》，《環球時報》，2000年9月22日，第9版。

[112]Albright and Gay, "Taiwan：Nuclear Nightmare Averted", The Bulletin of the Atomic Scientists, (January-February 1998): 54-60.

[113] "ROC'S Nuclear Intentions: Conversation with Premier CHIANG CHING-KUO". September 15, 1976, CK3100510410. 數據庫: Declassified Documents Reference System (hereafter cited as DDRS), Gale Group, Inc.

[114]《錢復回憶錄揭露台灣發展核武和美周旋內幕》，《參考消息》，2005年3月1日，第8版。

[115]同上。

[116] "Zbigniew Brzezinski to the President, Weekly National Security Report 11". April 29, 1977. 數據庫：DDRS CK3100470248。

[117]王衛星：《台灣祕密研製核子武器》，《環球時報》，2000年9月22日，第9版。

[118]有關印度核計劃最重要的著作主要有：George Perkovich, India's Nuclear Bomb: The Impact on Global Proliferation, University of California Press; Raj Chengappa, Weapons of Peace: The Secret Story of India's Quest to Be a Nuclear Power, Harper Collins Publishers India, 2000.

[119]Indian Nuclear Energy Program, Office of Scientific Intelligence, CIA, February 18, 1958, Jeffrey Richelson eds., U.S.Intelligence and the Indian Bomb, National Security Archive Electronic Briefing Book No.187.

[120]NIE 100-4-60: Likelihood and Consequence of the Development of Nuclear Capabilities by Additional Countries. September 20, 1960。數據庫：Digital National Security Archive (DNSA): U.S.Intelligence on Weapons of Mass Destruction: From World War II to Iraq, WM00043.

[121]John K.Galbraith, A Life in Our Time: Memoirs, New York: Ballantine Press, 1981, p.406.

[122]Praful Bidwai and Achin Vanaik, India, Pakistan and Global Nuclear Disarmament, New York: Oliver Branch Press, 2000, p.57.

[123]Indian Capability and Likelihood to Produce Atomic Energy, June 29, 1961, Decimal File 1960-1963, Central File ofthe Department of State, RG 59, National Archives.

[124]NIE 4-3-61: Nuclear Weapons and Delivery Capabilities of Free World Countries other than the US and UK, Deptember 21, 1961, DNSA: U.S.Intelligence on Weapons of Mass Destruction: From World WarII to Iraq, WM00052.

[125]Memorandum of Conversation, FRUS, 1961-1963, Vol.XIX, South Asia. Documents60.

[126]The India Nuclear Problem: Proposal Course of Action, Arms Controland Disarmament Agency. October 14, 1964。數據庫：Declassified Documents Reference System (DDRS).

[127]Shyam Bhatia, India's Nuclear Bomb, Vikas Publishing House, 1979, p.109.

[128]Telegram from the Embassy in India to Department of State, March 26, 1963, Central Foreign Policy Files, 1963 DEF 12-1 Chi Com, RG 59, National Archives; George Perkovich, India's Nuclear Bomb: The Impact on Global Proliferation, University of California Press, p.46.

[129]Probable Consequences of a Chinese Communist Nuclear Detonation, May 6, 1963, Records of the Policy Planning Staff, 1963-1964, RG59, National Archives.

[130]Memorandum of Conversation, FRUS, 1961-1963, Vol.XIX, South Asia, Documents 304.

[131]NIE 4-63: Likelihood and Consequence of a Proliferation of Nuclear Weapons Systems, June 28, 1963, DNSA: U.S.Intelligence on Weapons of Mass Destruction :from World War II to Iraq, WM00062.

[132]Telegram from the Embassy in India to Department of State, October 3, 1963, Central Foreign Policy Files, 1963 DEF 12-1 Chi Com, RG 59, National Archives.

[133]Possible Indian Nuclear Weapons Development, February 24, 1964, FRUS, 1964-1968, Vol.XXV, South Asia, Documents 19.

[134]Note 3, February 24, 1964, FRUS, 1964-1968, Vol.XXV, South Asia, Documents 19.

[135]SNIE 13-4-64: The Chance of Imminent Communist China Nuclear Explosion, August 26, 1964, FRUS, 1964-1968, Vol. XXX, China, Documents 43.

[136]Letter from the Ambassador to India (Bowles) to the President's Special Assistant for National Security Affairs (Bundy), September 16, 1964, FRUS, 1964-1968, Vol.XXV, South Asia, Documents 71.

[137]India's Nuclear Weapons Program, On to Weapons Development: 1960-1967, http://www.nuclearweaponsarchive.org.

[138]The Indian Nuclear Problem: Proposed Course of Action, October 13, 1964, DDRS.

[139]Telegram from the Embassy in India to Department of State, October 17, 1964, Central Foreign Policy Files, 1964-1966 DEF 12-1 Chi Com, RG 59, National Archives.

[140]CIA Intelligence Informational Cable, India Government Reaction to Chi Com Nuclear Explosion, October 19, 1964, DDRS.

[141]NIE 4-2-64: Prospects for a Proliferation of Nuclear Weapons over the Next Decade, October 21, 1964, DNSA: U.S.Intelligence on Weapons of Mass Destruction: From World War II to Iraq, WM00087.

[142]Memorandum for the Secretary of Defense: The Indian Nuclear Problem: Proposed Course of Action, October 23, 1964, Subject-Numeric File, 1964-1966; Central Files of the Department of State, RG 59, National Archives.

[143]Letter from John G.palfrey, Atomic Energy Commission, to Ambassador Llewellyn E.Thompson, November 23, 1964, with attached

report "Discussion Paper on prospects for Intensifying Peaceful Atomic Cooperation with India". Joyce Battle eds. India and Pakist an-Onthe Nuclear Threshold, National Security Archive Electronic Briefing Book No.6.

[144]Telegram from the Embassy in India to Dep tment of State: India's Nuclear Policy in the Wake of Chi Com Nuclear Detonation, October 23, 1964, Central Foreign Policy Files, 1964-1966 DEF 12-1 Chi Com, RG 59, National Archives.

[145]George Perkovich, India's Nuclear Bomb, p.67.

[146]Telegram from Department of State to the Embassy in India, October 28, 1964. Central Foreign Policy Files, 1964-1966 DEF 12-1 Chi Com, RG 59, National Archives.

[147]Telegram from Department of State to the Embassy in India, October 29, 1964. Central Foreign Policy Files, 1964-1966 DEF 12-1 Chi Com, RG 59, National Archives.

[148]Memorandum of Conversation between Indian Ambassador to the U.S.B.K.Nehru and William C.Foster, Director, U.S.Arms Control and Disarmament Agency, Chinese Nuclear Explosion, November 3, 1964.Central Foreign Policy Files, 1964-1966 DEF 12-1 Chi Com, RG 59, National Archives; FRUS, 1964-1968, Vol.XXV, South Asia, Documents 74.

[149]Indian Nuclear Energy Program, Office of Scientific Intelligence, CIA, November 6, 1964. Jeffrey Richelson eds.U.S.Intelligence and the Indian Bomb, National Security Archive Electronic Briefing Book No.187.

[150]Telegram from the Embassy in India to Department of State, India and the Chinese Bomb: The Search for Alternatives: December 31, 1964. Central Foreign Policy Files, 1964-1966 DEF 12-1 Chi Com, RG 59, National Archives.

[151]Notes 2, Telegram, from the Department of State to the Embassy in India, December 12, 1964, FRUS, 1964-1968, Vol.XXV, South Asia, Documents 79.

[152]Telegram from the Department of State to the Embassy in India, December 12, 1964, FRUS, 1964-1968, Vol.XXV, South Asia, Documents 79.

[153]Telegram from the Embassy in India to Department of State, December 31, 1964, FRUS, 1964-1968, Vol.XXV, South Asia, Documents 82.

[154]Report by the Committee on Nuclear Proliferation, January21, 1965, FRUS, 1964-1968, Vol.XI, Arms Control and Disarmament, Documents 64.

[155]Memorandum to Holders of NIE 4-2-64 and NIE 31-64: Likelihood of Nuclear Development of Nuclear Weapons, FRUS, 1964-1968, Vol.XXV, South Asia, Documents 90.

[156]Scott Sagan, Why Do States Build Nuclear Weapons? Three Modelsin Search of a Bomb? International Security, Vol.21, Winter, 1996-1997, pp.54-86.

[157]中華人民共和國聲明，《人民日報》，1964年10月16日。

[158]全面禁止和徹底銷毀核武器，《人民日報》，1964年10月

21日。

[159]美國《新聞週刊》，2003年10月27日。

[160]張璉瑰：《朝鮮的核問題與美國的警察角色》，《戰略與管理》，2003年第5期。

[161]李昶、安軍：《朝核問題的演變過程及發展趨勢》，吉林朝鮮韓國學會《朝鮮半島問題研究文集》（一），1997年3月。

[162]CIA, North Korea: Nuclear Reactor, July 9, 1982, North Korea and Nuclear Weapons: The Declassified Record, http:/www.gwu.edu/~nsarchiv/NSAEBB/NSAEBB87.

[163]CIA, A 10-Year Projection of Possible Events of Nuclear Proliferation Concern, May 1983, North Korea and Nuclear Wenpons: The Declassified Record.

[164]CIA, East Asia Brief, April 20, 1984; Department of State Briefing Paper, ca. January 5, 1985, North Korea and Nuclear Weapons: The Declassiied Record.

w

[165]中國國際關係學會主編：《國際關係史》第十一卷（1980—1989），世界知識出版社，2004年版，第275—276頁。

[166]錢其琛：《外交十記》，世界知識出版社，2003年版，第150頁。

[167]Department of State Briefing Paper, ca.January 5, 1985, North Korea and Nuclear Weapons: The Declassified Record.

[168]CIA, East Asia Bricf, December 27, 1985, North Korea and

Nuclear Weapons: The Declassified Record.

[169]CIA, North Korea's Nuclear Efforts, April 28, 1987, North Korea and Nuclear Weapons: The Declassified Record.

[170]CIA, NORTH KOREA: Delaying Safeguards Agreement, May 28, 1987, North Korea and Nuclear Weapons: The Declassified Record.

[171]CIA, North Korea's Expanding Nuclear Efforts, May 3, 1988, North Korea and Nuclear Weapons: The Declassified Record.

[172]CIA, NORTH KOREA: Nuclear Program of Proliferation Concern, March 22, 1989, North Koren and Nuclear Weapons: The Declassified Record.

[173]FBIS/CIA, Trends, August 9, 1989, North Korea and Nuclear Weapons: The Declassified Record.

[174]Leon V.Sigal, Disarming Strangers: Nuclear Diplomacy with North Korea, Princeton University, 1988, p.25.

[175]Department of State Talking Points Paper for Under Secretary of State Bartholomew's China Trip, ca.May 30, 1991, North Korea and Nuclear Weapons: The Declassified Record.

[176]IAEA, The DPRK's Violation of its NPT Safeguards Agreement with the IAEA, 1997.

[177]Department of State, Cable, Secretary of State James Baker to Secretary of Defense Richard Cheney, November 18, 1991, North Korea and Nuclear Weapons: The Declassified Recnrd.

[178]International Atomic Energy Agency, Agreed Framework of 21

October 1994 Between the United States of America and the Democratic People's Republic of Korea, November 2, 1994.

第三編　杜魯門政府國家安全政策

杜魯門政府研製氫彈政策的形成及其影響

眾所周知，核子武器的問世是20世紀發生的一個革命性事件，它給冷戰時期的整個國際關係帶來極為重大的影響。日益升級的核軍備競賽是東西方鬥爭的重要內容和方式，兩個超級大國也都把核子武器當作同對手進行鬥爭、追求政治目的的重要工具。氫彈的研製作為核軍備競賽的一環，特別在美國核政策中占有重要的地位，近些年雖有一些文章，但大都語焉不詳。本文試圖對杜魯門政府研製氫彈的決策過程進行分析，來闡述杜魯門政府核政策的演進及其對後世的影響。

一

如果說美國研製核子武器，主要是因為害怕納粹德國先於自己造出這種武器的話，那麼蘇聯研製核子武器則主要是因為美國的刺激，是為了同美國競爭，不過在當時杜魯門政府的絕大多數官員並不相信蘇聯能夠很快的研製出核子武器。然而這種樂觀的情緒並沒有維持多長，當1949年9月3日，美國一架遠距離偵察飛機收集到了放射性空氣樣本，經過科學家的分析研究，確信在8月26到29日間，蘇聯在亞洲大陸某處進行了核試驗的時候，美國朝野上下大為震驚。不久作為直接負責遠距離偵察系統的空軍參謀長霍伊特·范登堡將軍向杜魯門詳細彙報了蘇聯核試驗的細節，更使他感到吃驚。為避免公眾的恐慌，9月23日，杜魯門發表公開聲明：「我們所獲得的證據表明，在過去的幾個星期中，在蘇維埃社會主義共和國聯盟進行了一次原子爆炸……自從人類首次解放原子能以來，其

他國家在這種新力量上的發展是意料之中的事。我們過去一直就估計到這個可能性」。[1]

　　核壟斷地位的喪失加劇了美國的不安全感，杜魯門政府開始尋求對政策進行調整，以改變當前不利的局面。一方面在核技術領域，迅速做出了擴大原子能生產能力的決定，即透過數量競爭來維持美國的核優勢，同時加緊考慮研發氫彈的決定；另一方面調整當前國家安全政策，從整體上加強對蘇聯的遏制。

　　氫彈也稱核融合核武，或稱超級炸彈。是利用氫元素的特殊形式在極高溫下轉變為氦的瞬間釋放能量，產生極大爆炸威力的武器。這種轉變稱為核融合，所需熱量需由原子彈爆炸提供。製造氫彈的可能性從1942年起即在理論上得到證實，但在戰爭結束之前由於美國政府優先發展原子彈，因此對於氫彈根本沒有採取實際開發行動，甚至在廣島事件發生後，製造氫彈的可能性仍屬保密的範疇。1946年12月31日美國成立原子能委員會，其主要職能是負責領導原子能領域內的全部研究、開發以及生產工作，但在當時它的首要任務是「必須把一個龐大的事業從臨時性的戰時工作改變成為範圍要大得多的永久性的工作」。[2] 而其實際上最緊迫的任務是必須注意原子彈的數量和質量問題，氫彈仍然不在他們的視野之內。與此同時，還成立了一個由九位委員組成的一般諮詢委員會，其職能是向原子能委員會提供科學和技術的意見。隨著核儲備的增長，核技術的研究也更加複雜了，到1949年中期，每件核子武器可產生的爆炸力已增長5倍或更多。[3]

　　1949年10月5日，原子能委員會成員路易斯·史特勞斯向原子能委員會提交一份備忘錄，認為「為製造原子彈而多生產分裂材料」是不夠的，「現在已經到了計劃要有巨大躍進的時候了，我們現在

要抓緊研製氫彈,要像研製第一顆原子彈那樣,投入相應的人力和財力,只有這樣才能保持領先地位」。 [4] 按照史特勞斯的建議,原子能委員會主席李林塔爾將一份要求擴展氫彈研製工作的建議提交給一般諮詢委員會,對氫彈在軍事上的使用前景以及與原子彈相比較,它有哪些優缺點等問題進行諮詢。10月29日至30日,一般諮詢委員會同政策設計室主任凱南、參謀長聯席會議主席布萊德利以及一些軍方人員進行會談,一般諮詢委員會的委員們一致認為「氫彈雖然有成功的可能性,但是研製工作過於複雜,開支過於龐大,這將嚴重影響原子彈的研製工作」。鑒於此,「我們大家都希望想方設法地避免發展這種武器,我們都不願看到美國率先開展這項行動。我們一致認為,目前傾注全力從事這種發展工作將是錯誤的」。 [5]

不過在討論氫彈研製的細節方面委員們分為兩派:以歐本海默為代表的多數派認為「研製氫彈的提議給人類帶來極大的危險,其程度遠遠超過了發展氫彈造成的軍事優勢……如果氫彈被使用,其破壞力根本無法得到限制,那麼氫彈很可能成為一種滅絕種族的武器」。因此「我們認為氫彈不應被研製出來」。 [6] 以費米為代表的少數派雖認為「這種武器事實上具有無限的破壞力,因此,無論是製造出這種武器還是關於製造它的知識都是對全人類的威脅。從任何角度看它也注定是一種邪惡的事情」。但建議「美國總統有必要把我們的意見轉告給美國的公眾和整個世界:我們認為率先實施發展這項武器的計劃犯了基本道德準則的錯誤。與此同時,應當請求世界各國跟我們一道做出莊嚴的保證,不進行發展和製造這類武器的工作。如果各國做出了這種保證,那麼即使不存在一個控制機構,一旦某個大國的研究工作發展到可以進行試驗的高級階段,它將會被有效的物理手段檢測出來。這一點看來是很可能做到的。此

外，我們還擁有自己的核子武器庫，我們有辦法對生產和使用氫彈的行動進行充分的『軍事』報復」。[7] 兩派的差異在於一方堅持無條件贊同不發展氫彈，而另一方則認為這個承諾必須要有個先決條件，即蘇聯必須響應放棄發展氫彈的倡議。

實際上一般諮詢委員會反對研製氫彈的意見並沒有對杜魯門產生多大影響，甚至有人認為杜魯門根本沒有看到這份報告。同時在原子能委員會中對於氫彈問題的分歧也在加大，以李林塔爾、派克和史密斯為代表的部分委員反對在當時研製氫彈，主張放緩開發氫彈的政策；而以迪安和史特勞斯為代表的另一部分委員則要求立即著手制定試驗計劃。鑒於氫彈問題的重要性，又涉及國防戰略和對外政策的方方面面，原子能委員會決定向杜魯門全面闡述各種分歧意見，有待杜魯門最終決斷。[8] 1949年11月19日杜魯門指派國務卿、國防部長和原子能委員會主席在國家安全委員會下組成特別委員會，就氫彈研製問題向他提建議，特別包括技術、軍事和政治方面的因素，並就美國是否應著手進行氫彈的發展和生產，和以何種方式進行，提出建議。[9]

到11月下旬，在美國政府內越來越多的官員主張研製氫彈。11月21日，兩院原子能聯合委員會主席麥克馬洪對一般諮詢委員會的主張進行了強烈的批評，認為既然這種武器具有極大的威力，那它在軍事上肯定是不可缺少的；這種武器在軍事上顯然可用於超大範圍轟炸，其不精確性可以用其顯著的可靠性來抵消。「一枚超級炸彈在偏離目標10多英里的情況仍然可以實現其既定目的」；在一次大規模轟炸和許多次小規模轟炸之間並沒有一條「道德界限」.「真正能夠滅絕種族的武器」是「現代戰爭」，而不是超級炸彈。更重要的是，我們必須設想俄國人已經在向前疾駛，「如果我們聽

任他們率先得到氫彈，大災難可就真要出現了」。[10] 11月23日，布萊德利在給國防部長詹森的備忘錄中，認為「如果蘇聯擁有氫彈而美國沒有，這是不能容忍的」，而「美國單獨決定不研製氫彈根本不會阻止這種武器在其他地方的研製」。[11] 25日史特勞斯也闡述了與麥克馬洪和布萊德利相似的論點，認為「美國單方面放棄研製核融合核武非常容易導致蘇聯單方面的擁有核融合核武」，因此應盡快著手研製核融合核武。[12]

本來美國政府內部的許多官員主張研製氫彈的初衷就是要在核技術方面領先於蘇聯，以氫彈來威懾它。當越來越多的消息傳出，蘇聯可能在研製原子彈的基礎上進一步研製氫彈時，那麼氫彈有沒有軍事用途以及它在技術上是否可行都變得無關緊要了，傾向於加快速度研製氫彈的主張越來越在政府中成為主流。

1950年1月13日，布萊德利再一次向詹森提交了一份備忘錄，這份報告與兩個月前的那份報告內容基本相同。報告認為雖然沒有必要現在制定一項緊急計劃，但應採取下列計劃：（1）決定核融合核武技術上的可行性作為最優先權；（2）發射核融合核武所必需的軍械和運載工具應同時開始研製，沒有必要等到核融合核武試驗時一起進行；（3）在核融合爆炸的最終可行性和適當的運載工具可行性決定之前，關於大量生產核融合核武的決定應被推遲。[13] 1月19日，總統國家安全事務顧問索爾斯向國務卿艾奇遜報告說杜魯門認為這份報告有重大意義，並把這份文件分別轉發給艾奇遜和李林塔爾，以尋求國務院和原子能委員會的意見。艾奇遜基本同意杜魯門的觀點，「建議總統繼續尋找做這件事情的可行性」。[14]

按照杜魯門在1949年成立特別委員會的指示，特別委員會決定

互相協商後提交給總統一份報告。艾奇遜在會上提出了一份草案，這份草案的主體是根據1月24日由負責原子能政策的副國務卿特別助理阿內森準備的報告而寫成的。 [15] 這份草案原則上採納了參謀長聯席會議的立場，但它也對李林塔爾做出了一個讓步：它要求「重新審查我們在和平和戰爭時期的目標」。在討論過程中，艾奇遜同意刪去要求明確保留生產核融合核武的最終決策權這樣一段話，以此作為對詹森的一個讓步。 [16] 1月31日，特別委員會把這份報告提交給杜魯門，建議：（1）總統指示原子能委員會立即著手測定製造核融合核武的技術可行性，研製工作的規模和速度由原子能委員會和國防部共同決定；發射核融合核武所必需的軍械和運載工具也應同時開始研製；（2）總統指示國務卿和國防部長，考慮到蘇聯研製分裂炸彈和核融合核武能力的可能性，重新審查我們在和平和戰爭時期的目標以及這些目標在我們戰略計劃中的影響。[17] 杜魯門只用了七分鐘會見的時間就批准了這份報告。

不久參謀長聯席會議請求杜魯門批准「立即全力研製氫彈以及氫彈所需的生產與運載工具」的建議，杜魯門將這一建議送交特委會審查。3月9日特委會在給杜魯門的報告中認為美國能在1951年內進行氫彈裝置的初步試驗，如果初步試驗成功，整個裝置可能在1952年末準備好進行試驗。 [18] 翌日，杜魯門簽署了命令，宣布氫彈的研究是最緊急的任務，要求加強在這個領域的研究，同時指示原子能委員會立即做出大量生產的計劃。至此，迅速發展氫彈已經成為一項官方政策。 [19] 從決策過程來看，杜魯門政府在開發研製氫彈問題上，分歧主要集中在當時是否應加快研製氫彈。支持者認為蘇聯的威脅越來越大，如果聽任它率先掌握氫彈是不能容忍的，因此要加快研製氫彈。而反對者則認為在有限的軍事預算下耗費巨資研製氫彈，會削弱其他武器的研製，以至可能失去軍事平

衡，因而主張全面審查對外政策，然後再決定研製氫彈，二者分歧的本質是建立在如何更加有效的遏制蘇聯威脅的基礎之上的。因此杜魯門在權衡各方意見之後，在決定加速研製氫彈的同時要求對美國國家安全政策進行重新審查。

按照杜魯門1月31日的指示，4月14日國務院政策設計室主任尼采向國家安全委員會提交了一份報告，這就是著名的NSC68號文件。文件的核心認為蘇聯的軍事實力已經對「自由世界」構成了嚴重威脅，然而同蘇聯相比，美國的軍事力量嚴重不足，這已經造成了蘇聯越發大膽、美國束手無策的局面。因此必須大大擴充軍備，才能掌握冷戰的主動權，也才能阻止蘇聯發動和打贏熱戰。所以文件要求在迅速擴充常規軍備的同時，要「進一步提高核子武器的數量和質量」。「如果蘇聯搶在美國之前發展了核融合核武，那麼整個自由世界面臨的蘇聯壓力將極大地增加，美國遭受攻擊的危險也隨之而增加；如果美國先於蘇聯發展核融合核武，那麼美國暫時有能力向蘇聯施加更多壓力」。另外文件對核子武器進行協商一致的、可以核查的雙邊限制前景感到悲觀，對凱南的「首先不使用核子武器政策」予以拒絕，認為在「目前美國常規武器準備不足的情況下」，該政策「將被蘇聯視為對我們自身軟弱的承認，被我們的盟國視為我們放棄他們的一個明顯表示」。[20]

在美國喪失核壟斷地位之前，杜魯門政府的有限遏制政策是建立在「蘇聯現在還沒有進行蓄謀的、把美國捲入進去的軍事行動計劃」基礎之上的，因為當時蘇聯並不擁有核子武器，按照當時的估計，最遲到1955年，蘇聯能用原子、生物和化學武器，對美國進行空襲，能進行大規模的潛艇活動，能進行空降奪取前進基地。然而隨著蘇聯進行第一次核試驗，其威脅性增大，美國單純依靠原子彈

已經難以遏制蘇聯，必須在技術上超越蘇聯，研製出威力更大的武器。從另一個角度來看，核壟斷地位的喪失使得美國國家安全政策發生了本質的變化，像過去那樣過分依靠核子武器已經不適應當前的形勢了，在繼續保持核子武器的數量和質量的同時，必須加強常規軍備的建設，增加軍備開支，而這種政策大大背離了當時的有限遏制政策，完全向全面遏制政策邁進。因此杜魯門研製氫彈的決定和重新審查國家安全政策這兩項決定，成為杜魯門政府從有限遏制向全面遏制演變的重要一環。在NSC68文件中，國家安全委員會大力倡導美國政府先於蘇聯研製氫彈，希望在技術上再次超越蘇聯，在核軍備競賽中把握主動；而氫彈政策的制定以及氫彈的研發也促使美國政府更有足夠的信心在國家安全政策領域向全面發展，即核子武器與常規武器均衡發展，氫彈的作用更多的是威懾，常規軍備的建設才是根基，這種大規模加強軍備建設思想一直貫穿於杜魯門政府後期。

二

儘管杜魯門政府決定研製氫彈的決策，主要是針對蘇聯打破其核壟斷，在核子武器的質量上超越蘇聯，但是其意義不僅限於杜魯門政府任期內，而且給整個冷戰時代乃至當今帶來深遠影響。

首先，杜魯門政府決定研製氫彈進一步加劇了美蘇核軍備競賽。杜魯門決定研製氫彈以後，又曾三次批准擴大核生產。1952年11月1日，美國進行了第一次大規模的氫彈試驗，它的當量是1040萬噸TNT，比在廣島投擲的原子彈的當量大1000倍。然而在美國試驗氫彈僅僅9個月後的1953年8月8日，蘇聯領導人馬林科夫就宣布「美國再也壟斷不了氫彈了」，4天後，蘇聯進行了第一次氫彈爆炸試驗，雖然其當量只是美國的1/20，但它對美國的衝擊決不亞於

蘇聯第一顆原子彈所造成的衝擊。1954年3月1日，美國又進行了氫彈試驗，其中一枚的當量達到了1500萬噸TNT，且可投擲，成為了真正意義的核子武器。而在1955年11月23日，蘇聯也試驗出了一顆真正的氫彈，美蘇核軍備競賽以驚人的速度在不斷升級。

其次，杜魯門政府在加速生產核子武器和研製氫彈的同時仍然唱著國際原子能管制的高調。雖然美國操縱聯合國通過了「巴魯克計劃」，但是由於美蘇雙方缺乏信任，該計劃從未能付諸實施，而蘇聯1949年的第一次核試驗更使「巴魯克計劃」名存實亡。實際上這時杜魯門已經決定「既然我們不能實現國際管制，我們就必須保持在核子武器上占據有強大的地位」。 [21] 後來美蘇雙方確實也提出過一些核軍備限制和裁減的建議，但是在古巴導彈危機前，雙方沒有達成過實質性的協議。國際管制不過是杜魯門政府尋求核優勢的一個幌子。

第三，從研製氫彈的決策過程來看，軍方的作用越來越重要，也說明了美國遏制戰略的軍事性在增強。杜魯門在研製氫彈的決策中，大量採用參謀長聯席會議的意見，尤其尊重參謀長聯席會議主席布萊德利的意見，導致李林塔爾的不滿。從決定研製氫彈到杜魯門任期結束，軍方又三次提出擴大核生產，杜魯門也毫不猶豫地批准了。由於大量依賴軍方的意見，導致杜魯門政府在對蘇問題上態度越來越強硬，其國家安全政策也從有限遏制戰略向全面遏制戰略轉變。

最後，雖然杜魯門大量採納了軍方的建議，決定研製氫彈，但是杜魯門在核子武器的使用上反而越來越謹慎。杜魯門是歷史上迄今為止唯一一位下令投擲原子彈的美國總統，但在韓戰中，杜魯門卻避免再次使用原子彈，儘管他曾在一次記者招待會上說考慮使

原子彈，但他很快進行了否認和澄清。即使到了1952年美國研製出氫彈，這種武器也從未在戰爭中使用過。畢竟蘇聯已經打破了美國的核壟斷，如美蘇雙方進行一場核戰爭，那麼是沒有勝利者的。「人可以只用一次打擊便消滅成百萬個生靈，毀滅世界上的大城市，掃除歷史上的文化成就並摧毀幾百代人歷盡苦難逐漸建立起來的目前的文明社會」。 [22] 這畢竟不是美蘇雙方所願意看到的，氫彈無非成為美國核威懾力量的一個砝碼。在杜魯門政府時期，他確立了「把核子武器作為阻止蘇聯威脅的威懾手段，只有在威懾失效和發生同蘇聯的全面戰爭時，才把核子武器當作戰爭的工具」這一原則，此後歷屆美國政府也都遵循了上述原則。 [23]

（原載《史學集刊》，2004年第2期）

保羅·尼采與杜魯門政府國家安全政策

　　2004年10月19日保羅·尼采（Paul H.Nitze）去世，享年97歲，有評論家稱他的去世才應被視為冷戰的徹底結束。　[24]　尼采是美國國家安全政策的主要設計師之一，也是美蘇軍備控制談判美方首席代表。在長達四十多年的宦海生涯中，他先後為六位總統效力。早在二戰初期他就進入了羅斯福政府，後成為杜魯門政府的政策設計室主任，他曾在甘迺迪和詹森政府的國防部供職，是尼克森政府第一輪限制戰略武器會談美方主要成員，最後作為雷根政府的首席代表參加削減歐洲中程導彈談判。如果以他眾多職務作個排序的話，那麼對美國國家安全政策影響最大的莫過於杜魯門政府時期的政策設計室主任一職。從1950年接替喬治·凱南到1953年離職，他參與起草了從NSC68到NSC141的一系列國家安全政策文件，處理過蘇聯原子彈爆炸和韓戰等重大國際事件，其理論思想深刻地影響了冷戰時期美國國家安全戰略。

　　儘管尼采能言善辯，卻不喜拋頭露面，為人頗為低調，有關他的戰略思想更是鮮為人知。　[25]　因此，本文試圖透過對尼采外交活動及其思想的探討，評析他在杜魯門政府國家安全政策中的地位與作用。

一、保羅·尼采及其戰略思想

在尼采的一生中,他傾向於把世界上的邪惡等同於威脅世界的極權和強大的意識形態力量。 [26] 無論是對於二戰時期的德國和日本,還是冷戰時期的蘇聯,他主張採取強有力的手段,增加國防開支,提高美國的軍事能力。

尼采1907年出生在美國馬薩諸塞州,像那個時代的大多數青年一樣,哈佛大學畢業後,投身商界是他的首要選擇。1929年他在華爾街一家投資銀行任職並得到了一定的聲譽。在其早期政治思想中,他的主要觀點傾向於孤立主義,也代表著當時許多美國人的看法。然而隨著納粹德國在1939年侵略波蘭,局勢日趨緊張,他漸漸感到美國捲入戰爭不可避免。 [27] 1940年他應海軍部副部長詹姆斯·福羅斯特之邀,作為其助手來到華盛頓,開始他的政治生涯。他先後在美洲大陸事務辦公室、戰爭經濟局和對外經濟部中任職。

1944年大戰臨近尾聲,美國政府成立戰略轟炸調查團,對敵國被炸情況進行調查評估,尼采作為成員之一來到德國。德國戰敗投降後,他轉而來到日本,繼續討論對日本轟炸問題,他是最早近距離觀察原子彈巨大威力的美國人之一,不久時任戰略轟炸調查團副主席的尼采撰寫了一份報告。文件最後強調美國需要有效的民防手段、科學技術研究和發展的不斷更新、提高情報能力以避免珍珠港災難的重演、軍隊的統一指揮和控制、維持足夠的和平時期防禦數量和對任何有可能的侵略進行準備等等。這份評估報告是尼采一生的轉折點,他第一次系統地接觸到現代戰爭所面臨的問題和看到現代軍事技術,特別是核子武器這種破壞力的影響,同時這份文件也

被視為NSC68號文件的前身和尼采國家安全哲學的早期藍圖。[28]

以參加戰略轟炸評估團為契機，國務院的一些官員認為尼采不僅是華爾街的行家裡手，也對軍事問題頗有研究。從1946年到1949年，他一邊在國務院對外經濟貿易部門任職，一邊密切關注戰後動盪的世界。不久他參與歐洲經濟的戰後重建，很快成為國務院歐洲經濟政策的專家之一，與此同時，國務卿馬歇爾請喬治·凱南找一位既懂得經濟又有戰略眼光的助手參加剛剛組建的國務院政策設計室，凱南想到了尼采。但遭到當時的副國務卿艾奇遜的反對，他認為尼采並不是凱南想要找的那種戰略家，而僅僅是一個實際的執行者。1949年艾奇遜任國務卿，在多次與尼采接觸後轉變了過去的看法，同意尼采作為凱南的副手加入政策設計委員會，從此開始了他政治生涯的黃金時期。[29]

三、四十年代動盪不安世界奠定了尼采的戰略思想。首先，他對於動盪不安的社會具有強烈的恐慌感。當一戰爆發的時候，作為少年的他曾與父母去歐洲旅遊，在那裡目睹了動盪的歐洲；經濟危機爆發的時候，作為華爾街工作人員，見證了人們的無助；二戰的爆發又使他看到了戰爭的殘酷性。因此從戰後蘇聯在東歐的表現來看，他認定史達林必將發動戰爭，這種恐懼主導了尼采大部分戰略思維。其次，二戰得來的教訓是美國必須堅定地反對外來獨裁者，如果必要應該不惜使用軍事手段。他認為綏靖政策是沒有希望的，作為超級大國，美國不應該忽視它的軍事力量，防止戰爭的最好辦法就是為下一場做準備。所以美國必須擁有堅定的信念和強大的軍事力量，抵禦未來有可能對美國安全構成威脅的力量。再次，作為美國戰略轟炸調查團的副主席，他親眼目睹了廣島和長崎的慘狀，他認為廣島和長崎都是未經警告而進行突襲的，未來美國要吸取教

訓。如果美國忽視的話，很可能導致「第二次珍珠港事件」，到那時核偷襲所帶來的災難是難以想像的。因此他認為美國應該加強軍備建設，為未來的威脅進行準備。最後，雖然他主張大力研發核子武器，但他並不是一個唯核子武器論者。儘管核子武器的出現改變了世界，但是軍事戰略的基本原則並沒有全部作廢，常規軍備在核時代的軍事戰略發展中仍然扮演重要的角色。 [30]

　　因此在尼采出任政策設計室主任之前，他已經從一個只懂經濟的普通官員變成為能夠思考國家安全政策的戰略設計師。如果說是凱南提出遏制戰略的話，那麼尼采是決定未來遏制戰略走向的重要官員。

二、保羅‧尼采與全面遏制戰略的形成

實際上從1949年下半年始，尼采在處理國家安全問題上越來越占有重要地位。1949年8月29日，蘇聯進行了第一次核試驗。為避免公眾的恐慌，9月23日，杜魯門發表公開聲明：「我們所獲得的證據表明，在過去的幾個星期中，在蘇維埃社會主義共和國聯盟進行了一次原子爆炸……自從人類首次解放原子能以來，其他國家在這種新力量上的發展是意料之中的事。我們過去一直就估計到這個可能性。」 [31] 然而核壟斷地位的喪失確實加劇了美國的不安全感，杜魯門政府開始尋求對政策進行調整，以改變當前不利的局面。一方面在核技術領域，試圖發展研製比原子彈威力更大的核融合核武——氫彈，以威懾蘇聯；另一方面調整當前國家安全政策，從整體上加強對蘇聯的遏制。尼采大力支持氫彈的研發，但他認為氫彈只不過是又一種武器，也許具有更大的破壞力，但與其他炸彈並無本質的區別。從美國戰略轟炸調查團的經驗中，他認為美國應從蘇聯原子彈的爆炸中吸取教訓的是不應單靠氫彈，還應加強常規部隊的建設，核子武器已不足以遏制蘇聯。尼采的觀點得到艾奇遜的贊同。 [32]

1950年1月1日，尼采正式接替凱南成為政策設計室主任，成為杜魯門政府國家安全政策制定的核心成員，他的第一項任務就是重新審查國家安全政策。 [33]

起草文件時，尼采的「蘇聯威脅觀」是其全面遏制戰略的前提。2月2日，尼采在政策設計室第8次會議上認為蘇聯發動襲擊的危險比1949年秋天要大大增加了。 [34] 幾天後，他再次說「1946年

史達林的講話是公開的宣戰書，從那以來蘇聯自身狀況並沒有發生太大的變化，蘇聯並沒有放棄鬥爭觀念。在策略的選擇上，蘇聯在任何時刻都表現出一種進行軍事調遣或擁有一種武器的意願。既然蘇聯已經做出要擊敗美國決斷時，那麼其政策就單純受一種削弱美國世界地位的意圖所引導。」儘管尼采也認為「現在還沒有跡象表明蘇聯會在不久的將來對西方發動全面的攻勢，然而他們比過去更表現出一種強烈地採取行動的意願，包括利用當地武裝可能導致常規軍事衝突的偶發，因此由於錯誤的估算而導致戰爭爆發的機會增加了。」[35]

　　4月14日尼采在綜合各方面的意見基礎之上向國家安全委員會提交了NSC68號文件。文件從一開始就提出了指導文件中其餘部分的兩種假設：第一、自19世紀以來，世界力量的均勢已有了「根本改變」，因此，美國人和俄國人現在已主宰了世界：「新的因素，即不斷產生危機的因素，是世界力量的極化，這種情況必然導致奴役社會與自由社會的對立」。跟他們進行對抗的是我們。第二、「蘇聯與以前謀求霸權者不同，支配它的行動是一種跟我們完全對立的新的狂妄野心，它企圖先在蘇聯，然後在它做控制的地區行使絕對權力。然而在蘇聯領導人的心目中，要達到上述目的必須大力擴大他們的權力，直到最後消滅反對他們權力的一切有生力量。……蘇聯努力的目標就是要統治歐洲、亞洲和大片陸地。」因此美國必須作出「新的、命運攸關的決定」。決策的依據首先是國際衝突的意識形態性質和國際權勢的兩極化。它強調當前世界政治的本質是「自由思想」和「奴役思想」、「自由制度」和「奴役制度」的對抗，這種對抗使得世界各地的鬥爭成為一個不可分的整體，並由於世界權勢的兩極化使它們全都具有全局攸關的意義。一個國家和地區對世界政治具有的意義，不僅僅由其地理位置、自然資源、

經濟和軍事力量等物質因素決定，也由它造成的心理影響決定。同樣，美國在冷戰中的行動不僅關係到世界物質力量對比，也關係到世界心理力量對比。在任何地方表現得軟弱都會損害美國的威望和可信性，「加劇整個自由世界的焦慮和失敗主義」，鼓勵蘇聯及其盟友進行「零敲碎打的侵略」，造成一系列「逐漸後撤，直至我們在某一天發覺已經喪失了至關重要的陣地。」

文件認為美國有四種行動方針可供選擇：（1）繼續執行現行政策。這意味著美國仍然處於同蘇聯相比相對軟弱的軍事地位。（2）孤立主義政策。這等於將整個歐亞大陸拱手讓給蘇聯。（3）對蘇聯首先發動核打擊。但只靠核打擊不可能使蘇聯屈服，在道義上美國國民也難以接受。（4）加速增強自由世界的政治、經濟、軍事實力。這是美國應該選擇的道路，美國「必須帶頭在自由世界建立一種行之有效的政治和經濟制度」，「在國家之間缺乏秩序是日益不能容忍的事」。「本綱要的成功全賴美國政府和人民以及全體自由國家的人民認識到冷戰實際上是一場關係到自由世界存亡的真正的戰爭。」

文件最後建議：（1）反對與俄國談判，因為目前還不具備迫使克里姆林宮「急劇改變它的政策」的條件；（2）發展氫彈，以抵消蘇聯到1954年可能實際擁有的原子武器；（3）迅速建設常規軍隊，以維護美國的利益而不必進行原子戰爭；（4）大量增加稅收，以支付這種新的軍事編制所需要的費用；（5）對美國社會實行動員，使美國國民在做出犧牲和保持團結的必要性方面取得共識；（6）在美國的領導下建立一個強大的聯盟體系；（7）從內部破壞蘇聯的集權體制，使「俄國人民在這個事業中成為我們的盟友」。[36]

文件一經提出便遭到美國政府內部引起軒然大波，杜魯門的國家安全事務顧問查爾斯‧墨菲「讓文件嚇了一大跳，第二天連班都沒有上，一直坐在家中一遍又一遍地閱讀備忘錄」。而對NSC68號文件不同意見主要來自兩位蘇聯問題專家：凱南和波倫。雖然凱南和尼采在對蘇聯的看法基本上是一致的，都認為蘇聯的威脅是明顯的，也都贊成遏制政策，讓蘇聯知道帶有敵意的軍事擴張所冒的風險要遠遠超過他們之所得，但是凱南也對許多方面提出了不同的看法。 [37] 凱南認為美國的外交政策應該是保護物質利益重要的地區，要優先於其他地區。如果保持美國生活方式的持續存在，保護潛在的和實際的工業能力是極為重要的。為達到其目的，蘇聯是否願意冒戰爭的危險仍然是不明確的。然而尼采認為凱南的分析根本沒有對一些重要偶然因素進行明確的準備，但凱南認為尼采過多的關注這個方面了，發生大規模的戰爭太遙遠，以至於不需要去注意，特別是當這些注意過多的強調軍事方面的因素時。凱南後來在其回憶錄中寫到，NSC68號文件的作者「把蘇聯領導人看作是努力追求一種稱之為『宏偉計劃』的一種東西——對美國人民的早期摧毀和對世界的征服。但這是一種幻想，俄國人並不像他們想像的那樣；他們要比我們想像的要軟弱得多，他們有許多自己的內部問題，他們也不試圖透過全面戰爭的手段與我們進行競爭。對於蘇聯，我們所面對的是一個對手的長期努力和除戰爭以外各種手段的施壓，所以考慮軍事這個詞是危險的。」[38]

後來一些學者認為NSC68號文件的制定有從蘇聯的能力推論蘇聯意圖的傾向。 [39] 凱南認為把能力和意圖等同起來過於簡單化了，蘇聯領導人是非常小心、以最小的代價和風險去追求其目標，是從不顧及時間表的。概括起來，蘇聯人是典型的實用主義者。而NSC68號文件卻給人以這樣一種印象蘇聯的動力是基於它們能夠做

什麼，而不是它們看起來最可能做什麼。凱南也對尼采的能力懷有疑慮，作為一個以前闖蕩華爾街的人，他擅長搞經濟，不擅長制定宏偉的戰略。他認為「尼采在直覺方面像個孩子，他僅相信他面前的一些東西，如果它能夠非常滿意的表露出來，他能感覺很舒適。他喜歡能夠任何轉化成數字的東西。他被它們所迷惑，直到他把問題轉化成數字，否則不會滿足。他對模糊的東西——價值、意圖沒有感覺。當談到意圖而不是能力時，他說：『你如何去計算意圖？我們不能陷入心理問題而被困擾；我們不得不面對作為對手的俄國人』，他接受五角大樓關於蘇聯假定的特徵描述，被五角大樓的術語所迷惑。軍方總是假設出現最壞的情況，過分強調敵人的能力，對敵人的意圖估計不足。」[40]

對於凱南來說，他長期研究蘇聯問題，對蘇聯有一套比較成型的理論和看法。他也長期在蘇聯工作過，與各種各樣的蘇聯人打過交道。因此正是因為他的蘇聯外交背景使得他認為蘇聯的威脅是多方面的，包括政治、外交和經濟方面等因素。在國防學院的一次講演中，他說美國對蘇政策應該是軍事手段和政治手段混合使用，「為了幫助戰爭的勝利，應該是外交家們去幫助，使政治影響到武裝力量的使用。」其理論的實質就是武裝行動是外交政策的補充。[41] 所以從這些觀點來看，凱南與尼采最大的分歧在於對蘇聯意圖的估計，他反對過分強調軍事遏制蘇聯。

同樣作為蘇聯問題的專家，波倫也持不同意見，雖從整體上他同意NSC68文件的基本建議，即美國應加強軍事力量，以便與其在世界範圍內承擔的義務相稱。認為文件的目的和基本結論是不可挑戰的。但他認為「克里姆林宮的目標就是統治世界」，這樣分析過於「簡單化」了。他不贊成NSC68所說的蘇聯抱有斷然的決心，要

將共產主義制度推廣到全世界的觀點。他認為蘇聯的大部分動機還是在於維護它的國家利益，而推廣共產主義的想法則從屬於上述這種考慮的。布爾什維克的主要目標是保護蘇維埃制度，首先是在俄國境內，其次在各個衛星國。把共產主義擴展到其他地區，乃是理論上和次要的目標。他認為史達林作為俄國領袖，從來不願在其基本政策中作出規定，爭取把共產主義制度建立在他無法希望加以控制的地區。史達林既把共產主義看作信條，又把它看作行動的手段，這兩種態度是互相衝突的。他作為一個馬克思主義者，無疑的相信共產主義是一切的主要原理。但他又是蘇聯的一個民族主義者，完全不相信一個共產黨如果聽其自生自長，能夠在任何環境下取得政權。所以他把整個共產黨的機構在世界範圍內組織起來，作為一個完全處於從屬地位的傀儡，事實上聽從克里姆林宮亦即聽從他的命令辦事。只有當某一共產主義運動完全受他控制時，他才加以信任。任何他所不能控制的事物，尤其是共產黨人，總要受到他的嚴重不信任和懷疑。所以他命令在蘇聯將繼續控制的地區內建立蘇聯類型的政權。因此波倫認為尼采對蘇聯作出了錯誤的判斷。同時他還認為在NSC68中要求大量增加國防費用的建議是絕對沒有機會被採納的。增加國防費用將意味著將追加數百億美元的撥款，提高捐稅，以及隨著大量增加軍備而產生許多不利之處。像美國這樣的民主國家，很難在和平時期認真考慮軍事預算的這種大量增加。[42]

　　尼采對波倫的意見並不同意，他把他與波倫的分歧歸因於對方對軍事能力的無知。波倫認為蘇聯在技術上無力發起一場現代化的閃電式的進攻戰，而且蘇聯的官僚機構太無能，做不了什麼正事。波倫還對中央情報局關於蘇聯一個月能製造315架米格飛機，而美國只能生產6架F—86飛機的估計表示質疑，認為這一估計是荒謬

的，蘇聯絕對不可能生產那麼多的飛機，中央情報局的估計是根據某些蘇聯工廠的平方英呎面積，而不是根據實際看到的飛機計算出來的。尼采為了駁斥波倫的觀點，特地讓中央情報局拍了一張蘇聯在日本北部薩哈林島（庫頁島）的一個軍事基地的照片，本來按照中央情報局的估計那裡可以看到30架至40架米格飛機，但根據美國間諜飛機拍的照片，那裡實際有50架。尼采以此證明自己是正確的。鑒於尼采與波倫對於蘇聯的意圖和能力發生爭執，國務卿艾奇遜把他們找在一起，試圖瞭解雙方分歧到底在哪裡，經過三次長時間的談話，艾奇遜站在了尼采的一邊，認為波倫太吹毛求疵了，在他看來NSC68文件已經體現了波倫的要求，他沒有時間再對這些細微的差別進行爭論。 [43]

　　1950年6月25日韓戰爆發，尼采關於蘇聯的威脅性增大的觀點得到進一步證實。9月30日國家安全委員會正式通過把NSC68文件的結論作為今後四五年內要執行的政策聲明，並責令相關部門盡快予以實施。 [44] 10月25日中國入朝參戰，面對緊迫的局勢，12月8日國家安全委員會完成了NSC68/3文件，對美國的安全目標和對策提出了一系列詳盡的暫行方案，計有軍事、對外軍援及經援、民防、儲備、對外宣傳、國外情報與有關活動以及內部安全等七個附件，由總統批准作為各政府部門遵照執行的行動方案。 [45]

　　NSC68號文件是一份包涵尼采戰略思想的傳奇性文件，它誇大蘇聯的威脅性，主張對待蘇聯採取強硬手段不惜使用武力，發展其核武庫的同時擴大其常規軍事力量，其所代表的全面遏制思想奠定了杜魯門政府時期乃至整個冷戰時期美國外交政策的基礎，因此許多史學家認為它是「冷戰時期重要歷史檔案之一」，「是其後二十年間美國進行冷戰的藍圖」。 [46] 也正是因為這份文件進一步鞏

固了尼采在杜魯門政府中的核心地位。

三、保羅・尼采與全面遏制戰略的深化

以NSC68號系列文件為核心,尼采關於全面遏制的國家安全政策得以迅速實施。美國開始大力擴充軍備,在歐洲和亞洲維持龐大的軍事力量。然而到1951年中期,局勢並未好轉,對此尼采頗為憂慮。7月27日,國家安全委員會高級成員提交了一份報告草案(NSC114文件)在內閣討論尋求意見。波倫表達了不同看法,他主要反對NSC114文件中把「蘇聯作為一個機械的棋手,全部為了統治世界的最終目的而出現」這一觀點,同時對文件第一部分的許多文字表述提出修改意見。 [47] 然而尼采拒絕接受波倫的基本意見,他認為NSC114文件根本沒有「統治世界」這樣的表述,不過尼采還是在文件的表述上部分接受了採納了波倫的建議,使得文件更加準確性。8月8日國家安全委員會的高級成員在NSC114文件的基礎上正式提交「當前美國國家安全執行情況和時限的報告」,即NSC114/1文件。

在NSC114/1號文件中,尼采認為蘇聯的威脅還在加大。他說蘇聯的行動「正如NSC68文件所預料,繼續為實現克里姆林宮的企圖而進行不懈的努力。」「在北韓他們已表明不惜採取冒世界大戰嚴重危險的行動」,但他們「相當謹慎和克制,儘量避免公開和直接的介入。儘管如此,克里姆林宮甘願冒這種風險的態度要比NSC68文件所預見的要嚴重得多。」在心理方面,文件認為自1950年4月以來,蘇聯加強了促使俄國人民作好與美國打仗的心理準備的精心策劃的、系統化的運動。在軍事方面,文件認為蘇聯要比1950年4月時強大得多,僅東歐衛星國現有軍事能力的增長就足以抵消西歐國家所取得的軍事實力的增長,再加上擁有相當可觀軍事實力的中

國，蘇聯實力大大增強了。在蘇聯內部，它能夠繼續維持對本國人民及其衛星國的控制，而在伊朗、巴爾幹、特別是在北韓，形勢的發展比NSC68文件提出時所估計的更易於因偶發事件或錯誤估計而導致全面戰爭。文件還認為，在當前蘇聯「對德國和日本的重新武裝以及美國海外基地的建設非常敏感，它的近期目標就是要阻止這些計劃的實現，利用一切機會分裂西方聯盟，特別是美國與英國的關係。」如果蘇聯「明顯感到對西方聯盟及其重新武裝的計劃不能透過政治和心理的手段加以阻撓的話，那麼其先發制人行動的危險性會變的特別突出。」

面對蘇聯日益增長的威脅，文件認為美國及其西方盟國的準備仍然不足，其各項計劃完成的時限要大大滯後。儘管「自由世界在把自己組織起來對付蘇聯的威脅方面，已取得重大的進展」，但從「形勢的緊迫需要來說，是緩慢的和難以令人滿意的。」「美國及其盟國在利用巨大而優越的經濟潛力，改善其對抗蘇聯集團的實力地位方面，行動緩慢，遠不能滿足NSC68/4文件的要求」。「軍工生產水準不能適應NSC68/4文件所提出的完成戰備的時限要求」，「同時西歐國家的軍工生產水準也不足以支持我們的經濟和軍事援助所要達到的目標」。總之，文件估計「自1950年4月以來美國及其盟國現有軍事力量在增長的絕對數上可能低於蘇聯集團在同一時期的增長數，但是要使動員效果達到足以實現NSC68文件所規定的目標，還是相當時間以後的事，肯定會遲於NSC68/4文件制定時預定的期限。」

文件最後認為「綜觀世界形勢，對我國安全來說，目前的危險性要大於1950年4月時所面對的危險，現在的危險要比當時想像的大。十五個月前NSC68文件認為1954年將是最危險的年頭，目前看來，我們早已處於實實在在危險的關頭，在美國及其盟國獲得足夠

的實力地位之前,這個危險將繼續下去。」[48]

8月9日,杜魯門批准了NSC114/1號文件的結論部分,並指示政府各部門貫徹執行。但是波倫對尼采的NSC114/1號文件提出質疑。雖然波倫的質疑不是建立在全盤否定NSC68號文件、NSC68/3號文件、NSC114/1號文件基礎之上,而是承認NSC68號文件的主要前提——即迅速加強美國及其盟國的軍事力量——依然正確的情況下,力求使美國對蘇聯在國際事務中的行為模式賦予更為精確的定義,但是他對尼采評判蘇聯的意圖提出不同觀點。他認為「蘇聯的主要目標並不是共產主義在全世界的擴張,他們並不將此看得高於一切。恰恰相反,自史達林在俄國建立獨裁之後,世界革命運動不過是蘇聯國家利益的婢女而非主人。自史達林取得政權以來,其指導思想一直是:無論為了什麼革命目標,都不能使蘇聯捲入一場危及蘇維埃政權在俄國統治的冒險。每當擴張的機會出現而不會危及蘇維埃政權在俄國的統治,這種帝國主義的擴張就會發生;但是,只要克里姆林宮感到共產主義的進展會給蘇維埃制度帶來嚴重危險,擴張行為就不會發生」。對於韓戰,波倫認為「蘇聯並不是背離了它在這方面的謹慎小心的傳統,而是克里姆林宮錯誤的估計了美國可能做出的反應」。因此他得出結論「在可預見的未來,全面戰爭的主要危險不是來自於蘇聯有計劃的地發動戰爭,而是來自於蘇聯對美國在某種局部形勢下是否採取行動做出錯誤的判斷。所以美國在某一局部形勢採取的明確立場,對蘇聯來說,就可能成為是否繼續冒險進行一場類似在北韓的局部侵略的決定因素」。概括說來,「第二次世界大戰以來,蘇聯的政策並沒有發生明顯的變化,明顯變化的只是蘇聯採取行動的外部環境比戰前更有利於實現蘇聯的目的。正是這種業已改變的環境、美蘇實力對比的兩極化以及兩個世界之間的各個壓力點,而不是蘇聯政策中的新因素,構成了爆發第

三次世界大戰的持續而現實的危險」。[49]

　　按照7月12日的指示，杜魯門要求國家安全委員會在10月1日前準備一份文件，對所有關於國家安全的政府計劃的性質、範圍以及時限決定提出基本建議。國家安全委員會按要求準備了一份草案在政府內部尋求意見，9月21日波倫再次起草了一份備忘錄，對草案逐條進行批駁。波倫繼續反對早在NSC68文件中業已提出的「蘇聯意圖統治世界」的觀點，認為應對蘇聯意圖進行重新的全面分析。他雖認為NSC68文件和NSC114/1文件在許多地方是正確的，但認為「自1950年4月以後的形勢」，上述文件「再為解釋蘇聯行動定下某些具體指導意義的基本原理，或者為人們預計蘇聯今後的行動提供基礎，即便不是不可能，也已極為困難。」他再次強調「蘇聯在北韓問題上的態度和行動與NSC68文件的各種假設和分析不盡相同。」「蘇聯在北韓的行為以及它在美國響應這一挑戰後所持的態度說明，蘇聯政府具有非同尋常的實用主義和機會主義性質，也說明蘇聯有時對自己的藍圖，甚至計劃都可以置之不理。」因此美國現在所面臨的危險非但沒有減弱，反而由於蘇聯和美國任何一方錯誤估計而爆發全面戰爭的可能性增加了，危險性更是無時不在。波倫對NSC114/1中蘇聯意識形態的分析嗤之以鼻，認為只要美國「面臨一個基本信仰和國家組織形式都對美國和其他自由國家充滿毫不妥協敵意的全副武裝的政權，根本不必作意識形態的複雜分析，就可得出結論美國及其盟國為了起碼的生存，必須發展充分的防衛力量。」但波倫堅持認為「美國武裝的建設速度，應該以自由世界經濟能夠承受而不致引起衰退的程度為決定因素，而不是根據任何以可能的蘇聯意圖和能力為基礎的時間表。」[50]

　　對於波倫的質疑，尼采並不贊同。尼采與波倫最大的分歧在於

對蘇聯意圖的分析，尼采認為如果「承認蘇聯具有毫不妥協的敵意、具有地區性和有限行動方面的相對優勢、其行動具有機會主義的性質等事實，那麼便不可避免地要得出結論：蘇聯將在他們認為有利的時間和地點動用力量。如果西方的相對力量繼續削弱，我認為同樣可以得出結論，在任何可能的針對蘇聯的嚴重威脅全部解除以前，只要有機可乘，蘇聯總會不斷地動用他們的力量。這不是形而上學地分析蘇聯意圖，而是說明蘇聯有一種擴張權力的衝動和消除嚴重威脅的目標，從長遠看，這就意味著統治世界」。尼采再次強調了自NSC68號文件以來國務院對蘇聯意圖的分析，根本沒有接受波倫對蘇聯意圖分析的建議。[51]

1951年10月12日，國家安全委員會正式提交了NSC114/2號文件。NSC114/2號文件是一個折衷的產物，對尼采和波倫的觀點各有所取，波倫關於克里姆林宮對外政策謹慎性特徵的觀點被寫入了NSC114/2號文件，但其主體思想並沒有發生變化。從結果來看，尼采在杜魯門政府國家安全政策的制定中仍然占有重要地位。

1951下半年蘇聯進行了第二次核試驗，加之國內面臨大選年共和黨對民主黨政府的國家安全戰略進行尖銳的批評，1951年10月，杜魯門政府再次決定重新審查美國國家安全政策。這項工作最初由波倫負責，1952年他拿出了初稿。但是尼采對初稿很不滿意，他從風險、能力、目標以及戰略四個角度來對波倫的觀點進行駁斥，他尤其側重於在目標上，認為波倫的觀點過於悲觀，按照波倫的看法，美國不能推回蘇聯力量，也不能希望對蘇聯進行成功的遏制，以使蘇聯制度的性質發生重大改變，尼采認為「這種目標是不適當和不現實的，我們不相信形勢會無限期的僵持下去。一方終將成功，而作為世界事務因素的另一方終將衰落，我們的目標必須是導

致成功的一方」。[52]

　　艾奇遜責成尼采對文件進行修改，9月3日經尼采修改的文件提交國家安全委員會審議，成為NSC135/1號文件。文件認為NSC68號文件所確立的基本目標，即「確保自由社會完整和活力」沒有發生變化，它聲稱以下幾條方針將使該目標得以進一步實現：「1.在全世界形成比共產主義更優越的吸引力；2.即使冒嚴重的戰爭風險也要阻止蘇聯的進一步擴張；3.在不故意引起嚴重的全面戰爭風險的情況下，謀求使蘇聯的統治和影響收縮，培養使蘇聯制度從內部毀滅的種子，至少使蘇聯集團修正自己的行動，接受公認的國際準則。」NSC135/1號文件還分析了韓戰爆發後國際形勢的發展，認為「美國及其盟國對1950年的危險作出了反應，也選擇性的對北韓的進攻作出了反應，他們已經改善了在西歐和太平洋地區的安全地位，特別是美國；已經明顯地改變了戰備狀況」。文件認為遠東和中東地區的形勢對美國具有更大的風險。「我們的歐洲盟國尤其是英法兩國可能沒有政治、經濟能力對北約作出貢獻，沒有能力在歐洲以外的地區承擔現有的責任」。因此建議重新審查用於援助各地區的資源總量和分配優先權問題。[53]「只要證明是需要的，擁有優勢資源的自由世界能在無論多長久的時間裡建設和保持這樣一種力量。」「根據目前形勢，承認上述風險和目標，承認促進和向上調整作為整體的國家安全計劃是在我們能力範圍之內，如果需要的話，並且能夠在對美國經濟沒有嚴重不利影響的情況下加以完成。」NSC135/1文件建議：「同盟國合作、發展和維持一個靈活的、有深度的、能阻止蘇聯故意發動全面戰爭的實力地位；發展自由世界的政治團結，鼓勵有關國家增強實力，發展對蘇聯能進行大規模損害的能力；確保軍事和非軍事方面的防衛，完成和保持軍事和工業方面的動員。」[54]

波倫這次並沒有像往常那樣對NSC135/1號文件進行激烈的批駁，只是對民防問題那部分提出了自己的看法，並針對文件要求重新審查用於援助各地區的資源總量和分配優先權問題，建議杜魯門指示國務卿、國防部長和其他相關部門如共同安全署合作成立特別小組來完成；同時認為NSC135/1號文件所要求的重新審查的時限，即10月1日前完成不現實，建議刪去。 [55] 9月25日，尼采在NSC135/1號文件的基礎上提交了NSC135/3號文件，文件改動不大，但文件增加了下面的描述「雖然還存在著全面戰爭的危險，但美國面臨的最直接的危險是逐步和漸漸地損失一些對美國非常重要的地區，這最終可能使美國不經全面戰爭就落到孤立無援和極為脆弱的地步」。 [56]

在NSC135系列文件中，尼采仍然是以NSC68號文件為基礎，強調遏制戰略的全球性、遏制戰略的軍事性。不同的是，在NSC135/3號文件中他認為當前美國面臨全面戰爭的危險正向局部戰爭的危險轉化，因此建議加強在一些涉及美國重大利益的地區的軍力部署，如遠東和中東地區。

按照NSC135/3號的要求，國務院、國防部和共同安全署委任各方代表組成特別小組，尼采任主席，重新審查國家安全政策。1953年1月19日尼采提交報告，成為NSC141號文件。文件秉承NSC135/3號文件的觀點，繼續強調局部戰爭的危險性。文件認為1954—1955年是「最危險年」，蘇聯將擁有對美國進行核打擊的能力和從空中對美國進行攻擊的能力。但是美國現在「最緊要的危險是在沒有全面戰爭的情況下，自由國家國內形勢的惡化、共產主義勢力的局部性侵略、或者是上述兩種情形綜合作用的結果，使美國國外的重要地區落入共產黨勢力之手，美國的地位遭到削弱和孤立」。因此美

國必須「最大限度地發展能對付各種威脅、具有靈活性、多種能力的常規力量」。 [57] NSC141號文件是杜魯門政府最後一份國家安全委員會文件，寫於艾森豪上台之前。文件提交的第二天，即1月20日艾森豪就任美國第34屆美國總統，NSC141號文件並沒有發揮應有的作用，不久尼采也離開了國務院政策設計室。

四、結論

綜觀國家安全政策的決策過程，保羅·尼采在杜魯門政府處理安全戰略方面處於核心地位，是國家安全政策的主要設計師。他為美國設計的國家安全戰略貫穿於杜魯門政府後期，且對以後四十餘年的美國外交政策帶來深遠影響。有人這樣評價，「儘管他的職位在內閣成員之下，但他的影響卻超過了許多國防部長和國務卿」。[58]

在杜魯門政府中，尼采試圖建立一種安全框架，以避免戰爭，維持社會的穩定，實現美國戰後霸主的地位。儘管是凱南提出的遏制戰略理論，但是在杜魯門政府後期，如何把遏制戰略理論運用以實踐卻是尼采。他在繼承凱南遏制戰略理論的同時，強化了遏制戰略的全球性和軍事性的特點，透過從NSC68號文件到NSC141號文件，迅速擴充美國軍備，對蘇聯及其共產主義集團進行遏制。尼采這種「軍事性」的遏制戰略導致了美國在和平時期維持了龐大的軍備，然而軍力的增加並未給尼采帶來真正的安全感，核子武器的夢魘一直縈繞在他的腦海裡。從1951年夏開始，他試圖尋求與蘇聯進行談判，裁減核子武器數量。由於美蘇雙方互不信任，裁減軍備不過是一廂情願罷了。

尼采是國家安全政策的專家，此後30年裡他一直活躍在華盛頓的政治舞台上，主要處理美國核政策及其相關問題，對美國冷戰戰略的實施造成巨大的作用。直到今天，仍有人把尼采稱為「冷戰教父」、「新保守主義教父」，前國務卿舒茲評價說「尼采是一位傳奇人物，他帶領美國順利穿過了冷戰的森林。」

（原載《社會科學戰線》，2005年第3期）

杜魯門政府國家安全政策研究：起源與演進

　　杜魯門作為戰後美國第一位總統，其執政生涯正值美蘇交惡，冷戰發端時期。在這一時期，杜魯門及其主要智囊們共同制定了體現美國稱霸全球戰略的一系列政策，奠定了戰後數十年美國外交政策的基礎。在整個冷戰時期，雖然隨著世界局勢的變化，歷屆美國政府都對其外交政策進行了調整，但是所有變化都是在杜魯門政府時期所奠定的總格局中進行的。

一

　　作為統領各領域、各地域政策大綱的國家安全政策是杜魯門政府對外政策的核心，長期以來一直收到國內外學術界的廣泛關注並取得了豐碩的成果，迄今為止研究杜魯門政府國家安全政策的學術著作及論文，可謂卷帙浩繁。

　　（1）遏制戰略

　　遏制戰略是杜魯門政府國家安全政策的核心。在學術界中，一般說來正統派（The Orthodox School）或傳統派（The Traditionalist School）支持杜魯門政府的遏制戰略，強調其在冷戰初期對抗蘇聯的正確性。以赫伯特·費斯和安德瑞·方廷為首的傳統派學者在其著作中把冷戰的責任全部歸咎於蘇聯，他們譴責蘇聯在歐洲的擴張，把它看成是共產主義意識形態、傳統的蘇俄大國沙文主義或二者兼而有之的產物，美國只不過是對蘇聯的擴張做出了合理的反應，換言之，面對蘇聯的威脅，杜魯門政府別無選擇，為了保障西歐的獨立和西方世界的自由，他們只能對蘇聯採取強硬的政策——遏制戰略。[59]

1950年代中後期，以漢斯·摩根索為代表的「現實主義學派」（Realism）在西方國際關係理論研究中處於主流地位，這就促使傳統派學者在方法論的層面向「現實主義」靠攏。對於遏制戰略，漢斯·摩根索是以純粹物質意義上的權力界定為出發點，站在現實主義的角度分析國家利益。 [60] 而作為「遏制之父」的喬治·凱南也反對美國政府從道義和意識形態的角度考慮遏制戰略，堅持認為美國所要遏制的是蘇聯不安全感所造成的擴張傾向而非共產主義，遏制戰略應以阻止和減少蘇聯對美國與西方國家利益的威脅為目的，而不是以反對共產主義和傳播美國價值觀與社會制度為目標。因此在凱南的文章中，他都是從國家利益的角度闡述美國遏制蘇聯的目標以及蘇聯對外行為動機的。不過具有諷刺意義的是，作為遏制戰略的始作俑者（或稱為遏制戰略之父）卻不同意把遏制戰略定為基本國策的NSC68號文件，認為其不分重點、不分手段的全球軍事遏制與他的思想大相逕庭，以至於在他以後的許多著作中很少談及「遏制」一詞。然而從他的大量學術著作中仍然可以看出其實他從未放棄過遏制思想，只是在方法和手段上與杜魯門政府有分歧而已。 [61]

　　這一時期傳統派的學者們主要是透過公報、回憶錄甚至訪談等形式來分析杜魯門政府時期的國家安全政策，從史料學的角度上看這些著作具有明顯的不精確性特點。

　　進入1960年代，由於美國捲入越戰並觸發國內政治與社會動盪，學術界開始對其外交政策進行反思。修正派（The Revisionist School）批評杜魯門政府的遏制戰略，反對傳統派關於蘇聯威脅的觀點。威廉·威廉斯和弗萊明等修正派學者在其著作中認為，在1945年蘇聯已遭到戰爭的嚴重破壞和人口的巨大損失，其實力要遠

遠遜於美國，根本不可能對西方構成威脅。無論從軍事、技術還是經濟上，美國都占有壓倒性的優勢，儘管史達林在國內極為殘忍，但在中東歐和其他地區的政策上表現是謹慎的和防禦性的，史達林只是希望其周邊國家的政府是一個對蘇友好的政府。他們認為這都是合理的要求，之所以杜魯門政府採取強硬的政策來遏制蘇聯，主要是美國資本主義制度本性和對新市場、新原料的貪婪需求所致。[62]　　修正派學者沃爾特·拉弗貝在1967年出版的《美國、俄國和冷戰》一書中用辛辣的筆鋒批評了杜魯門的國家安全政策，認為其「在軍事上和人力上付出的代價比預計的要高。」此後該書又多次再版，且用上了一些存放在羅斯福圖書館和杜魯門圖書館的文件、美國國務院的檔案、英國外交部的檔案，使得該書更具權威性。[63] 另一位著名的修正派學者戴維·霍羅威茲在其著作《自由世界的巨人：冷戰時期美國對外政策批判》和《美國冷戰時期的外交政策：從雅爾塔到越南》中也對杜魯門的國家安全政策進行了批評，指出「美國戰後的遏制政策和創造實力地位的政策遠不是被動作出反應的性質，也不是旨在透過談判解決問題以結束歐洲的分裂和冷戰，而是基本上在於要把當時存在的軍事和經濟上的相對優勢轉變為絕對優勢，就是說要使其具有對蘇聯發號施令的能力。」[64]

在這一時期修正派已經能夠運用一些官方解密的杜魯門政府時期國家安全政策檔案來闡述自己的學術觀點，出版了許多優秀的著作。

到1970至1980年代，隨著杜魯門政府時期官方文件的大量解密，學術界再次掀起研究杜魯門政府外交政策的高潮，而這一時期的主角則是後修正學派（The Post-Revisionist School）。後修正學派利用美國的官方文件和一些蘇聯檔案，反對修正派譴責杜魯門政府

的遏制戰略和經濟擴張決定論的觀點，但同時也不同意傳統派過分強調冷戰中蘇聯的責任。他們綜合了前兩派的觀點，認為冷戰是一系列不幸的但卻是可以理解的錯誤和誤解引起的，不應單獨斷言冷戰的開始到底是杜魯門的責任還是史達林的責任，而是二者都有責任。後修正學派更多是把冷戰的本質看成是地緣政治問題，也就是說是大國之間利益上的碰撞。例如約翰·蓋迪斯在其早期著作《美國及其冷戰的起源（1941—1947）》一書中，從經濟因素、國內政治、官僚體制、個人性格和蘇聯的意圖等角度全面分析影響杜魯門的外交決策，他認為對於冷戰美蘇都有責任，但譴責蘇聯要比美國更多些。 [65] 十年後他又出版了另外一部著作《遏制戰略——戰後美國國家安全政策的重要評價》，第一次把國家安全與美國的對外政策、軍事戰略聯繫在一起，論述了從杜魯門政府時期的凱南被任命為政策設計室主任到尼克森—季辛吉時期的外交戰略，特別是詳細地闡述了在杜魯門政府時期遏制戰略的起源和形成、凱南與遏制戰略的關係、NSC68號文件與韓戰的關係等。 [66]

　　20世紀80年代末、90年代初，隨著蘇聯解體，東歐劇變，雅爾達體系走向終結，冷戰結束。一方面，冷戰作為一段完整的歷史呈現在了史學研究者的面前，另一方面，來自蘇聯、東歐以及中國的部分文獻檔案的解密，也為冷戰史研究提供了另外一個視角，使得冷戰史研究更加趨於國際化，出現了一個新冷戰史學（New Cold War History）。

　　作為新冷戰史學的領軍人物，1997年蓋迪斯出版了《我們現在知道了：對冷戰歷史的再思考》一書，充分利用大量剛剛解禁的史料，尤其是蘇東集團的史料對冷戰史進行反思。該書利用「霸權穩定論」來分析冷戰史，認為兩極世界比單極世界穩定，因為美蘇雙

方都比較謹慎，他們各自盟國之間的關係不影響整個結構的穩定，局部熱戰呈現代理化的特點。蓋迪斯在充分分析新史料後，得出了一個舊有的答案：只要史達林統治著蘇聯，冷戰就不可避免……我們瞭解越多，越感到不能把史達林的對外政策與他在國內的所作所為乃至個人行為區別開來。從這點可以看出蓋迪斯傾向於支持遏制戰略。 [67] 雷夫勒則認為，冷戰史發生於美蘇兩個大國以及它們所代表的集團及制度之間的一場非暴力競爭，這是兩種對立的政治經濟體系、意識形態的競爭，其中的每一方都對對方制度存在的合法性提出了帶有根本性質的質疑，並因此而把對方視作不同戴天的死敵，必欲除之而後快。因此他認為冷戰的起源必須從下列五個因素來考察：國際體系及與之相關的大國間均勢問題的發展變化；意識形態之間的對抗；原子能革命和核子武器的出現；全球範圍內非殖民化運動和領導人的個人作用。 [68]

（2）區域政策

關於杜魯門政府時期區域政策研究，其整體並不平衡，具體說來是重歐亞，輕拉美和非洲。

杜魯門政府歐洲政策一直是學術界研究的重點，二戰結束後，美國和蘇聯都把歐洲視為地緣政治利益最優先的地區，雙方在政治、經濟、軍事等方面展開了全面的爭奪，歐洲成為了冷戰的發源地和主戰場。然而學術界更多的關注歐洲冷戰的形成以及由此相關的馬歇爾計劃、北約的建立、對德國占領政策、對義大利占領政策、對奧地利占領政策以及北歐冷戰等問題。例如在馬歇爾計劃方面有約翰·吉布爾的《馬歇爾計劃的起源》、麥克爾·霍根的《馬歇爾計劃：美國、英國與西歐的重建》、哈里·普萊斯的《馬歇爾計劃及其意義》和伊曼紐爾·韋斯勒的《重評馬歇爾計劃》等； [69]

在北約建立方面有愛斯克特·里德的《恐懼與希望的時代：北約的建立（1947—1949）》、蒂莫西·愛爾蘭的《建立糾纏的同盟》、勞倫斯·卡普蘭的《美國與北約》和尼古拉斯·溫舍的《北約的焦急誕生》等； [70] 關於對德占領政策有菲力普·戴維森的《柏林封鎖：冷戰政策研究》和約翰·吉布爾的《美國對德占領：政治與軍事（1945—1949）》等； [71] 在對義大利占領政策方面有約翰·哈伯的《美國與義大利的重建（1945—1948）》和詹姆斯·米勒的《美國與義大利（1940—1950）》等； [72] 對奧地利占領政策方面則有奧德麗·克羅寧的《大國政治與爭奪奧地利（1945—1955）》和唐納德·惠特納和埃德加·艾利克森的《美國對奧地利的占領》等； [73] 而對這一時期北歐與冷戰的關係學術界研究不夠，代表性的著作有基爾·朗德斯台德的《美國、斯堪的那維亞和冷戰（1949—1955）》、芭芭拉·哈斯克爾的《斯堪的那維亞的抉擇：戰後斯堪的那維亞國家對外政策的機遇與代價》等。 [74]

杜魯門政府的亞洲和中近東政策是學術界關注的另外一個重點。儘管美蘇的戰略重心都在歐洲，但二者都沒有放棄對亞洲和中近東的爭奪。具體而言，對於杜魯門政府的亞洲政策學術界主要關注亞洲冷戰的形成以及相關的中國問題、韓戰和對日媾和等問題。例如羅伯特·布魯姆的《劃線：美國在東亞遏制政策的起源》、入江昭的《冷戰在亞洲》、鄒儻的《美國在中國的失敗（1941—1945）》和南希·塔克的《塵埃中的輪廓：中美關係和關於承認問題的爭論（1949—1950）》等； [75] 羅斯馬麗·福特的《錯誤的戰爭：美國政策與朝鮮衝突的規模（1950—1953）》和克萊·布萊爾的《被遺忘的戰爭：美國在朝鮮（1950—1953）》等； [76] 麥克爾·沙勒的《美國對日占領》和霍華德·斯克伯格的《戰後：美國與日本的重建》等。 [77] 杜魯門政府的中近東政策，學術界則更多的關

注伊朗危機、希臘土耳其問題和以色列建國等問題，如布魯斯·庫尼霍姆的《近東冷戰的起源：大國在伊朗、土耳其和希臘的衝突與外交》、茲維·甘寧的《杜魯門、美國猶太人和以色列（1945—1948）》等。[78] 至於杜魯門政府的拉丁美洲和非洲政策學術界則關注得不多。

（3）核政策

杜魯門是迄今為止唯一一位下令投擲原子彈的美國總統，在其任內曾決定研製氫彈以及擴大核子武器的生產，顯然核戰略在杜魯門政府國家安全政策中占有重要的地位，因此也是學術界關注的焦點。對於核戰略，杜魯門政府一方面在數量上和質量上加速發展核子武器超越蘇聯，另一方面則尋求國際原子能管制遏制蘇聯。

最早學術界關注杜魯門政府的核戰略主要集中在對日使用原子彈問題上，且爭議不斷。關於對日使用原子彈問題，國外學術界一般分為三個流派：正統派、現實派和修正派。正統派認為使用原子彈可迅速結束戰爭，減少美軍傷亡。這一派以塞繆爾·莫里森和麥克喬治·邦迪為主，他們的觀點主要依據《杜魯門回憶錄》中「我們努力製造一種無法抵抗的武器，一旦使用它，就可以強迫敵人立即屈服」的觀點。莫里森建立在批評現實派之上，認為沒有原子彈，日本的投降將會拖後很長一段時間。麥克喬治·邦迪則建立在批評修正派之上，認為「沒有任何證據表明，發動襲擊的時間表曾受到技術和軍事考慮之外的任何因素的影響；沒有證據表明，從杜魯門到史汀生到馬歇爾到格羅夫斯的直接指揮系統中任何人曾聽到或提出過任何關於使用原子彈的決定本身或執行決定的時機應服從於對蘇聯影響的任何考慮的建議」；現實派認為對日本使用原子彈是不必要的，因此是非人道的和不明智的。代表人物鮑爾德維認為

「我們犯有雙重罪。我們於日本已經在進行結束戰爭的談判但沒有最後結果的時候投放了原子彈。我們要求無條件投降，然後投放了原子彈和接受有條件投降。這種順序是很明顯的：如果波茨坦公告答應日本保留天皇，即使沒有原子彈，日本也將投降」；修正派則主要認為美國對日使用原子彈是針對蘇聯。代表人物是布萊克特和阿爾佩羅維茨。布萊克特認為由於日本顯然已經遭到如此重創，因此這中間必有不可告人之目的。阿爾佩羅維茨認為杜魯門對蘇政策是建立在依靠原子彈為後盾的強硬立場上，美國對日使用原子彈的原因是政治的，而不是軍事的，美國對日使用原子彈主要是為了恐嚇蘇聯，而不是擊敗日本。 [79]

隨著美蘇關係的緩和，學術界開始關注美國的核戰略以及原子能管制問題。早期最有代表性的著作當屬季辛吉的《核子武器與外交政策》，該書探討了核子武器的發展及其對外交政策的影響。[80] 進入1980年代以後，學術界在這個方面取得突飛猛進的發展，出版了許多大部頭關於美國核戰略及其原子能管制的著作，對杜魯門政府的核戰略進行了深度研究。甘迺迪和詹森兩屆政府的總統國家安全事務特別助理麥克喬治·邦迪在《美國核戰略》一書中，幾乎用了一半的篇幅來敘述美國研製核子武器的由來、杜魯門對日投擲原子彈的決定、美國與盟友在原子能管制方面的合作、國際原子能管制的失敗、杜魯門研製氫彈的決定和政府內部的爭論等等，對杜魯門政府時期的核戰略進行了全方位的探討。 [81] 約翰·紐豪斯在其專著《核時代的戰爭與和平》中，也用了大量的篇幅對杜魯門政府時期的核政策進行分析，重點闡述杜魯門在核政策制定方面的作用，並褒揚「杜魯門的執政期是本世紀中最受讚譽的時期。當代沒有任何一位總統面臨過如此眾多的棘手決定，並在危機迭起的環境中做出這些決定」。 [82] 蓋迪斯透過對冷戰初期美國核壟斷、

韓戰、印度支那戰爭以及台海危機進行考察，得出「即使在蘇聯不具備可信報復能力時，美國也確定了一種不使用核子武器的傳統，儘管它曾首先使用過這一武器」的結論，即美國在使用核子武器方面的自我攝止。 [83]

（4）代表性文件——NSC68號文件

作為冷戰時期最著名、最富有傳奇色彩的文件——NSC68號文件，學術界研究的頗多。研究NSC68號文件的第一篇重要文章是保羅·哈蒙德在1962年發表的《國家安全委員會68號文件：重整軍備的序幕》，雖然當時NSC68號文件並沒有解密，但哈蒙德透過對當事人進行大量的採訪和通信，基本勾畫了NSC68號文件的框架及其演變趨勢。他認為NSC68號文件的目的非常明確，就是使傳統的美國國家安全計劃方面呈現新貌，以及對美國國家安全戰略進行重新評估。 [84] 1966年記者卡貝爾·菲利普斯在接觸了部分文件的基礎上，把NSC68號文件定義為「建立某種有關世界新秩序以及在其中所扮演之角色的基本假設時美國政府立場，而這種假設指引和支持了美國政府在朝鮮所採取的步驟」。 [85] 同一年，沃爾特·拉弗貝在卡貝爾·菲利普斯研究的基礎上進一步的詮釋了NSC68號文件，稱之為「冷戰時期重要歷史檔案之一」，「是其後二十年間美國進行冷戰的藍圖」[86]。著名歷史學家蓋迪斯·史密斯認為NSC68號文件是「那個時代最著名的、未曾閱讀到的文件」。 [87] 1975年2月季辛吉解密了NSC68號文件，幾個月後NSC68號文件的全文發表在《海軍戰爭學院評論》的特刊上，1977年國務院正式出版了《美國對外關係》的國家安全卷（1950），至此關於NSC68號文件及其相關文件才得以全部公開。

自解密以來，NSC68號文件更是吸引了廣大學者的關注，對於

NSC68號文件，學者基本在兩個方面存在分歧：第一，是否認為NSC68號文件代表著美國國家安全戰略發生了重大的改變。尼采在其自傳中認為NSC68號文件對於美國外交政策來說並沒有發生巨大的變化，它大量的重申了NSC20/4號文件已有觀點，而改變僅僅是它更加強調在蘇聯能力明顯的提高的前提下增加美國軍事能力。[88] 梅爾文·雷夫勒也認為NSC68號文件並沒有提出任何新目標，其文件的新意只是對常規軍事重新武裝和戰略優勢提出要求，因為它並沒有提供任何有關蘇聯威脅的新分析，因此不會引起重大爭論。[89] 同樣的，塞繆爾·維爾斯認為NSC68號文件對於美國外交政策來說並沒有發生變化，它仍舊強調NSC20/4號文件的許多觀點。 [90] 然而另外一些學者則認為NSC68號文件確實使美國外交政策發生了變化或至少給美國對蘇聯政策提供一個新的東西。約翰·蓋迪斯把NSC68號文件看作是「與過去發生了性質上的決裂，是在冷戰初期美國官員盡最大的努力把政治、經濟和軍事等因素融合在一起的複雜的國家安全政策宣言」。 [91] 丹尼爾·葉金則把NSC68號文件的歷史地位與杜魯門主義、凱南長電報相提並論，他認為「NSC68號文件表達了是一個建立在美國領導人基礎之上的完全形成的冷戰觀，以及不僅為製造氫彈而且為更大的軍事建制提供合理理由的文件」。 [92]

　　第二，韓戰是否促進了NSC68號文件和龐大的國防預算的通過。塞繆爾·維爾斯認為「如果韓戰不發生的話，有強烈跡象表明增加防禦開支不可能得到政府的認同」。 [93] 蓋迪斯則認為「如果沒有戰爭的話，增加防禦開支也是可能的，不過似乎成功的關鍵是韓戰」。 [94] 同樣的，歐內斯特·梅認為「如果沒有韓戰的話，支持NSC68號文件的預算是不會走得很遠的，不過防禦開支也不可能增長三倍，杜魯門可能很快會發現他很困難，也許是不可能為準

備武裝力量花費那麼多的錢」。 [95] 然而雷登則認為「如果沒有韓戰的話，有跡象表明杜魯門仍能夠通過NSC68號文件，如拒絕通過NSC68號文件將會損害艾奇遜的威信」。 [96]

進入80年代末、90年代初，NSC68號文件再一次成為學者關注的焦點，一些學者甚至把NSC68號文件看作是在冷戰中帶來勝利的著名文件，高呼在後冷戰時代需要一個全新的國家安全戰略，也就是一份「全新的NSC68號文件」。同時還有一些學者們開始反思在整個冷戰時期NSC68號文件的作用，編寫了關於NSC68號文件的評論集，如歐內斯特·梅編寫的《NSC68號文件：冷戰時期美國戰略的藍圖》，蒐集了包括凱南、艾奇遜和尼采等政府官員和國內外學者對NSC68號文件的大量評述，從冷戰時期這個大背景對NSC68號文件進行評析。 [97]

（5）代表性人物

在杜魯門政府國家安全政策的制定及其實施上，杜魯門及其智囊們起著舉足輕重的作用，因此人物研究是學術界關注的另外一個焦點。整體研究方面，有沃爾特·艾薩克森和艾文·湯馬斯合著的《美國智囊六人傳》，主要從洛維特、麥克洛伊、哈里曼、波倫、凱南和艾奇遜六人的角度來闡述杜魯門政府時期遏制政策的形成。作者稱這些人為「美國世紀的締造者」，「他們為美國安排的世界性角色，給他們的繼承人留下了一筆代價高昂的遺產，而這些繼承人在使承擔的義務和擁有的力量兩者保持平衡時，既不如他們求實，也不如他們靈活」。針對一些學者把未能使遏制政策適應形勢的變化歸罪於艾奇遜、尼采和哈里曼等人，作者為他們辯護，認為這是「有失公允的」，智囊們「當時對看到的威脅作出了謹慎的反應，同時使兩黨就美國的政策目標達成了一致的看法，這種政策在

20年裡一直是行之有效的」。 [98]

關於杜魯門的研究，最著名的當屬獲得普利茲獎的《杜魯門傳》。大衛·麥卡洛對杜魯門豐富而傑出的一生作了詳盡的描述，該書是迄今已來對杜魯門描述最為詳盡、深入、精彩的一部傳記作品。 [99] 此外雷夫勒的《國家安全、杜魯門與冷戰》也是評述杜魯門政府外交政策的一部出色的專著。 [100]

關於杜魯門政府的智囊團，學術研究則明顯偏重於凱南，而忽視對杜魯門政府的國家安全政策起著重要作用的尼采、艾奇遜等人的研究。關於凱南其人及其遏制思想的研究，多年來一直是學術界研究的熱門話題。學者們對凱南在遏制政策地位的評價，大體分為兩個時期：1980年代末以前一般指責凱南遏制思想較多，認為他是「綏靖主義者」。1947年李普曼在《冷戰——美國對外政策研究》一書中，指責凱南的遏制政策是行不通的、危險的，會耗盡美國的資源。 [101] 1980年代末以後，隨著蘇東劇變，冷戰的結束以及一些新的外交檔案的解密，許多學者開始重新客觀地審視凱南的遏制政策。特別是在1980年代末、1990年代初出版了一些有關凱南的大部頭著作。例如作為修正派的希克森在其《喬治·凱南——冷戰的反對者》一書中認為凱南成為美國1940年代末美國外交政策的軍事性和全球性的主要批評者，但他也應該對遏制政策演變負有責任，因為有跡象表明，凱南在冷戰初期害怕共產黨在希臘、義大利和南韓取得勝利。 [102] 同樣史蒂漢森在《凱南和外交政策的藝術》一書中認為凱南和其他一些蘇聯專家沒有真正理解蘇聯的意識形態，而把責任歸罪於蘇聯的野心是不對的，因為蘇聯當時並不具備那樣的能力。 [103] 而麥耶斯在其代表作《喬治·凱南和美國外交政策的困境》中為凱南辯護，認為是後人誤解凱南，最終導致遏制政策陷

入困境。 [104] 米斯坎布爾在《喬治·凱南與美國外交政策的制定1947—1950》一書中則更多的從政策制定者的角度而非理論家的角度來分析凱南在美國外交決策中所扮演之角色。 [105] 至於研究凱南的學術論文則不勝枚舉。 [106]

　　特別要指出的是，在凱南去世後五年，作為他欽定的傳記撰寫者，蓋迪斯於2011年出版了《凱南傳》，一經出版就廣受好評，季辛吉甚至評價這部傳記「有望成為最貼近這位最重要、最複雜、最動人、最具挑戰精神、最令人惱火的美國公務員本質的一部傳記作品」。果不其然，該書榮獲了2012年度普立茲傳記類大獎。由於凱南的長壽，蓋迪斯準備這個傳記長達30年，其材料之詳實，沒有一個人能夠與其相比。在洋洋灑灑的784頁中，蓋迪斯對凱南的一生進行了詳細的描述。他認為在成名之前，凱南只是美國對外事務上一位優秀的年輕職員。成名後，他一躍成為美國著名戰略家。他的觀點使杜魯門政府相信與蘇聯繼續保持戰時合作關係是沒有成效的。美國應當將蘇聯視為新的敵人，因為蘇聯蓄意摧毀「我們傳統的生活方式」。美國需要從長遠出發，堅定並持久地遏制蘇聯的敵對戰爭，而不是去打一場常規戰爭。美蘇對抗的激增讓凱南覺得，美國必須保持「我們社會的健康和活力」，而不是去成為世界警察，駐守在世界的各個角落。「長電報」之後，凱南回到華盛頓，建立了美國國務院影響重大的「國務院思想庫」。但是，蓋迪斯認為，凱南在1948年達到了人生的頂峰。這之後，他被逐漸邊緣化，原因是他認為遏制政策充斥了太多的軍事化元素，並對此持反對態度。然而，終其餘生，他對此依舊表示不滿。 [107]

　　季辛吉對凱南的評價也頗高，他說「沒有其他哪位外交官員對美國外交政策及關於美國在全球地位的討論產生如此重大的影

響」。近半個世紀以來，在學術和意識形態這兩個截然不同的領域，喬治·凱南的思想無處不在。凱南對局勢的長遠走向有著敏銳的洞察力，同時又在詩文創作方面天賦異稟、別具一格。正因為此，季辛吉對凱南進行了客觀的評價，「儘管凱南才華出眾，也許恰恰是因為這一點，他從來沒有得到在政府高層職位上將自己的遠見卓識付諸實踐的機遇。他還往往因為痛恨自身理論所帶來的影響而自毀前程。美國圍繞理想主義與現實主義展開的爭論持續至今，凱南的內心始終都在做這樣的掙扎。在他本人身上，也體現了美國人在外交政策的本質與目的兩者間的舉棋不定」。 [108]

相對凱南而言，學術界對遏制政策的另外一位重要設計者保羅·尼采研究甚少，直到今天他的遏制思想仍舊鮮為人知。尼采作為凱南的接任者，參與了NSC68系列、NSC114系列、NSC135系列和NSC141等杜魯門政府後期國家安全政策文件的起草和制定，對美國外交政策產生過巨大的影響。但有關研究尼采遏制戰略思想的專著很少，除了他的自傳以外，僅有史蒂文·瑞登的《保羅·尼采和蘇聯的挑戰》、史卓伯·塔伯特的《保羅·尼采和核和平》和戴維·考拉漢《保羅·尼采和冷戰》，其餘有關尼采遏制戰略思想散見在他的一些談話中。 [109]

不過近些年開始有學者對二者進行比較研究，其中代表性的著作是保羅·尼采的外孫尼古拉斯·湯姆森撰寫的《鷹與鴿：保羅·尼采、喬治·凱南和冷戰史》。他把他的爺爺——保羅·尼采比作老鷹，堅持認為避免美蘇核戰爭的最好的辦法就是為了贏得戰爭而進行準備；而他把喬治·凱南比作鴿子，主張對蘇聯進行遏制，但卻反對過度軍事化，日益嚴重的美蘇軍備競賽促使凱南認為美國應該放棄龐大的核武庫。雖然二者觀點迥異，在其漫長的爭論中從未說

服過對方，但私下裡他們關係不錯，經常在一起聚餐，參加彼此兒孫的婚禮。[110]

至於杜魯門時期的國務卿艾奇遜，除了他自己的回憶錄以外，還有一些傳記，如詹姆斯·查斯的《艾奇遜：創建美國世界的國務卿》、戴維·麥卡洛《艾奇遜：國務院歲月》，這些傳記都詳細敘述了艾奇遜在美國冷戰初期，強力推行遏制政策。另外艾奇遜作為國務卿，也曾多次遭到來自各方面的批評，尤其認為他過多的關注歐洲而忽視亞洲。近些年一些學者也開始重新評價艾奇遜，如羅納德·麥克格斯林的《迪安·艾奇遜和美國在亞洲的外交政策》認為，艾奇遜在冷戰初期的遏制政策中也系統的關注亞洲，並不像人們所說的那樣忽視亞洲。[111]

二

在國內從真正學術意義來講，對杜魯門政府國家安全政策研究最早、最系統的當屬《戰後世界歷史長編》系列（以下簡稱《長編》）。1970年代中期，伴隨著杜魯門政府時期外交文件的公開以及中國進入「文革」後期學術研究的鬆動，國內學術界對杜魯門政府國家安全政策研究的條件趨於成熟。在總共11卷《長編》中，涉及到杜魯門政府時期的外交政策的就占有7卷，涵蓋了冷戰起源、凱南遏制戰略、杜魯門主義、馬歇爾計劃、柏林危機、北約建立、美國調處中國內戰和韓戰等方方面面，尤其是在當時利用美國最新公開的檔案對杜魯門政府的國家安全政策進行評析開一時風氣之先。《長編》在具體分析杜魯門政府的國家安全政策時，引用了NSC68系列、NSC114系列、NSC135系列、NSC141等國家安全政策文件，在國內學術界對杜魯門政府的國家安全政策研究中，可謂最為系統。當然由於《長編》始於「文革」後期，不可避免帶有那個

時代的特點，再加上受材料所限，杜魯門政府的國家安全政策仍然有許多地方值得進一步研究。 [112]

進入90年代，國內學術界又陸續出版了一些專著。例如華慶昭從傳統、前任、意識形態、經濟、對手、盟友、科技、國會、麥卡錫主義、聯合國、共和黨、個性和部署等十三個因素對杜魯門外交政策進行分析，認為在所有因素中，蘇聯作為美國的對手，是杜魯門外交的主導因素，而其他因素，都是圍繞著蘇聯這個主要因素起作用的。作者還認為在杜魯門外交中最有份量又最不可取的遺產，乃是大國強權政治的繼續存在。兩個超級大國為了自身的利益而競爭，同時又企圖把他們的意志強加於別國，干涉人家的內政。一個超級大國以民主和自由為藉口，另一個則以革命和國際主義為名義，這是戰後幾十年裡世界上一切麻煩事的最重要根源。 [113]

資中筠主編的《戰後美國外交史》，雖然時間跨度長達40多年，但關於杜魯門政府時期外交政策的篇幅就占全書的1/3，涵蓋了凱南與遏制戰略、NSC68系列文件的形成與演變等重要內容，認為杜魯門時期的外交政策奠定了戰後40年美國的外交格局。 [114]

張小明的《喬治·凱南遏制思想研究》是國內學者研究凱南遏制戰略思想的第一部系統、全面的專著，該書首先對凱南遏制思想的兩處爭論——即遏制的方式和遏制的範圍——加以辨析，既而又以遏制思想為框架，逐一分析了它的目標、手段以及對政策的影響。該書最大特點是用遏制概念作為一個總的概括凱南戰略思想的框架，把他對蘇聯問題的見解——從史達林時期到戈巴契夫時期——統統放在了裡面，認為凱南遏制戰略是一種夾雜著理想主義成份的不純的現實主義思想，同時，它又是一種有自身特色的和平演變戰略思想。雖然作者注意到了凱南前後期思想的變化，但他更注

意凱南思想的連續性與一致性而非變化與斷裂，因此作者對凱南1950年離職以後的遏制思想論述不夠充分。[115]

本世紀以來，隨著杜魯門政府時期的國家安全檔案的完全解密，學者們可以站在整個美國國家安全戰略的角度來分析杜魯門國家安全政策。張曙光在《美國遏制戰略與冷戰起源再探》一書中，把凱南的遏制戰略思想與NSC68號文件作為分析的主線，認為二者雖然在實施遏制的總體思維上基本一致，但就如何實施、實施的重點等諸方面差異甚大。如果說凱南奠定了美國冷戰的戰略思維，NSC68號文件則以美國建國以來設定「大戰略」的第一份文件，指導了整個冷戰時期美國對外、國防戰略的制定與實施。[116]

周建明的《美國國際安全戰略的基本邏輯——遏制戰略解析》，則詳細論述遏制戰略的起源及其演變，分析軍事實力、外交力量、經濟防衛政策和祕密行動等在遏制戰略中的作用，得出下列結論：（1）美國的國家安全戰略是一個稱霸世界的戰略，支撐這個戰略的美國人的價值觀不僅與蘇聯當年所主張的共產主義水火不相容，而且與一個多元文明、多極化的世界也格格不入；（2）美國戰略界對國家利益界定和威脅的界定受到其意識形態和價值觀的影響；（3）美國國家安全戰略所相信的基本邏輯是實力，其中尤為突出的是硬實力，主要是軍事和經濟實力；（4）對地緣政治的關注已成為戰略研究與制定中的範式；（5）美國具有很多的外交資源，長於運用外交手段來追求其戰略目標；（6）美國的國家安全戰略以對國家利益的界定為基礎，但又不是完全拘泥於對具體利益的算計；（7）美國從「自由」價值出發，把共產主義界定為「邪惡」，可以為它在西方世界去的道義上的支持；（8）美國經常自詡是為「自由」而戰，反對「暴政」；為了達到戰略目的可以

不擇手段；（9）雖然美國國家安全戰略受到意識形態的影響，但卻很靈活；（10）美國不僅有強大的實力，而且具有完善的戰略體系和龐大的戰略研究力量。 [117]

　　關於這一時期的區域研究，歐洲方面仍主要集中在歐洲冷戰與北約的建立、歐洲復興計劃以及德國分裂等關係的問題上，學者們大都認為冷戰產生於歐洲，美國提出和實施遏制戰略，拋出了杜魯門主義、馬歇爾計劃，建立了北約。其目的是維護資本主義制度和美國的生活方式，反對蘇聯共產主義的專制與擴張。蘇聯則針鋒相對，提出和實施莫洛托夫計劃以及建立經互會，建立情報局，而德國的分裂是歐洲冷戰形成的關鍵。 [118] 由於自身所處地理位置，學者們對亞洲冷戰要比歐洲冷戰關注得多，概括起來主要集中在中美關係、韓戰、美國對日媾和以及伊朗問題，並出版了大量的學術專著與論文。 [119]

　　關於核戰略研究，學者們也取得了相當大的進展。在杜魯門對日使用原子彈問題方面，孫才順從對日本軍國主義懲罰和儘早結束戰爭角度論述了美國對日本使用原子彈的合理性。戴超武認為對日使用原子彈是美國決策者從本土進攻、政治解決以及依靠蘇聯擊敗日本等各種方案中的最後選擇，這一選擇不僅是出於軍事上的考慮，更主要的還有政治上的考慮，這既有國內因素，也暴露了美國戰後外交與軍事戰略的主要方面；張小明則認為杜魯門政府在決定使用原子彈時，的確有政治考慮。杜魯門希望原子彈的使用，能達到除減少美軍損失和擊敗日本之外的政治目的，即阻止蘇聯在遠東擴展其勢力，以及透過向蘇聯展示美國的核力量，使蘇聯在戰後國際問題上有所讓步。 [120] 國際原子能管制是研究者另一個重心，金飛認為在杜魯門任期內，文官控制原子能機製成功經受住了第一

次柏林危機和韓戰的考驗，成為指導戰後美國核戰略的基本規範。[121]　王娟娟則從批判的角度，認為1946年原子能法案的通過標誌著美國國家核管制政策的確立。該政策的深層目的在於實現美國的核壟斷，對內杜魯門政府的核管制政策為美國在核領域一直保持優勢發揮了重要作用；對外蘇聯原子彈試驗的成功終結了美國的核壟斷，中止了與英國的核合作，迫使英國走向獨立發展原子彈的道路，並成為第三個有核國。美國的核管制政策不僅未能實現長時間保持核壟斷的目標，而且加劇了大國之間的核競賽並強化了冷戰。[122]

綜上所述，隨著1970年代杜魯門政府外交關係文件的進一步解密，杜魯門政府的國家安全政策研究曾一度成為學術界的熱門，並出現了許多重要的學術專著和文章，對杜魯門政府國家安全政策研究做出了巨大的貢獻。近些年隨著美國政府對尼克森政府和福特政府外交文件的進一步開放，研究熱門開始轉向，但是學術界對杜魯門政府國家安全政策的研究仍有許多不足，值得進一步思考、進一步探討。

首先，學術界雖然看到了杜魯門政府的國家安全政策從有限遏制戰略向全面遏制戰略過渡，但是在具體論述這個轉變過程仍有不足之處。確切地說從凱南提出遏制戰略到NSC68號文件的頒布，再到杜魯門離職之前的NSC141號文件，美國的遏制戰略越來越強調遏制的全球化和軍事化。但在具體演變進程、政府內部爭論以及政策最終實施等方面關注的不夠。換言之，學術界很少能從整體的角度對杜魯門政府的國家安全政策的緣起、演進和終結進行分析，而大多局部分析某一特定事例。例如，學者們經常研究凱南的遏制戰略，並出版了許多大部頭的著作。然而學者們卻很少把他的遏制戰

略放在整個杜魯門政府時期的整體安全戰略上進行分析,殊不知凱南的遏制戰略雖然很有名氣,但他在1949年末就離開了杜魯門政府的決策中心,「他種下了龍種,收穫的卻是跳蚤」。人們一提遏制戰略,言必稱凱南,但他的遏制戰略到了杜魯門政府後期早已變味了,以至於多年後在他的回憶錄中幾乎很少談及NSC68號文件,甚至尼采的名字。在他看來,遏制的全球化和軍事化與他的思想差之毫釐,卻謬之千里。因此在杜魯門政府的國家安全政策中,如何掌握好遏制戰略的變化是非常重要的。

其次,學術界對杜魯門政府對國家安全政策的研究,明顯偏重前期而忽視後期,特別是對杜魯門政府前期的標誌性文件NSC68號文件研究極為詳實。但是有關杜魯門政府後期的國家安全政策則明顯研究不夠。從1951年到1953年杜魯門政府結束,杜魯門政府先後頒布了NSC114系列、NSC135系列和NSC141等國家安全文件,這些文件是杜魯門政府國家安全政策的重要組成部分,然而學術界研究很少,甚至連蓋迪斯著名的《遏制戰略——戰後美國國家安全政策的重要評價》一書,都很少觸及這些重要的文件。這些文件的形成過程、它們之間的關係以及對美國的對外政策的影響,仍值得進一步研究。

第三,學術界對杜魯門政府國家安全政策制定的一些主要設計者研究存在明顯不足。例如從NSC68系列到NSC141號文件的形成過程來看,尼采是杜魯門政府後期國家安全政策的主要設計師,他的外交思想深深地影響著杜魯門政府的國家安全政策,然而學術界對其研究甚少。因此透過對尼采外交思想的全面研究有助於更加深刻的理解杜魯門政府國家安全政策的內涵。

最後,國內學術界在杜魯門政府的國家安全政策研究方面存在

一些錯誤，值得糾正。例如如何評價克利福德文件的問題，《戰後世界歷史長編》認為「杜魯門把克利福德的這份報告在統治集團內部傳閱，表示攆走華萊士後他已決心在保護『美國公民利益和小國權利』免受『蘇聯侵略擴張』的旗號下，拋出獨霸全球的計劃」。而實際上克利福德文件送交杜魯門審閱，但並沒有得到他的贊同，而是「妥善的鎖藏起來」，禁止在政府內部流傳，直到1968年塵封二十多年的克利福德文件才獲公開。之所以成為絕密文件而不予以公開，用杜魯門自己的話來說：「這份東西太激烈了，如果它現在洩漏出去，那就會對我們試圖與蘇聯發展某種關係的努力，產生極其不幸的影響。」

註釋：

[1]Editorial Note, Foreign Relations of the United States (hereafter citedas FRUS), 1949, Vol.I p.540；哈里·杜魯門：《杜魯門回憶錄》第二卷，生活·讀書·新知三聯書店，1974年版，第365頁。

[2]哈里·杜魯門：《杜魯門回憶錄》第二卷，生活·讀書·新知三聯書店，1974年版，第350頁。

[3]麥喬治·邦迪著，褚廣友譯：《美國核戰略》，世界知識出版社，1991年版，第279—281頁。

[4]同上，第282頁。

[5]The Chairman of the General Advisory Committee (Oppenheimer) to the Chairman of the United States Atomic Energy Commission (Lilienthal), Washington, October 30, 1949, FRUS, 1949, Vol.I, pp.569-570；約翰·紐豪斯：《核時代的戰爭與和平》，軍事科學出版社，1989年版，第135頁；麥喬治·邦迪著，褚廣譯：《美國核戰略》，

世界知識出版社，1991年版，第288頁。

[6]Statement Appended to the Report of the General Advisory Committee, Washington, October 30, 1949, FRUS, 1949, Vol.I, p.571.

[7]Statement Appended to the Report of the General Advisory Committee, Washington, October 30, 1949, FRUS, 1949, Vol.I, pp.572-573.

[8]The Chairnan of the United States Atomic Energy Commission (Lilienthal) to President Truman, Washington, November 9, 1949, FRUS, 1949, Vol.I, pp.576-585.

[9]President Truman to the Executive Secretary ofthe National Security Council (Souers), Washington, November 19, 1949, FRUS, 1949, Vol.I, p.587.

[10]The Chairman of the Joint Committee on Atomic Energy (Mc Mahon) to President Truman, Los Angeles, November 21, 1949, FRUS, 1949, Vol.I, pp.588-595.

[11]Memorandum by the Joint Chief of Staff to the Secretary of Defense (Johnson), Washington, November 23, 1949, FRUS, 1949, Vol.I, p.595.

[12]Mr.Lewis L.Strauss, Member of the United States Atomic Energy Commission, to President Truman, Washington, November 25, 1949, FRUS, 1949, Vol.I, pp.596-597.

[13]Memorandum by the Executive Secretary of the National Security Council (Lay) to the Secretary of State, Washington, January 19, 1950, FRUS, 1950, Vol.I, p.504.

[14]Memorandum of Telephone Conversation, by the Secretary of State, Washington, January 19, 1950, FRUS, 1950, Vol.I, pp.511-512.

[15]Report by the Special Committee of the National Secretary Council to the President, Washington, January 31, 1950, FRUS, 1950, Vol.I, notes, p.513.

[16]麥喬治·邦迪著，褚廣友譯：《美國核戰略》，世界知識出版社，1991年版，第295頁。

[17]Report by the Special Committee ofthe National Secretary Council to the President, Washington, January 31, 1950, FRUS, 1950, Vol.I, FRUS, 1950, Vol.I, p.517.

[18]哈里·杜魯門：《杜魯門回憶錄》第二卷，生活·讀書·新知三聯書店，第368頁。

[19]Report by the Special Committee of the National Security Council to the President, Washington, March 9, 1950, FRUS, 1950, Vol.I, notes, p.542.

[20]NSC 68：United States Objectives and Programs for National Security, April 14, 1950, FRUS, 1950vol.I, pp.234-292；1975年2月季辛吉解密了部分NSC68號文件，幾個月後NSC68號文件全文登載在《海軍戰爭學院評論》的特刊上，直到1977年國務院才正式公布了NSC68號文件及其相關文件。

[21]哈里·杜魯門：《杜魯門回憶錄》第二卷，生活·讀書·新知三聯書店，1974年版，第481頁。

[22]Public Papers of the Presidents: Harry S.Truman, 1952-1953, p.1125.

[23]John Lewis Gadedis, Long Peace: Elements of Stability in the Postwar International System.International Security, Spring, 1986, pp.104-146.

[24]Fred Kaplan, "Paul Nitze: The Man Who Brought us the Cold War", Slate, October 21, 2004, http://slate.msn.com/id/2108510.

[25]關於保羅·尼采的研究僅有：Paul Nitze, From Hiroshima to Glasnost: At the Center of the Game., New York;Steven L. Rearden, The Evolution of American Strategic Doctrine: Paul H. Nitze and the Soviet Challenge (Boulder, CO, 1984); Strobe Talbott, The Master of the Game: Paul Nitze and the Nucler Peace, New York, 1988;David Callahan: Dangerous Possibilities: Paul Nitze and the Cold War, New York, 1990。佐佐木卓也：《遏制的形成與演變—凱南、尼采與杜魯門政府的冷戰戰略》，三嶺書房，1993年版。

[26]肯尼思·W·湯普森：《國際關係中的思想流派》，北京大學出版社，2003年版，第55頁。

[27]Steven L.Rearden, The Evolution of Americnn Strategic Doctrine: Paul H.Nitze andthe Soviet Challenge (Boulder, CO, 1984), p.2.

[28]http://www.trumanlibrary.org/whistlestop/study_collections/bomb.

[29]Paul Nitze, From Hiroshima to Glasnost: At the Center of the Game, New York.

[30]Josh Ushay, PaulH., Nitze and the Orthodox View of Americnn Cold War History: A Response to Norman Graebner, Center for Social Change Research Queensland University of Technology, November 22, 2002.

[31]Foreign Relations of the United States (FRUS), 1949, Vol.I, p.541；哈里·杜魯門：《杜魯門回憶錄》第二卷，生活·讀書·新知三聯書店，1974年版，第365頁。

[32]Mintues of the 148th Meeting ofthe Policy Planning Staff, FRUS, 1949, Vol., p.399.

[33]Report by the Special Committee of the National Secretary Council to the President, Washington, January 31, 1950, FRUS, 1950, Vol.I, FRUS, 1950, Vol.I, p.517。哈里·杜魯門：《杜魯門回憶錄》第二卷，生活·讀書·新知三聯書店，第367頁。

[34]Record of the Eighth Meeting (1950) of the Policy Planning Staff of the Department of State, Washington, February 2, 1950, 11 a.m. to 1 p.m.FRUS, 1950, Vol.I, pp.142-143.

[35]Study Prepared by the Director of the Policy Planning Staff (Nitze) .Washington, February 8, 1950.FRUS, 1950, Vol.I, p.145.

[36]NSC68: United States Objectives and Programs for National Security, April 14, 1950, FRUS, 1950vol.I, pp.234-292.

[37]Alexander L.George and Richard Smoke.Deterrence in American Foreign Policy: Theory and Practice, New York: Columbia University Press, 1974, p.11.

[38]Kennan, George F, Memoirs: 1950-1963, Boston: Little Brown & Co, 1967, p.92.

[39]Paul Y. Harmmond. "NSC68: Prologue to Rearmament" Strategy, Politics and Defense Budgets, New York: Columbia University Press, 1962, p.310.

[40]Kennan, Memoirs: 1950-1963, p.60.

[41]David S.Mayers.George F.Kennan and the Dilemmas of US Foreign Policy, New York: Oxford University Press, 1988, p.123.

[42]Memorandum by the Mr.Charles E.Bohlen to the Director ofthe Policy Planning Staff (Nitze). FRUS, 1950, vol.I, p.221；查爾斯·波倫：《歷史的見證》（1929—1969），商務印書館，1976年版，第361—362頁。

[43]沃爾特·艾薩克森、埃文·托馬斯：《美國智囊六人傳》，世界知識出版社，1991年版，第516-517頁。

[44]Report to the National Security Council by the executive Secretary (Lay), Washington, September30, 1950, FRUS, 1950, Vol.I, p.400.

[45]Note by the Executive Secretary to the National Security Council on United States Objiectives and Programs for National Security.December 8, 1950, FRUS, 1950, Voll.1, pp.425-461.

[46]Walter LaFeber: American, Russia, and the Cold War, 1945-1966, New York, 1967, p.90;American, Russia and the Cold War, 1945-1975, New York, 1976, p.97.

[47]The Counselor (Bohlen) to the Director ofthe Policy Planning Staff (Nitze), July 28, 1951. FRUS, 1951, Vol.1, pp.106-109.

[48]NSC1 14/1: Status and Timing of Current U.S. Programs for National Security, FRUS, 1951, Vol.1, pp.127-148.

[49]The Counselor (Bohlen) to the Director of the Policy Planning Staff (Nitze), July28, 1951; Memorandumby the Counselor (Bohlen),

August22, 1951, FRUS, 1951, Vol.I, pp.106, 163.

[50]Memorandum by the Counselor (Bohlen), September21, 1951.FRUS, 1951, Vol.1, p.170

[51]Policy Planning Staff Memorandum, September 22, 1951, FRUS, 1951, Vol., pp.172-175.

[52]Memorandum by Director of the Policy Planning Staff (Nitze) to the Deputy Under Secretary of State (Matthews), July 14, 1952, FRUS, 1952-1954, Vol.II, pp.64-68.

[53]NSC 135/1: Reappraisal of United States Objectives and Strategy for National Security, FRUS, 1952-1954, Vol.II, pp.81-86, 89-113.

[54]NSC135/1: Reappraisal of United States Objectives and Strategy for National Security, August15, 1952.FRUS, 1952-1954 Vol.II, pp.81-86.

[55]The Counselor (Bohlen) to the Secretary of State, August 21, 1952, FRUS, 1952-1954, Vol.II, pp.87-88.

[56]NSC 135/3: Reappraisal of United States Objectives and Strategy for National Security, FRUS, 1952-1954, Vol.II, pp.142-156.

[57]NSC141: Reexamination of United States Programs for National Security, FRUS, 1952-1954, Vol.II, pp.209-222.

[58]Strobe Talbott, The Master of the Game: Paul Nitze and the Nucler Pence, New York, 1988.

[59]Fcis, Hcrbert, From Trust to Terror: the Onset ofthe Cold War, 1945-1950, New York: Norton, 1970;Fontaine, Andre, History of the Cold War from the Octorber Revolotion to the Korean War, New Yorkl:

Pantheon Books, 1968.

[60]Morgenthau, Hans, In Defense of National Interest: ACritical Examination of American Foreign Policy, New York: Knopf, 1951.

[61]Kennan, George, American Diplomacy: 1900-1950, Chicago: University of Chicago Press.1950; Memoirs, 2 vols.Boston: Pantheon Books.1967 and 1972; Around the Cragged Hill, APersonal and Political Philosophy, New York: W.W.Norton and Company, 1993; Bymes, James F., Speakking Frankly, New York: Harper & Brothers, 1947.

[62]Williams, William Appleman, The Tragedy of American Diplomacy, New York: W.W.Norton, 1959; Fleming, D.F., The Cold Warand Its Origins, 2 vols., New York: Doubleday, 1961.

[63]LaFeber, Walter, America, Russia andthe Cold War, 1945-2006, New York: McGraw-Hill, 2006.

[64]Horowitz, David, The Free World Colossus: A Critique of American Foreign Policy in the Cold War, New York: Hill and Wang, 1965; From Yalta to Vietnam: Amercian Foreign Policy in the Cold War, New York: Penguin Books Ltd, 1969.

[65]Gaddis, John Lewis, The United States and the Origins of Cold War, 1941-1947, New York: Columbia University Press, 1972.

[66]Gaddis, John Lewis, Strategies of Containment: A Citical Appraisal of Postwar American National Security Policy, New York: Oxford University Press, 1982.

[67]Gaddis, John Lewis, We Now Know: Rethinking Cold War History, New York: Oxford University Press, 1997.

[68]萊夫勒：《冷戰是如何開始的？》，《國際冷戰史研究》，2004年第一輯，第104—112頁。

[69]Gimbel, John, The Origins ofthe Marshall Plan, Stanford University Press, 1976;Michael J.Hogan, The Marshall Plan, 1987;Grose, Peter, ed. "The Marshall Plan and Its Legacy: Special Commemoratives Section". Foreign Affairs 76 (May/June 1997), 157-221; Hogan, Michael, The Marshall Plan: America, Britain, and the Reconstruction of Western Europe, NY: Cambridge University Press.1987; Harry Price, The Marshall Plan and Its Meaning, N.Y: Cornell University Press, 1955; Imanuel Wexler, The Marshall Plan Revisited, N.Y: Greenwood Press, 1983.

[70]Osgood, Robert E, NATO: the Entangling Alliance, Chicago: University of Chicago Press, 1962; Reid, Escott, Time of Fearand Hope: The Making of the North Atlantic Treaty, 1947-1949, Lippincott, McClelland and Stewart, 1977; Kaplan, Lawrence S, The United States and NATO: The Formative Yenrs, Lexington: University Press of Kentucky, 1984; Nicholas Sherwen, ed. NATO's Anxious Birth, New York: St.Martin's Press, 1985.

[71]Davision, W.Philips, The Berlin Blockade: A Study in Cold War Politics. Princeton University Press, 1958; Gimbel, John, The American Occupation of Germany: Politics and the Military, 1945-1949, Stanford: Stanford University Press, 1968; Kuklick, Bruce, American Policy and the Division of Germany: The Clash with Russia over Reparations, Corncll University Press, 1972; Edward N.Peterson, The American Occupation of Germany, Detroit: Wayne State University Press, 1978; Avi shlaim, The United States and the Berlin Blockade, 1948-1949, University of California

Press, 1983.

[72]John L.Harper, Amercia and the Reconstruction of Italy, New York: Cambridge University Press 1986;James E.Miller, The United States and Italy, 1940-1950, University of North Carolina Press, 1986.

[73]Audrey K.Cronin, Great Power Politics and the Struggle over Austria, 1945-1955, N.Y: Cornell University Press, 1986;Donald r Whitnah and Edgar L.Erickson, The American Occupation of Austria, N.Y: Greenwood Press, 1986.

[74]Lundestad, Geir, America, Scandinavia, and the Cold War, 1945-1949, NY: Columbia University Press, 1980; Barbara G.Haskel, The Scandinavia Option: Opportunity and Opportunity Costs in Postwar Scandinavia Foreign Policies, University of California Press, 1976.

[75]Blum, Robert, Drawingthe Line: The Origins of American Containment Policy in East Asia, NY: W W Norton & Co Inc.1982;Akira Iriye, The Cold War in Asia, Columbia University Press, 1974; Yonosuke Nagai and Akira Iriye, eds., The Origins of the Cold War in Asia, Columbia University Press, 1977; Dorothy Borg and Walod Heinrichs eds, Uncertain Years: Chinese-American Relations, 1947-1950, Columbia University Press, 1980; Warren Cohen, America's Response to China, 1980, NY: Columbia University Press; Herbert Feis, The China Tangle, Atheneum 1953, Nancy B.Tucker, Patterns in the Dust, Columbia University Press, 1983; Tang Tsou, America's Failures in China, 1941-1950, University of California Press, 1983.

[76]Blair, Clay, The Forgotten War: America in Korea, 1950-1953, NY: Naval Institute Press, 1988; Cuming, Bruce, The Origins of the Korean

War, vol.1 Liberation and the Emergence of Separate Regimes, 1945-1947, Princeton, Princeton University Press, 1981;vol.2. Roaring of Cataract, 1947-1950, Princeton, Princeton University Press, 1990; Dobbs, Charles M.The Unwanted Symbol: American Foreign Policy, the Cold War and Korea, 1945-1950, Ohio: Kent State University Press, 1981;Foot, Rosemary. The Wrong War: American Policy and the Dimensions of the Korea Conflict, 1950-1953, Ithaca: Cornell University Press, 1985; Spanier, John W.The Truman-Mac Arthur Controversy. Cambridge University Press, 1959; Whiting, Allen S.China Crosses the Yalu: The Decision to Enter the Korea War, NY: Stanford University Press, 1960.

[77]Borden, Willian, The Pacific of Alliance: United States Far East Policy and Japanese Trade Recovery, 1947-1955, Madison: University of Wisconsin Press, 1984; Schaller, Michael, The American Occupation of Japan, NY: Oxford University Press, 1985;Schonberger, Howard B., A ftermath of War: Americans and the Remaking of Japan, 1945-1952, Ohio: Kent State University Press, 1989.

[78]Kuniholm, Bruce, The Origins of the Cold War inthe Near East: The Clash with Conflicr and Diplomacy in Iran, Turkey, and Greece, Princeton: Princeton University Press, 1980;Snetsinger, John, The Truman, the Jewish Vote, and the Creation of Israel, Stanford: Stanford University Press, 1974; Wittner, Lawrence, American Intervention in Greece, 1943-1949, NY: Columbia University Press, 1982; Ganin, Zvi. Truman, American Jewry and Isreal, 1945-1948, NY: Holmes & Meier Pub, 1979.

[79]高芳英：《美國史學界關於對日使用原子彈原因的論爭》，《內蒙古大學學報》，1999年第2期。

[80]Kissinger, Henry, Nuclear Weapons and Foreign Policy, NY: Westview Press, 1957.

[81]Bundy, McGeogre, Danger and Survival: Choices About the Bomb in the First Fifty Years, NY: Random House, 1988.

[82]Newhouse, John, War and Peace in the Nuclear Age, NY: Knopf, 1989.

[83]Gaddis, John Lewis, The Long Peace: Inquire Into the History of the Cold War, Oxford University Press, 1988.

[84]Paul Y.Hammond, "NSC68: Prologue to Rearmament" in Strategy, Politics and Defense Budgets, ed. By Warner R.Schilling, Paul Y.Hammond, and Glenn H.Synder, NY: 1962.

[85]Cabell Phillips, The Truman President: The History of a Triumphant Succession.Macmillan University Press, 1966.

[86]Walter LaFeber, American, Russia, and the Cold War, 1945-1966, NY: Mcgraw-Hill Companies, Inc.1967; American, Russia and the Cold War, 1945-1975, NY: Mcgraw-Hill Companies, Inc.1976.

[87]Gaddis Smith, Dean Acheson, NY: Cooper Square Publishers, 1972.

[88]PaulH.Nitze, From Hiroshima to Glasnost, At the center of Decision-A Memoir.Grove Press, 1989.

[89]Melvyn P.Leffler, A Preponderance of Power: National Security, the Turmae Administration and the Cold War, Stanford University Press, 1992.

[90]Samuel F.Wells, jr.Sounding the Tocsin: NSC68 and the Soviet Threat, International Security, Fall, 1979.

[91]John Lewis Gaddis, Strategies of Containment: Critical Appraisal of Postwar American National Security Policy, NY: Oxford University Press, 1982.

[92]Deniel Yergin, Shattered Peace: The Origins of the Cold War and the Nationel Security State, Boston: Houghton Mifflin, 1977.

[93]Wells, Samuel F, Sounding the Tocsn, Wilson Center.1979.

[94]Gaddis, John Lewis, NSC68 and The Soviet Threat Reconsidered, International Security 4, 1980.

[95]Ernst R.May, American Cold War Strateg: Intrepreting NSC68.Bedford/St.Martin's, 1993.

[96]Steven L.Rearden, The Evolution of American Strategic Doctrine: Paul H.Nitze and the Soviet Callenge, Boulder: Westview Press, 1984.

[97]Ernst R.May, NSC Sixty-Eght: Blueprint for American Strategy in the Cold War, N.Y: St.Martin's Press, 1993.

[98]Walter Isaacson and Evan Thomas, The Wise Man: Six Friends and the World They Made, N.Y: Simon and Schuster, 1986.

[99]McCullough, David, Truman, Simon & Schuster, 1993.

[100]Melvynp.Leffler, A Preponderance of Power: National Securtty, the Turman Administration and the Cold War, Stanford University Press, 1992.

[101]Lippman, Walter, The Cold War：A Study in U.S.Foreign

Policy, Michigan University Press, 1947.

[102]Hixon, Walter, Geogre F.Kennan: Cold War Iconoclast, NY: Columbia University Press, 1989.

[103]Stephanson, Anders.Kennn and the Art of Foreign Policy, Cambridge University Press, 1989.

[104]Mayers.David A., Geogre F.Kennan and the Dilemmas of U.S Foreign Policy, NY: Oxford University Press, 1988.

[105]Miscamble, Wilson D.George F.Kenn and the Makking of American Foreign Policy, 1947-19510, Princeton University Press, 1992.

[106]Richard Barnet, A Balance Sheet: Lippman, Kennan, and the Cold War, Diplomatic History, Spring 1992; David Mayers, Containment and the Primacy of Diplmacy: Geogre Kennan's Views, 1947-1948, Internantion Security, Summer, 1986.

[107]Gaddis, John Lewis, George F.Kennan: A American Life, Penguin Press, 2011.

[108]Henry Kissinger, The Age of Kennan, The New York Time, November10, 2011.

[109]Paul Nitze, From Hiroshima to Glasnost: At the Center of Decision, NY: Grove Press, 1989;Steven L.Rearden, The Evolution of American Strategic Doctrine: Paul H. Nitze and the Soviet Challenge, Boulder: Westview Press, 1984;Strobe Talbott, The Masterof the Game: Paul Nitze and the Nuclear Peace, NY: Knopf.1988; David Callahan, Dangerous Possibilities: Paul Nitze and the Cold War, NY: Harper Collins Publishers.1990.

[110]Nicholas Thompson, The Hawk and the Dove: Paul Nitze, George Kennan and the History of the Cold War, Henry Holt and Company, LLC, 2009.

[111]Acheson, Dean, Present atthe Creation: My Years at the State Department, NY: W.W.Norton, Inc., 1969; Chace, James, Acheson: The Secretary of State Who Created the American World, NY: Simon & Schuster, 1998; McClellan, David S., Dean Acheson: The State Department Years, NY: Dodd, MeadCo., 1976;McGlothen, Ronald, Controlling the Waves: Dean Acheson and U.S.Foreign Policy in Asia, NY: WW Norton, 1993.

[112]《戰後世界歷史長編》編委會編：《戰後世界歷史長編（1945—1949）》，第一～五分冊；劉同舜、高文凡主編：《戰後世界歷史長編（1950—1951）》，第六分冊；劉同舜、姚椿齡主編：《戰後世界歷史長編（1952）》，第七分冊，上海人民出版社，1975、1976、1977、1978、1980、1982、1989年版。

[113]華慶昭：《影響杜魯門外交的因素》，《世界歷史》，1991年，第5期。

[114]資中筠：《戰後美國外交史》，世界知識出版社，1994年版。

[115]張小明：《喬治·凱南遏制思想研究》，北京語言學院出版社，1994年版。

[116]張曙光：《美國遏制戰略與冷戰起源再探》，上海外語教育出版社，2007年版。

[117]周建明：《美國國際安全戰略的基本邏輯——遏制戰略解

析》，社會科學文獻出版社，2009年版。

[118]丁建弘等主編：《戰後德國的分裂與統一》，人民出版社，1996年版；陳樂民：《戰後西歐國際關係（1945—1984），中國社會科學出版社，1987年版；汪婧：《美國杜魯門政府對義大利的政策研究》（博士學位論文，2009）。

[119]時殷弘：《敵對於衝突的由來——美國對新中國的政策與中美關係（1949—1950）》，南京大學出版社，1995年版；資中筠：《追根溯源——戰後美國對華政策的緣起與發展（1945—1950）》，上海人民出版社，2000年版；陶文釗主編：《中美關係史（1949—1972）》，上海人民出版社，1999年版；賈慶國：《未實現的和解——中美關係的隔閡與危機》，文化藝術出版社，1998年版；華慶昭：《從雅爾塔到板門店——美國與中、蘇、英（1945-1953）》，中國社會科學出版社，1992年版；趙學功：《朝鮮戰爭中的美國和中國》，山西高校聯合出版社，1995年版；林利民：《遏制中國——朝鮮戰爭與中美關係》，時事出版社，2000年版；于群：《美國對日政策研究（1945-1972）》，東北師範大學出版社，1996年版；李春放：《伊朗危機與冷戰的起源（1941-1947）》，社會科學文獻出版社，2001年版；劉國柱：《第四點計劃與杜魯門政府在第三世界的冷戰戰略》，《歷史教學》，2007年第6期；鄧峰：《追求霸權：杜魯門政府對朝鮮停戰談判的政策》，《中共黨史研究》，2009年第4期；陳波：《杜魯門政府與韓國1952年憲政危機》，《史林》，2008年第1期；袁征：《艱難的政策抉擇——杜魯門政府的巴勒斯坦政策（1945-1948）》，《美國研究》，2009年第4期；劉蓮芬：《杜魯門時期的美國東南亞政策》，《史學月刊》，2007年第12期。

[120]麥喬治·邦迪著，褚廣友譯：《美國核戰略》，世界知識出版社，1991年版。孫才順：《美國原子彈轟炸日本的再認識》，《抗日戰爭研究》，1998年第1期；戴超武：《世界歷史》，1995年第4期；張小明：《冷戰及其遺產》，上海人民出版社，1998年版，第123頁。

[121]金飛：《美國杜魯門政府原子能文官控制機制研究》，《安慶師範學院學報》，2011年第3期。

[122]王娟娟：《戰後初期美國國家核管制政策分析——兼論杜魯門時期美英核合作關係的中止》，《南京政治學院學報》，2010年第2期。

參考文獻

一、基本史料

1.未刊史料

(1)National Archives II, College Park, Maryland, USA

General Records of the Department of State, RG 59.

Records of the Policy Planning Council(1961-1969).

Records of the Planning and Coordination Staff(1970-1973).

Records of the Assistant Secretary for Far Eastern Affairs(1961-1963).

Records of the Bureau of Far Eastern Affairs(1963-1966).

Reeords of the Executive Secretariat, Country Files(1963-1966).

Records of the Office of the Executive Secretariat, NSC Meeting Files and Policy Reports(1959-1966).

Records of Special Assistant to Under Secretary for Political (1963-1965).

Records of the Relating to Atomic Energy(1944-1962).

Central Decimal Files(1947-1966).

Central Foreign Policy Files(1960-1973).

Records of the Ambassador at Large Llewellyn E. Thompson(1961-1970).

Records of the Policy Planning Council, Ernest Lindley Files(1961-1969).

Records of the Policy Planning Council, Director's Files, Winston Lord(1969-1977).

General Records of the Joint Chiefs Staff, RG 218.

Records of the Chairman of the Joint Chiefs Staff, Taylor Papers.

Nixon Presidential Material Staff.

National Security Council(NSC) Files, For the President Files: China Trip.

CIA Records Search Tool(CREST).

(2)John F.Kennedy Library, Boston, Mass.

National Security Files.

Country Files.

(3)Linden B.Johnson Library, Austin, Texas.

National Security Files.

Country Files.

NSC Meetings Files.

Committee on Nuclear Proliferation.

Files of Robert W.Komer.

Files of Mc George Bundy.

Memos to the President.

Cabinet Papers.

(4)Library of Congress, Washington, D.C.

Thomas D.White Papers.

Averell Harriman Papers.

(5)The National Security Archive, Washington, D.C.

2.公開刊行史料

U.S.Deparlment of State, Foreign Relations of the United States(FRUS), Washington, D.C.: United States Government printing Office(USGPO).

    FRUS, 1946, Vol.I, General, the United Nation.

    FRUS, 1947, Vol.I, General, the United Nation.

    FRUS, 1948, Vol.I, General, the United Nations.

    FRUS, 1948, Vol.VII, The Far East: China.

    FRUS, 1949, Vol.I, National Security Affairs.

    FRUS, 1949, Vol.IX, The Far East: China.

    FRUS, 1950, Vol.I, National Security Affairs.

    FRUS, 1950, Vol.VI, East Asia and the Pacific.

    FRUS, 1951, Vol.I, National Security Affairs.

    FRUS, 1951, Vol.VII, Korea and China.

    FRUS, 1952-1954, Vol.II, National Security Affairs.

    FRUS, 1952-1954, Vol.XIV, China and Japan.

FRUS, 1955-1957, Vol.II, China.

FRUS, 1955-1957, Vol.XX, Regulation of Armaments; Atomic Energy.

FRUS, 1958-1960, Vol.III, National Security Policy; Arms Control and Disarmament.

FRUS, 1958-1960, Vol.XIX, China.

FRUS, 1961-1963, Vol.VII, Arms Control and Disarmament.

FRUS, 1961-1963, Vol.XXII, Northeast Asia.

FRUS, 1964-1968, Vol.XI, Arms Control and Disarmament.

FRUS, 1964-1968, Vol.XXX, China.

FRUS, 1969-1972, Vol.XVII, China.

FRUS, 1973-1976, Vol.XVIII, China.

(2)《國務院公報》

U.S.Department of State, Department of State Bulletin, Washington, D.C.: United States Government printing Office(USGPO).

(3) Kesaris, Paul ed,: Documents of the National Security Council1949-1977, Microfilm, University Publications of America, 1980.First Supplement, Second Supplement, Third Supplement, 1981-1985.

(4)Dennis Merrill ed., Documentary History of the Truman Presidency, Vol.1-35, University Publication of America, 2002.

3.數據庫

（1）數字國家安全檔案（Digital National Security Archive）

DNSA被譽為「除美國政府之外，當代國家安全解密訊息的最大收集庫」，是Pro Quest公司開發的數據庫。其中收錄了大量珍貴的從1945年開始的美國對其它國家外交、軍事、國家安全政策的第一手資料。其特點是將文件分類收集，包括總統密令、備忘錄、外交急件、會議記錄、獨立報告、簡報、白宮通信錄、機密信函等解密文件，現已有36個專題的完整收藏。相關本課題，有如下幾個專題：

China and the United States: From Hostility to Engagement, 1960-1998.

The Kissinger Transcripts: AVerbatim Record of U.S.Diplomacy, 1969-1977.

The National Security Agency: Organization and Operations, 1945-2009.

Presidential Directives on National Security, Part I: From Truman to Clinton.

Presidential Directives on National Security, Part II: From Truman to George W.Bush.

U.S.Espionage and Intelligence, 1947-1996.

U.S.Intelligence on Weapons of Mass Destruction: From World War II to Iraq.

U.S.Nuclear History: Nuclear Arms and Politics in the Missile Age, 1955-1968.

U.S.Nuclear Non-Proli Feration POlicy, 1945-1991.

U.S.Intelligence and China: Collection, Analysis and Covert Action.

The Soviet Estimate: U.S.Analysis of the Soviet Union, 1947-1991.

（2）解密文件參考系統（Declassified Documents Reference System）

DDRS是美國Gale公司開發的數據庫，其中的解密外交文件來自白宮、國家安全委員會、北約組織、中央情報局、聯邦調查局、國務院、原子能委員會、預算局、國防部、國家宇航局、行動協調委員會、總統的科學顧問委員會、美國情報委員會等部門,共計8萬餘份文件，50萬頁。

4.美國政府官方網站

（1）美國對外關係文件（FRUS)(http：//history.state.gov/）

美國國務院官方網站主要提供自甘迺迪政府以來的《美國對外關係文件》。

（2）中央情報局電子閱覽室（http://www.foia.cia.gov）

Baptism by Fire:CIAAnalysis of the Korean War.

The CAESAR, POLO, and ESAU Papers: Cold War Era Hard Target Analysis of Soviet and Chinese Policy and Decision Making, 1953-1973.

（3）中央情報局的情報研究中心（https://www.cia.gov/library/center-for-the-study-of-intelligence/index.html）

Corona: American's First Satellite Program.

The CIA and the U-2 Program, 1954-1974.

（4）國家情報評估委員會（http://www.dni.gov/nic/nic_home.html）

Tracking the Dragon: National Intelligence Estimates on China during the Era of Mao, 1948-1976.

（5）杜魯門總統圖書館（http://www.trumanlibrary.org/）

該網站包括有冷戰、杜魯門主義、對口投擲原子彈以及韓戰等官方文件。

5.美國民間學術機構網站

（1）威斯康星大學：美國對外關係文件（FRUS）（http://uwdc.library.wisc.edu/collections/FRUS）

美國威斯康星大學數字化收集中心將紙本FRUS數字化後整理上網, 目前為止, 該網站已經收錄從1861年到1960年共375卷FRUS。

（2）國家安全檔案館（http://www.gwu.edu/~nsarchiv）

美國國家安全檔案館近來公布了一系列有關1960年代到1970年代中國核子武器計劃的文件, 包括：

William Burr, The Unifed States, China and the Bomb.

William Burr and Jeffrey T.Richelson eds., The United States and the Chinese Nuclear Program1960-1964.

William Burr, The Chinese Nuclear Weapons Program: Problems of Intelligence Collection and Analysis, 1964-1972.

Jeffrey Richelson, Eyes on the Bomb: U-2, CORONA, and KH-7Imagery of Foreign Nuclear Installations.

William Burr, , China, Pakistan, and the Bomb: The Declassified File on U.S.Policl, 1977-1997.

William Burr, New Archival Evidence on Taiwanese: "Nuclear Intentions", 1966-1976.

William Burr, U.S.Opposed Taiwanese Bomb during1970s: Declassified Documents Show Persistent U.S.Interventionto Discourage Suspicious Nuclear Research.

（3）伍德羅·威爾遜冷戰史研究中心（http://www.wilsoncenter.org）

CWIHP Bulletin No.16 "Inside China's Cold War"

（4）美國總統項目（http://www.presidency.ucsb.edu/index.php）

6.中國學術機構網站

（1）華東師範大學冷戰國際史研究中心（http://www.coldwarchina.org）

收藏大量解密的蘇聯檔案文獻和來自美國、東歐國家、南韓、日本等國的解密檔案文獻，是國內第一個也是目前唯一以冷戰史為研究主題的學術機構。

（2）「兩彈一星」歷史研究會（http：//www.ldyx.org）

隸屬於中華人民共和國國史學會的分支機構，進行包括兩彈一星歷史資料的收集、整理與研究。

二、英文著作、論文、研究報告

Aldrich, Richard J., The Clandestine Cold Warin Asia, 1945-65:

Western Intelligence, Propag and Special Operations, Taylor & Francis, Inc., 2000.

Allen, John, Jr., John Carver, and Tom Elmore, editors, Tracking the Dragon: National Intelligence Estimates on China during the Era of Mao, 1948-1976, Washington, D.C.: Executive Office of the President, Central Intelligence Agency, Office of the Director, National Intelligence Council, 2004.

Alperovitz, Gar, Atomic Diplomacy: Hiroshima and Potsdam, Expanded and updated edition, Pluto Press, 1994.

Arkes, Hadley, Bureaucracy, the Marshall Plan, and the National Interest.Princeton University Press, 1973.

Blair, Clay, The Forgotten War: America in Korea, 1950-1953, Times Books, 1987.

Blum, Robert.Drawingthe Line: The Origins of American Containmet Policy in East Asia.N.Y: Norton, 1982.

Borden, William, The Pacific Alliance: United States Far East Policy and Japanese Trade Recovery, Madison, 1984.

Bundy, Mc George：Danger and Survival: Choices about the Bomb inthe Fiftyyears.NY: Random House, Inc, 1988.

Burr, William and Richelson, Jeffrey T., A Chinese Puzzle, The Bullein of Atomic Scientists, Jul/Aug 1997, pp.42-47.

Burr, William and Richelson, Jeffrey T., Whether to "Stranglethe Babyin the Cradle"：The united States and Chinese Nuclear Program,

1960-64, International Security, Vol.25, Issue 3, 2000 Winter, pp.54-99.

Burr, William, The Kissinger Transcripts: The Top Secret Talks with Beijing and Moscow, The New Press, 1998.

Callahan, David, Dangerous Possibilities: Paul Nitze and Cold War, N.Y: Harper Collins, 1990.

Chang, Gordon, Friends and Enemies: The United States, China and the Soviet Union, 1948-1972, Stanford University Press, 1990.

Chen, Jian, China's Road tothe Korean War: The Making of the Sino-American Confrontation, Columbia University Press, 1994.

Chiu, Hungdah, Communist China's Attitude towards Nuclear Test, The China Quarterly, No.2 1(January-March 1965).

Davis, Lynn Etheridge, The Cold War Begins;Soviet-American Conflict in Eastern Europe, Princeton: Princeton University Press, 1974.

Dingman, Roger, Atomic Diplomacy during the Korea War, International Security, Vol.13.No.3(Winter 1988/89).

Dobbs, Charles M., The Unwanted Symbol: American Foreign Policy, the Cold War, and Korea, 19445-1950, Kent State University Press, 1981.

Donovan, Robert J., Tumultuous Years: The Presidency of Harry STruman, 1949-1953, University of Missouri Press, 1982.

Donovan, Robert J., Conflict and Crisis: The Presidency of Harry STruman, 1945-1948, University of Missouri, 1977.

Drew, S.Nelson, NSC68: Forgingtne Strategy of Containment—with Analyses by Paul H.Nitze, National Defense University, Washington, DC,

1996.

Etzold, Thomas H.and Gaddis, John Lewis, eds., Containment: Documents on American Policy and Strategy, 1945-1950.Columbia University Press, 1978.

Ferrell, Robert H.ed., Offthe Record: The Private Papers of Harry S.Truman, Harper & Row, 1980.

Foot, Rosemary, Nuclear Coercion and the Ending of the Korean War Conflict, International Security, Winter 1988/1989.

Foot, Rosemary, The Practice of Power: US Relation with China since 1949, Clarendon Press, Oxford, 1995.

Foot, Rosemary, A Substitutefor Victory: The Politics of Peace making at the Korean Armistice Talks, Cornell University Press, 199 1.

Foot, Rosemary, The Wrong War: American Policy and the Dimensions of the Korean Conflict, 1950-1953, Cornell University Press, 1985.

Gaddis, John Lewis, We Now Know: Rethinking Cold War History, Oxford Univer sity Press, 1997.

Gaddis, John Lewis, Strategies of Containment: A Critical Appraisal of Post war American National Security Policy, Oxford University Press, 1982.

Gaddis , John Lewis , The United States and the Origins of the Cold War, 1941-1947, COlumbia University Press, 1972.

Gallicchio, Marc S, The Cold War Begins in Asia: American East

Asian Policy and the Fall of the Japanese Empire, Columbia University Press, 1988.

Gellman, Barton, Contending with Kennan: Toward a philosophy of American Power, N.Y: Praeger, 1984.

George H.Quster, Nuclear Diplomacy: The First Twenty-Five Years, Dunellen, 1973.

Gimbel, John, The American Occupation of Germany: Politics and the Military, 1945-1949, Stanford University Press, 1968.

Goncharov, Sergei N., John W.Lewis, and Xue Litai, Uncertain Partners: Stalin, Mao, and the Korean War, Stanford University Press, 1993.

Halperion, Morton, China and Bomb: Chinese Nuclear Strategy, The China Quarterly, No.21(January-March 1965).

Halperion, Morton, China and the Bomb, N.Y: Frederick A, Praeger, 1965.

Halperion, Morton, Chinese Nuclear Strategy: The Early Post-Detonation, Asian Survey Vol.5, No.6(June 1965).

Hamby, Alonzo L., Beyond the New Deal: Harry STruman and American Liberalism.Columbia University Press, 1973.

Hammond, Thomas T.ed., Witnessestotne Origins of the Cold War.University of Washington Press, 1982.

Harris, William R., Chinese Nuclear Doctrine: The Decade Priorto Weapons Development (1945-1955), The China Quarterly, No.21(January-March 1965).

Herken, Gregg, The Winning Weapon: The Atomic Bombinthe Cold War, 1945-1949, Princeton University Press, 1980.

Hershberg, James G.and Byrne, Malcolm, Selected Recently-Declassified U.S Government Documents on American Policy Towardthe Development of Atomic Weapons By the People's Republic of China, 1961-1965.

Hixson, Walter, George F Ken Nan, Cold War Iconoclast, Columbia University Press, 1989.

Hogan J, Michael, A Cross of Iron: Harry STruman and the Origins of the Natiohal Security State, 1945-1954, Cambridge University Press, 1998.

Hogan, Michael J., The Marshall Plan: America, Britain, and the Reconstruction of Western Europe, 19+47-1952, Cambridge University Press, 1987.

Hsieh, Alice Langley, Communist China and Nuclear Force, RAND Corporation, P-2719-1, 1963.

Hsieh, Alice Langley, Communist China and Nuclear Warfareg, RAND Corporation, P-1894, 2004.

Hsieh, Alice Langley, Communist China's Military Policies and Nuclear Strategy, RAND Corporation, P-3730, 1967.

Hsieh, Alice Langley, Communist China's Military Polities, Doctrine and Strategy: A Lecture Presented at the National Defense College, Tokyo, September 17, 1968, P-3960.

Hsieh, Alice Langley, Communist China's Strategy inthe Nuclear

Era.Englewood Cliffs, N.J: Prentice-Hall, 1962.

Hsieh, Alice Langley, The Chinese Genie: Pekingroleinthenucleartest bannegotia tion, RAND Corporation, RM-2595, 1960.

Isaacson, Walter and Evan Thomas, The Wise Men: Six Friends and the World They Made-Acheson, Bohlen, Harriman, Kennan, Lovett, Mc Cloy.Simon and Schuster, 1986.

Kennan, George F.And John Lukacs, George F.Kennan and the Origins of Containment: The Kennan-Lukacs Correspondence, Columbia: University of Missouri Press, 1997.

Kennan, George F., Memoirs 1925-1963, 2 vols.Boston, Hutchinson, 1967、1972.

Kuniholm, Bruce, The Origins of the Cold Warinthe Near East: Great Power Conflict and Diplomacy in Iran, Turkey and Greece, Princeton: Princeton University Press, 1980.

Larson, Deborah Welch, Origins of Containment: A Psychological Explanation, Princeton University Press, 1985.

Leffler, Melvyn P., Preponderance of Power: National Security, the Truman Administration, and the Cold War, Stanford University Press, 1992.

Lewis, John Wilson and Xue litai, China Builds the Bomb, Stanford University Press, 1988.

Lewis, John Wilson and Xue litai, China's Strategic Seapower: Politics of Force Modernizationinthe Nuclear Age, Stanford University Press, 1994.

Lin, Chongpin, China's Nuclear Weapons Strategy, Lexington Books, 1988.

Lumbers, Michael, Piercingthe Bamboo Curtain: Tentative Bridge-Building to China during the Johnson Years, N.Y: Manchester University Press, 2008.

Lundestad, Geir, America, Scandinavia, and the Cold War, 1945-1949, N.Y: Columbia University Press, 1980.

Lyle J.Goldstin, When China was a "Rogue State" : the impact of China'snuclear weapons programon US-China Relations duringthe 1960s, Journal of Contemporary China, 2003, 12 (37), November.

Maddox, Robert James, From Warto Cold War: The Education of Harry STruman, Westview Press, 1988.

Matray, James I, The Reluctant Crusade: American Foreign Policy in Korea, Honolulu, 1985.

Mayers, David A., George F.Kennan and Dilemmas of U.S Foreign Policy, Oxford University Press, 1988.

Mc Glothelen, Ronald L., Controlling the Waves: Dean Acheson and U.S Foreign Policy in Asia, N.Y: Norton, 1993.

Mc Lellan, David, Dean Acheson: The State Depa-tment Years, W.W.Norton & Company, 1976.

Messer, Robert L., The End of an Alliance: James F Byrnes, Roosevelt, Truman and the Origins of the Cold War, University of North Carolina Press, 1982.

Miskamble, Wilson D., George F Kennan and the Making of American Foreign Policy, (1947-1953), Princeton University Press, 1992.

Nitze, Paul, From Hiroshima to Glasnost: Atthe Center of Decesion, N.Y: Weidenfeld & Nicolson, 1989.

Osgood, Robert C., Containment, Soviet behavior, and Grand Strategy, Berkeley: University of California Press, 198 1.

Pach, Chester J.Jr., Armingthe Free World: The Origlns of the United States Military Assistance Program, 1945-1950, University of North Carolina Press, 1991.

Parrish, Thomas, Berlin inthe Balance, 1945-1949: The Blockade, the First Major Battle of the Cold War, MA: Addison-Wesley, 1998.

Paterson, Thomas, On Everh Front: The Making of the Cold War, Norton Press, 1979.

Paterson, Thomas, Containment and the Cold War: American Foreign Policy since 1945, Reading, MA, 1973.

Pollack, Jonathan D., Chinese Attitudes towards Nuclear Weapons, 1964-1969, The China Quarterly, No.50(April-June, 1972).

Rearden, Steven L., The Evolution of American Strategic Doctrine: Paul H.Nitze and the Soviet Challenge, Boulder Co., 1984.

Rees, David, The Age of Containment: the Cold War, 1945-1965, N.Y: St.Martin's Press, 1967.

Reynolds, David.ed., The Origins oftne Cold War in Europe: International Perspectives, New Haven: Yale University Press, 1994.

Richelson, Jeffrey T., Spyingtothe Bomb: American Nuclear Intelligence from Nazi Germanyto Iran and Nortn Korea, W.W.Norton & Company, 2007.

Ryan, Mark A., China Attitudestoward Nuclear Weapons: China and the United State R Duringthe Korean War, M.E.Sharpe, Inc., 1989.

Schaller, Michael, The America Occupation of Japan, Oxford University Press, 1985.

Schonberger, Howard B, Aftermath of War: Americans and tne Remaking of Japan, 1945-1952, Kent State University Press, 1989.

Stephanson, Anders, Kennan and the Art of Foreign Policy, Harvard University Press, 1989.

Stueck, William Whitney, Jr., The Road to Confrontation: American Policy toward China and Korea, 1947-1950, University of North Carolina Press, 1981.

Talbott, Strobe, The Master of the Game: Paul Nitze and the Nuclear Peace, N.Y: Knopf, 1988.

Thompson, Kenneth W.and Steven L.Rearden.ed., Paul H.Nitze on National Security and Arms Control, University Press of America, 1990.

Yergin, Daniel, Shattered Peace: The Origins of the Cold War and the National Security State, Houghton Mifflin, 1977.

三、譯著

阿·舍普琴科：《與莫斯科決裂》，世界知識出版社，1986年版。

奧馬爾·布雷德利：《將軍百戰歸》，軍事譯文出版社，1985年版。

查爾斯·波倫著，劉裘、金胡譯：《歷史的見證》，商務印書館，1975年版。

戴維·霍羅維茨：《美國冷戰時期的外交政策》，上海人民出版社，1974年版。

戴維·麥卡洛：《杜魯門傳》，世界知識出版社，1997年版。

道格拉斯·麥克阿瑟：《麥克阿瑟回憶錄》，上海譯文出版社，1984年版。

德懷特·艾森豪威爾著，復旦大學資本主義國家經濟研究所譯：《白宮歲月》，三聯書店，1978年版。

德瑞克·李波厄特：《五十年傷痕：美國的冷戰歷史觀與世界》，上海三聯書店，2008年版。

迪安·艾奇遜：《艾奇遜回憶錄》，上海譯文出版社，1978年版。

迪安·艾奇遜：《實力與外交》，世界知識出版社，1959年版。

杜勒斯：《杜勒斯言論選輯》，世界知識出版社，1961年版。

福雷斯特·波格：《馬歇爾傳（1945—1959）》，世界知識出版社，1991年版。

哈里·杜魯門：《杜魯門回憶錄》，生活·讀書·新知三聯書店，1974年版。

赫魯曉夫：《赫魯曉夫回憶錄》，東方出版社，1988年版。

亨利·基辛格：《白宮歲月》，世界知識出版社，2003年版。

亨利·基辛格：《大外交》，海南出版社，1997年版。

亨利·基辛格：《動亂年代》，世界知識出版社，1983年版。

杰弗里·T·里徹爾森：《蘭利奇才：美國中央情報局科技分局內幕》，中信出版社，2002年版。

杰里爾·A.羅賽蒂：《美國對外政策的政治學》，世界知識出版社，1997年版。

孔華潤：《美國對中國的反應》，復旦大學出版社，1997年版。

勞倫斯·弗里德曼：《核戰略的演變》，中國社會科學出版社，1990年版。

雷蒙德·加特霍夫：《冷戰史：遏制與共存備忘錄》，新華出版社，2003年版。

李奇微：《朝鮮戰爭》，軍事科學出版社，1983年版。

里查·克羅卡特：《50年戰爭》，新華出版社，2003年版。

里查·羅茲：《原子彈祕史》，上海科技教育出版社，2008年版。

林中斌：《龍威：中國的核力量與核戰略》，湖南出版社，1992年版。

瑪格麗特·杜魯門：《哈里·杜魯門》，三聯書店，1976年版。

邁克爾·亨特：《意識形態與美國外交政策》，世界知識出版

社，1999年版。

麥喬治·邦迪著，褚廣友等譯：《美國核戰略》，世界知識出版社，1991年版。

梅爾文·萊夫勒：《人心之爭：美國、蘇聯與冷戰》，華東師範大學出版社，2012年版。

普里西拉·羅伯茨：《紫禁城之窗：戴維·布魯斯的北京日記（1973—1974）》，中央文獻出版社，2006年版。

喬治·凱南：《當前美國對外政策的現實—危險的烏雲》，商務印書館，1980年版。

喬治·凱南：《美國外交1900—1950》，世界知識出版社，1989年版。

斯帕尼爾：《第二次世界大戰後的美國外交政策》，商務印書館，1992年版。

斯帕尼爾：《杜魯門與麥克阿瑟之爭和朝鮮戰爭》，復旦大學出版社，1985年版

托馬斯·帕特森：《美國外交政策》，中國社會科學出版社，1998年版。

王作躍：《在衛星的陰影下：美國總統科學顧問委員會與冷戰中的美國》，北京大學出版社，2011年版。

威廉·波爾著，傅建中譯：《季辛吉祕錄》，台北，時報文化出版企業股份有限公司，1999年版。

威廉·伯爾著，龐偉譯：《基辛格祕錄》，遠方出版社，1999年版。

威廉·哈代·麥克尼爾：《美國、英國和俄國：它們的合作與衝突，1941—1946》，上海譯文出版社，1978年版。

沃爾特·艾薩克森、埃文·托馬斯：《美國智囊六人傳》，世界知識出版社，1991年版。

沃爾特·拉費伯爾：《美國、俄國與冷戰（1945—2006）》（第十版），世界圖書出版公司，2011年版；《美蘇冷戰史話》（第三版），商務印書館，1980年版。

夏爾·菲利普：《白宮的祕密：從杜魯門到克林頓的美國外交決策》，中國人民大學出版社，1998年版。

小阿瑟·施萊辛格：《一千天——約翰·菲·肯尼迪在白宮》，三聯書店，1981年版。

約翰·霍爾德里奇：《1945年以來美中外交關係正常化》，上海譯文出版社，1997年版。

約翰·劉易斯·蓋迪斯：《長和平：冷戰史考察》，上海人民出版社，2011年版。

約翰·劉易斯·蓋迪斯：《遏制戰略：戰後美國國家安全政策評析》，世界知識出版社，2005年版。

約翰·紐豪斯：《核時代的戰爭與和平》，軍事科學出版社，1989年版。

約翰·紐豪斯：《苦寒的拂曉：限制戰略武器會談內幕》，三聯書店，1974年版。

約翰·普拉多斯：《掌權者：從杜魯門到布希》，時事出版社，1992年版。

約翰·劉易斯、薛理泰著，李丁等譯：《中國原子彈的製造》，原子能出版社，1990年版。

張少書著，梅寅生譯：《敵乎？友乎？：中美蘇關係探微（1948—1972）——美國分化中蘇聯盟內幕》，金禾出版社有限公司，1992年版。

四、中文著作、文獻

陳東林、杜蒲主編：《中華人民共和國實錄》，吉林人民出版社，1994年版。

陳君澤、龍守諶主編：《「零時」起爆：羅布泊的回憶》，中山大學出版社，2012年版。

陳樂民：《戰後西歐國際關係（1945—1984）》，中國社會科學出版社，1987年版。

崔丕：《冷戰時期美國對外政策史探微》，中華書局，2002年版。

崔丕：《美國的冷戰戰略與巴黎統籌委員會、中國委員會（1945—1949）》，東北師範大學出版社，2000年版。

戴超武：《敵對與危機的年代——1954—1958年的中美關係》，社會科學文獻出版社，2003年版。

丁建弘等主編：《戰後德國的分裂與統一》，人民出版社，1996年版。

東方鶴：《張愛萍傳》，人民出版社，2000年版。

董學斌、賈俊明：《倚天：共和國導彈核子武器發展紀實》，西苑出版社，1999年版。

葛能全編：《錢三強年譜》，山東友誼出版社，2002年版。

核工業部神劍分會編：《祕密歷程——記中國第一顆原子彈的誕生》，原子能出版社，1985年版；《祕密歷程——記中國第一顆原子彈的誕生》（修訂版），原子能出版社，1993年版。

華慶昭：《從雅爾塔到板門店——美國與中、蘇、英（1945—1953）》，中國社會科學出版社，1992年版。

黃華：《親歷與見聞》，世界知識出版社，2007年版。

賈慶國：《未實現的和解：中美關係的隔閡與危機》，文化藝術出版社，1998年版。

姜振飛：《美國約翰遜政府與國際核不擴散體制》，中國社會科學出版社，2008年版。

金沖及：《周恩來傳》，中共中央文獻研究室，1998年版。

科學時報編：《請歷史記住他們——中國科學家與「兩彈一星」》，暨南大學出版社，1999年版。

李春放：《伊朗危機與冷戰的起源（1941—1947）》，社會科學文獻出版社，2001年版。

李丹慧編：《北京與莫斯科：從聯盟走向對抗》，廣西師範大學出版社，2002年版。

李覺：《當代中國的核工業》，中國社會科學出版社，1987年版。

李旭閣：《原子彈日記（1964—1965）》，解放軍文藝出版社，2011年版。

李元平：《俞大維傳》，台灣日報社，1992年版。

梁東元：《596祕史》，湖北人民出版社，2007年版。

梁東元：《原子彈調查》，解放軍出版社，2005年版。

梁東元：《中國飛天大傳》，湖北人民出版社，2007年版。

林利民：《遏制中國：朝鮮戰爭與中美關係》，時事出版社，2000年版。

劉柏羅：《從手榴彈到原子彈——我的軍工生涯》，國防工業出版社，1999年版

劉華清：《劉華清回憶錄》，解放軍出版社，2005年版。

劉金質：《冷戰史》，世界知識出版社，2003年版。

劉同舜編：《「冷戰」「遏制」和大西洋聯盟—美國戰略決策資料選編（1945—1950年）》，復旦大學出版社，1993年版。

劉子奎：《肯尼迪、約翰遜時期的美國對華政策》，社會科學文獻出版社，2011年版。

聶力：《山高水長：回憶父親聶榮臻》，上海文藝出版社，2006年版。

聶榮臻：《聶榮臻回憶錄》，解放軍出版社，1986年版。

聶榮臻：《聶榮臻軍事文選》，解放軍出版社，1992年版。

聶榮臻傳記編寫組：《聶榮臻傳》，當代中國出版社，1994年版。

彭繼超：《東方巨響：中國核子武器試驗紀實》，中共中央黨校出版社，1995年版

阮虹：《韓敘傳》，世界知識出版社，2004年版。

沈志華、梁志主編：《窺視中國：美國情報機構眼中的紅色對手》，東方出版中心，2011年版。

沈志華、楊奎松主編：《美國對華情報解密檔案（1948—1976）》，東方出版中心，2009年版。

沈志華：《毛澤東、斯大林與朝鮮戰爭》，廣東人民出版社，2003年版。

沈志華：《朝鮮戰爭：俄國檔案館的解密文件》，台灣中央研究院近代史研究所，1992年。

師哲：《在歷史巨人身邊》，中央文獻出版社，1991年版。

時殷弘：《敵對與衝突的由來——美國對新中國的政策與中美關係（1949—1950）》，南京大學出版社，1995年版。

宋任窮：《宋任窮回憶錄》，解放軍出版社，1994年版。

蘇格：《美國對華政策與台灣問題》，世界知識出版社，1998年版。

陶文釗主編：《美國對華政策文件集》（第一卷、第二卷、第三卷），世界知識出版社，2003、2004、2005年版。

陶文釗主編：《中美關係史（1949—1972）》，上海人民出版社，2004年版。

王箐珩：《金銀灘往事：在中國第一個核子武器研製基地的日子》，原子能出版社，2009年版。

王文華：《錢學森實錄》，四川文藝出版社，2001年版。

王焰：《彭德懷傳》，當代中國出版社，1993年版。

王焰主編：《彭德懷年譜》，人民出版社，1998年版。

王仲春：《核子武器·核國家·核戰略》，時事出版社，2007年版。

翁台生：《黑貓中隊：U2高空偵察機的故事》，聯經出版事業公司，1990年版。

吳大猷：《回憶》，中國友誼出版公司，1984年版。

吳玉昆、馮百川：《中國原子能科學研究院簡史（1950—1985）》（未刊行，1987年）。

謝光主編：《當代中國的國防科技事業》，當代中國出版社，1992年版。

楊天石：《尋找真實的蔣介石：蔣介石日記解讀Ⅱ》，華文出版社，2010年版。

于群：《美國對日政策研究》，東北師範大學出版社，1996年版。

于群主編：《美國國家安全與冷戰戰略》，中國社會科學文獻出版社，2006年版。

于群主編：《新冷戰史研究：美國的心理宣傳戰和情報戰》，上海三聯書店，2009年版。

張愛萍：《張愛萍軍事文選》，長征出版社，1994年版。

張長軍：《美國情報失誤研究》，軍事科學出版社，2006年版。

張鈞：《當代中國的航太事業》，中國社會科學出版社，1986年版。

張勝：《從戰爭中走來：兩代軍人的對話》，中國青年出版社，2008年版。

張曙光：《接觸外交：尼克松政府與解凍中美關係》，世界知識出版社，2009年版。

張曙光：《美國對華戰略考慮與決策：1949—1972》，上海外語教育出版社，2003年版。

張曙光：《美國遏制戰略與冷戰起源再探》，上海外語教育出版社，2007年版。

張小明：《冷戰及其遺產》，上海人民出版社，1998年版。

張小明：《喬治·凱南遏制思想研究》，北京語言學院出版社，1994年版。

張楊：《新冷戰前沿：美國外層空間政策研究（1945—1969）》，東北師範大學出版社，2009年版。

章百家、牛軍主編：《冷戰與中國》，世界知識出版社，2002年版。

趙恆：《核不擴散機制：歷史與理論》，世界知識出版社，2009年版。

趙學功：《朝鮮戰爭中的美國與中國》，山西高校聯合出版社，1995年版。

趙學功：《巨大的轉變：戰後美國對東亞的政策》，天津人民出版社，2002年版。

中共中央文獻研究室編：《鄧小平年譜（1975-1997）》，中央文獻出版社，2004年版。

中共中央文獻研究室編：《劉少奇年譜》，中央文獻出版社，1998年版。

中共中央文獻研究室編：《周恩來年譜（1949—1976）》，中央文獻出版社，1997年版。

中國國際問題研究所軍控與國際安全研究中心：《全球核態勢評估報告（2010/2011）》，時事出版社，2011年版。

中華人民共和國外交部、中共中央文獻研究室：《周恩來外交文選》，中央文獻出版社，1990年版。

中華人民共和國外交部外交史研究室編：《周恩來外交活動大事記（1949—1975）》，世界知識出版社，1993年版。

周恩來軍事活動編寫組：《周恩來軍事活動紀事（1918—1975）》，中央文獻出版社，2000年版。

周建明、王成至主編：《美國國家安全戰略解密文獻選編（1945—1972）》，社會科學文獻出版社，2010年版。

周建明：《美國國家安全戰略的基本邏輯——遏制戰略解析》，社會科學文獻出版社，2009年版。

周均倫主編：《聶榮臻年譜》，人民出版社，1999年版。

周琪：《意識形態與美國外交》，時事出版社，2006年版。

朱明權、潘亞玲：《約翰遜時期的美國對華政策（1964—1968）》，上海人民出版社，2009年版。

朱明權、吳蓴思、蘇長和：《威懾與穩定：中美核關係》，時事出版社，2005年版。

資中筠：《美國對華政策的緣起與發展》，重慶出版社，1987年版。

資中筠：《戰後美國外交史》，世界知識出版社，1994年版。

五、中文論文

陳波：《杜魯門政府與韓國1952年憲政危機》，《史林》，2008年第1期。

陳長偉：《中國第一顆原子彈爆炸前後的美台關係》，《百年潮》，2006年第5期。

陳東林：《核按鈕一觸即發——1964年和1969年美國、蘇聯對中國的核襲擊計劃》，《黨史博覽》，2004年第3期。

戴超武：《朝戰時期美國對中國的核打擊政策》，《青島大學學報》，1992年第1期。

戴超武：《中國核子武器的發展與中蘇關係的破裂（1954—1962）》，《當代中國史研究》，2001年第3期、第5期。

鄧峰：《追求霸權：杜魯門政府對朝鮮停戰談判的政策》，《中共黨史研究》，2009年第4期。

葛能全：《錢三強和早期中國原子能科學》，《中國科技史料》，2004第3期。

葛能全：《錢三強與中國原子彈》，《中國科學院院刊》，2005年第1期。

郝雨凡：《從策劃襲擊中國核設施看美國政府的決策過程》，《中共黨史研究》，2001年第3期。

胡禮忠：《中國的核試驗與中美核關係：中美學術界的相關研究評述》，《歷史教學問題》，2008年第3期。

華慶昭：《影響杜魯門外交的因素》，《世界歷史》，1991年第5期。

金飛：《美國杜魯門政府原子能文官控制機制研究》，《安慶師範學院學報》，2011年第3期。

李丹慧：《20世紀60年代美中央情報局對中蘇關係的評估：對美國情報評估委員會最新解密檔案的分析》，《南開學報》，2005年第3期。

李鳳林：《親歷中蘇（俄）邊界談判》，《百年潮》，2008年第7期。

李俊亭：《使中國挺直腰板的戰略性抉擇——為紀念中國核子武器的誕生而作》，《當代中國史研究》，2005年第2期。

李向前：《六十年代美國試圖對中國核計劃實施打擊揭祕》，《百年潮》，2001年第8期。

劉國柱：《第四點計劃與杜魯門政府在第三世界的冷戰戰略》，《歷史教學》，2007年第6期。

劉紅豐：《20世紀60、70年代美國對中國核子武器研製對策調整》，《華東師範大學學報》，2003年第2期。

劉杰：《中國原子能事業的決策者和組織者——紀念周恩來誕辰90週年》，《光明日報》，1988年3月3日。

劉蓮芬：《杜魯門時期的美國東南亞政策》，《史學月刊》，2007年第12期。

劉子奎、王作成：《美國政府對中國發展核子武器的反應與對策，（1961—1964）》，《中共黨史研究》，2007年第3期。

牛軍：《中國外交的革命化進程》，楊奎松主編《冷戰時期的中國對外關係》，北京大學出版社，2006年版。

沈志華：《援助與限制：蘇聯與中國的核子武器研製（1949—1960）》，《歷史研究》，2004年第3期。

沈志華：《中國在1956年10月危機處理中的角色和影響》，《歷史研究》，2005年第2期。

沈志華：《中蘇同盟破裂的直接表現與內在邏輯：對中央情報局「國家情報評估（NIE）」的評估》，《國際觀察》，2005年第5期。

汪婧：《美國杜魯門政府對義大利的政策研究》（博士學位論文，2009）。

王成至：《美國決策層對1969年中蘇邊界衝突的判斷與對策》，《社會科學》，2006年第5期。

王德中：《舊中國的核計劃》，《縱橫》，1994第6期。

王菁珩：《中國核子武器基地揭祕》，《炎黃春秋》，2010年第1期。

王娟娟：《戰後初期美國國家核管制政策分析——兼論杜魯門時期美英核合作關係的中止》，《南京政治學院學報》，2010年第2期。

王士平、李艷平、戴念祖：《20世紀40年代蔣介石和國民政府的原子彈之夢》，《中國科技史雜誌》，2006年第3期。

吳躍農：《毛澤東與中國第一顆原子彈爆炸》，《文史精華》，2003年第12期。

徐焰：《外來核威脅迫使中國發展核子武器》，《文史參考》，2010年第8期。

許奕雷：《肯尼迪政府和中國核子武器開發》，《國際關係研究》，第23卷第1號，2002年7月。

許奕雷：《中國的核子武器開發》，《國際關係研究》，第22卷第2號，2001年9月。

楊奎松：《1948年至1956年美國中央情報局對中國局勢的評估和預測》，《中共黨史研究》，2005年第6期。

楊奎松：《中蘇邊界衝突與中國對美緩和》，《黨史研究資料》，1997年第12期。

楊明偉：《創建、發展中國原子能事業的決策》，《黨的文獻》，1994年第3期。

袁成隆：《憶中國原子彈的初製》，《炎黃春秋》，2002年第1期。

袁征：《艱難的政策抉擇——杜魯門政府的巴勒斯坦政策（1945—1948）》，《美國研究》，2009年第4期。

張勁夫：《請歷史記住他們——關於中國科學院與「兩彈一星」的回憶》，《人民日報》，1999年5月6日，第1版。

張揚：《美國早期ABM部署計劃與中國戰略核導彈發展》，

《當代中國史研究》，2004年第1期。

張蘊鈺：《親歷中國首次氫彈試驗》，《百年潮》，2007年第4期。

張振江、王琛：《美國和中國核爆炸》，《當代中國史研究》，1999年第3期。

趙學功：《核子武器與美國對第一次台灣海峽危機的政策》，《美國研究》，2004年第2期。

趙學功：《論艾森豪威爾政府在朝鮮戰爭中的核訛詐政策》，《南開學報》，1997年4期。

中國核工業總公司黨組：《周恩來與中國核工業》，《中共黨史研究》，1998年第1期。

朱明權、薄燕：《中國防務政策的透明度：美國對中國安全政策認識中的一個誤區》，《美國問題研究》第一輯，時事出版社，2001年版。

朱明權：《中國首次核爆炸試驗前後的美台衝突》，《復旦學報（社會科學版）》，2008年第5期。

國家圖書館出版品預行編目(CIP)資料

冷戰與美國核戰略 / 詹欣 著. -- 第一版.
-- 臺北市：崧燁文化，2018.12
　面；　公分
ISBN 978-957-681-677-2(平裝)
1.核子戰略 2.美國外交政策
592.4　　　　　107022004

書　　名：冷戰與美國核戰略
作　　者：詹欣 著
發 行 人：黃振庭
出 版 者：崧燁文化事業有限公司
發 行 者：崧燁文化事業有限公司
E-mail：sonbookservice@gmail.com
粉絲頁　　　　　　　網　址
地　　址：台北市中正區重慶南路一段六十一號八樓815室
8F.-815, No.61, Sec. 1, Chongqing S. Rd., Zhongzheng Dist., Taipei City 100, Taiwan (R.O.C.)
電　　話：(02)2370-3310　傳　真：(02) 2370-3210
總 經 銷：紅螞蟻圖書有限公司
地　　址：台北市內湖區舊宗路二段 121 巷 19 號
電　　話：02-2795-3656　傳真：02-2795-4100　網址：
印　　刷：京峯彩色印刷有限公司（京峰數位）

　　本書版權為九州出版社所有授權崧博出版事業股份有限公司獨家發行電子書繁體字版。若有其他相關權利及授權需求請與本公司聯繫。

定價：650 元
發行日期：2018 年 12 月第一版
◎ 本書以POD印製發行